AF501349

UNIVERSITÉ D'AIX-MARSEILLE — FACULTÉ DE DROIT

L'ASSURANCE AGRICOLE

EN FRANCE

THÈSE POUR LE DOCTORAT

PAR

GABRIEL ARNAUD

Avocat à la Cour d'Appel
Lauréat des concours de la Faculté de droit d'Aix
(Années 1893-94, 1894-95, 1895-96)

PARIS

L. DULAC, IMPRIMEUR-ÉDITEUR
LIBRAIRIE DES ASSURANCES
30, RUE LE PELETIER, 30

1900

THÈSE

POUR

LE DOCTORAT

La Faculté n'entend donner aucune approbation ni improbation aux opinions émises dans les thèses ; ces opinions doivent être considérées comme propres à leurs auteurs.

UNIVERSITÉ D'AIX-MARSEILLE — FACULTÉ DE DROIT

L'ASSURANCE AGRICOLE EN FRANCE

THÈSE POUR LE DOCTORAT

PAR

GABRIEL ARNAUD

Avocat à la Cour d'Appel

Lauréat des concours de la Faculté de droit d'Aix

(Années 1893-94, 1894-95, 1895-96)

PARIS

L. DULAC, IMPRIMEUR-ÉDITEUR

LIBRAIRIE DES ASSURANCES

30, RUE LE PELETIER, 30

1900

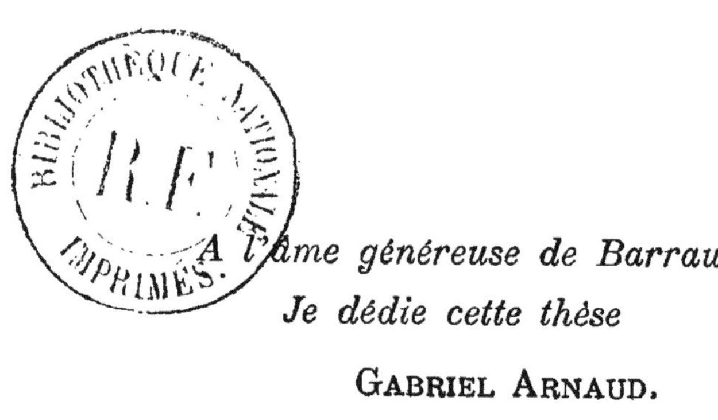

A l'âme généreuse de Barrau
Je dédie cette thèse

GABRIEL ARNAUD.

INTRODUCTION

L'ASSURANCE AGRICOLE
EN FRANCE

INTRODUCTION

Depuis quelques années, les questions agricoles passionnent tous les esprits. Les publicistes, les économistes, les membres du Parlement s'en préoccupent et proposent tous des réformes en vue de développer le bien-être du paysan, et d'améliorer sa situation. C'est qu'il s'agit de parer à un mal social qui se traduit par la dépopulation de nos campagnes, et l'hypertrophie des grandes villes. Des causes nombreuses rendent, en effet, bien difficile l'existence du paysan, quand elles ne le condamnent pas à la misère complète. Parmi ces causes dont les effets sont compris dans ce que l'on a appelé « la crise agricole », une des principales, est l'action presque périodique des fléaux atmosphériques, qui détruisent les récoltes, ou des maladies qui déciment le bétail. Chaque année, en effet, l'agriculture paye le tribut considérable de plusieurs centaines de millions aux forces brutales de la nature. Les brusques variations de température, les orages, la grêle, la gelée, l'inondation, la sécheresse, l'humidité, les maladies cryptogamiques, les insectes ravageurs, la mortalité quelquefois effrayante du bétail, sont autant de maux qui viennent trop souvent mettre une entrave à la production de ses richesses. Et si l'on songe que ces calamités atteignent surtout les petits propriétaires, car ils sont les plus nombreux — il y en a en France trois millions qui ont un champ de moins d'un hectare (1) — on voit combien de ruines elles doivent consommer, combien de misères elles doivent provoquer. De toutes les fortunes, celle du paysan est celle qui est soumise au plus grand nombre d'aléas que la prudence ne peut éviter ; elle réside toute entière dans une exploitation rurale exposée à toutes les intempéries, et dans un bétail sujet à être décimé par une maladie, emporté par une épizootie. Elle est donc à la merci d'un événement malheureux, et dans ces conditions, il est difficile à l'agriculteur de se procurer le petit crédit qui lui serait si nécessaire ; le gage qu'il offre manque trop de sécurité.

Il s'agit donc au plus tôt de mettre le paysan à l'abri de ces désastres, d'apporter un soulagement à toutes ses souffrances ; il y a un intérêt national à user de tous les moyens mis en la puissance de l'homme par la science et la prévoyance, pour donner plus de sécurité à l'agriculture, qui est une des principales branches de l'activité humaine.

Or, l'assurance semble fournir le moyen d'écarter l'incertitude qui règne dans l'industrie agricole. Elle

(1) Proposition de loi de M. Vacher, du 29 juillet 1879.

a pour but, en répartissant sur un grand nombre de personnes solidaires les unes des autres, le dommage subi par chacune d'elles, de permettre à ceux qui demandent son appui, en échange d'une légère contribution, de compter sur le lendemain, et de ne pas craindre les conséquences des éventualités dangereuses. Si l'on pouvait donc l'appliquer à tous les fléaux agricoles, il semble qu'on aurait contribué dans une large mesure, à enrayer la crise, à établir le crédit dans nos campagnes, et à faire du paysan l'homme heureux dont parle Virgile. La nécessité et les avantages de l'assurance appliquée à l'agriculture, sont indiscutables. Et cependant, cette institution n'a pas rendu, pendant un siècle d'existence, les services qu'on était en droit d'attendre d'elle, et n'a pris qu'un développement infime. C'est là un fait assez étrange dont les causes méritent d'être recherchées.

Voilà pourquoi il nous a paru intéressant et utile de faire l'étude de l'assurance agricole. Nous avons voulu savoir si le jugement d'impuissance rendu contre elle par certaines personnes, était sans appel, et si elle portait un germe de mort.

Pour cela, nous avons cru devoir tout d'abord rechercher les causes qui l'avaient fait naître, au début de ce siècle seulement, suivre les diverses péripéties de son existence, pour y puiser d'utiles enseignements.

Après avoir fait ainsi son historique, nous avons étudié sa théorie et son fonctionnement ; nous avons essayé de dégager les principes et les lois auxquels elle doit obéir et de montrer comment, dans la pratique, il est nécessaire de l'organiser.

Enfin, nous avons passé en revue et discuté les diverses combinaisons destinées dans la pensée de leurs auteurs, à donner plus de vitalité à l'assurance agricole, et nous avons indiqué ce qu'elle pourrait devenir à notre avis, quels dangers elle avait à éviter, et à quelles conditions elle devait se soumettre.

En abordant l'étude d'une question aussi délicate et aussi complexe, nous ne nous faisons pas illusion sur les difficultés qui nous attendent ; mais ce sont précisément ces difficultés qui nous ont séduit et que nous avons voulu essayer de surmonter. Nous ne prétendons pas avoir réussi toujours, mais nous espérons avoir montré la voie à suivre à d'autres plus expérimentés que nous, et avoir fait naître des ambitions qui, mieux dirigées que la nôtre, arriveront à un meilleur résultat. C'est là notre but.

PREMIER LIVRE

L'Origine de l'Assurance Agricole
Son Histoire

PREMIER LIVRE

L'ORIGINE DE L'ASSURANCE AGRICOLE
SON HISTOIRE

L'assurance n'est pas une institution fort ancienne ; elle n'était pas connue des sociétés antiques, quoi qu'en pensent certains esprits passionnés pour le génie de Rome et d'Athènes, et qui voudraient la considérer au même titre que les belles-lettres et les arts, comme un legs de l'antiquité. Son but, en effet, est de répartir entre un nombre plus ou moins grand d'associés les pertes que chacun d'eux subit des effets du hasard, scientifiquement prévus. Elle repose donc sur deux idées qui étaient encore ignorées dans l'Antiquité, ou tout au moins inappliquées : la solidarité, qui est sa base morale, et la prévoyance mathématique, qui est sa base scientifique. A cette époque, triomphait l'individualisme le plus odieux, et le calcul des probabilités n'était pas encore connu (1).

Du reste, on ne trouve aucune trace de cette institution dans les monuments et dans la pratique des

(1) Charles Hettier, *des Assurances terrestres.*

peuples anciens (1) ; on cherche bien, il est vrai, à la rattacher à un contrat pratiqué à Rome, le *nauticum fœnus* ou « prêt à la grosse » ; mais c'était là une opération bien différente de l'assurance ; elle n'en avait ni sa moralité, ni ses procédés.

La distinction de ces deux contrats a été faite par Pothier lui-même, qui en a donné les définitions.

Le prêt à la grosse est, dit-il, « un contrat par lequel un des contractants, qui est le prêteur, prête à l'autre, qui est l'emprunteur, une certaine somme d'argent, à condition qu'en cas de perte des effets pour lesquels cette somme a été prêtée, arrivée par quelque fortune de mer ou accident de force majeure, le prêteur n'en aura aucune répétition, si ce n'est jusqu'à concurrence de ce qui en restera, et qu'au cas d'heureuse arrivée, ou au cas où elle n'aurait été empêchée que par le vice de la chose, ou par la faute du maître ou des mariniers, l'emprunteur sera tenu de rendre au prêteur la somme avec un certain profit convenu pour le prix du risque des dits effets dont le prêteur s'est chargé (2) », tandis que l'assurance est « un contrat par lequel l'un des contractants se charge des cas fortuits auxquels une chose est exposée et s'oblige envers l'autre contractant de l'indemniser de la perte que lui causeraient ces cas,

(1) On avait cru cependant découvrir sous certains textes latins (SUÉTONE, *Vie de Claude*, V. 18, TITE LIVE, *Histoire*, livre XXII, ch. 3, CICERON, *Epistola ad familiares*, II, 17,) des remarques relatives à l'assurance ; mais c'était là une erreur, qui est de nos jours unanimement reconnue.

(2) POTHIER. *Traité du contrat du prêt à la grosse aventure.*

s'ils arrivaient, moyennant une somme que l'autre contractant lui donne ou s'oblige de lui donner, pour les risques dont il le charge (1) ».

Sans doute, le résultat auquel ces deux contrats conduisent est identique : la réparation d'un dommage, mais ils n'en sont pas moins fort distincts. Le *nauticum fœnus* n'a pas les caractères et l'organisation de l'assurance. Certainement « les Romains pouvaient, par différents moyens, écrit M. Alauzet, atteindre sans doute quelquefois un résultat identique à celui que produit une assurance, mais cela ne signifie pas que ce contrat existe. Ce n'est pas là sa théorie, ses principes, sa condition et ses règles, en un mot, ce qui le constitue (2) ».

« L'assurance, dit encore le *Guidon de la Mer*, est distinguée d'avec bomerie, qui est argent à profit ou grosse aventure, parce que tel argent se paye profit et principal, quand le navire est arrivé à port de salut ; en l'assurance, rien n'est advancé que la promesse de l'indemnité susdite (3) ». D'autre part, grâce à sa combinaison, l'assurance offre la sécurité aux deux contractants ; l'assuré l'achète, moyennant une certaine somme versée en cas de bonne comme de mauvaise fortune, et qui va précisément servir à l'assureur, si ses calculs sont exacts, à réparer les effets du danger qu'il a pris à sa charge.

L'assurance fait disparaître l'aléa, supprime l'in-

(1) POTHIER. *Traité des assurances maritimes.*
(2) ALAUZET. *Des Assurances*, t. III, p. 23.
(3) *Guidon de la Mer*, A., IV, ch. I.

certitude ; c'est une institution de haute prévoyance et de grande moralité.

Le *nauticum fœnus*, au contraire, est un contrat de spéculation ; il suppose toujours une perte : c'est tantôt le prêteur qui est obligé d'abandonner la somme engagée sans aucune espèce de compensation, c'est tantôt l'emprunteur qui, en rendant cette somme, doit y ajouter des intérêts très élevés, et cela selon que l'accident mentionné au contrat se réalise ou ne se produit pas (1).

Le *nauticum fœnus* ne comporte donc aucun calcul et aucune précision ; c'est une sorte de pari, de gajeure, un prêt aléatoire à gros intérêts ; il manque, par conséquent, à la fois de la base scientifique et de la base morale de l'assurance. Aussi, nous n'hésitons pas à conclure avec Émérigon, que si le *nauticum fœnus* et le contrat d'assurance sont deux frères jumeaux, « ils ont chacun une essence et une nature particulière ». Il faut, par conséquent, renoncer à voir dans le prêt à la grosse l'origine de l'assurance et se résoudre à la chercher ailleurs qu'à Rome (2).

D'après M. Le Hardy, c'est au milieu des races germaniques que cette institution aurait pris naissance. « Non, s'écrie-t-il, les assurances n'ont pas été connues de Rome. Ses orgueilleux citoyens avaient trop peu l'intelligence de la fraternité ; ilsne

(1) Accarias. *Précis de droit romain*, 4e édit. Paris, 1891, t. II, p. 247.

(2) Le *Moniteur des Assurances*, no du 15 août 1897. art. de M. Verax sur les origines de l'assurance.

comprirent que l'association pour la guerre, pour la conquête et l'oppression. Leur patrie était une société d'attaque contre le monde, faite pour l'humiliation des autres peuples et non pour le soutien de ses propres membres..... Le génie fraternel des races germaniques et slaves les a tout d'abord portées à chercher dans les sociétés, dans les nationalités qu'elles formaient, une protection plus étroite et plus complète que celle de la *patria* des Grecs et des Romains. Tandis que ceux-ci, à l'apogée de leur puissante civilisation, n'avaient pu trouver cette merveilleuse combinaison, qui donne à chacun la force de tous pour résister aux coups du sort, les hordes barbares de l'Europe orientale reliaient leurs membres par un lien de solidarité qui les unissait dans un système de secours à donner et à recevoir, lorsque la mauvaise fortune frappait au milieu d'eux (1) ».

Il semble bien que M. Le Hardy ait raison ; en effet, l'assurance est établie, nous le savons, sur la solidarité et, par conséquent, sur l'association. Or, les hommes n'ont songé à se grouper que le jour où ils ont eu à redouter les conséquences des fléaux, et où, pour conjurer le danger, ils ont compris chacun individuellement toute leur faiblesse. Ce n'est pas à Rome que l'on doit chercher des associations ; les nobles et riches praticiens avaient des fortunes assez considérables pour ne pas être inquiétés sérieusement par un dommage, et la plèbe n'avait rien à

(1) Le Hardy. *Des assurances terrestres et de leur origine*, p. 50.

craindre ; elle végétait sans liberté et par conséquent sans biens (1).

Les Germains, au contraire, qui érigeaient la liberté en principe, avaient rapidement connu, après le communisme, la petite propriété privée. Ils avaient donc à sauvegarder leur patrimoine ; aussi entraient-ils dans des groupes appelés Ghilds, juraient de se soutenir mutuellement et de dédommager, au moyen d'une contribution, celui qui serait la victime du sort.

C'est bien là l'application du principe moral de notre assurance moderne, et il ne manque à ces conventions des Barbares que la base scientifique, pour être, en tous points, dignes du contrat pratiqué de nos jours par les sociétés mutuelles. On peut en conséquence penser que c'est avec la Ghild germanique que l'assurance est née. Ces sortes d'associations contre les dangers, de la nature des Ghilds, se sont peu à peu répandues à travers les siècles et ont pris une extension toute particulière au moyen âge, sous l'influence des idées de fraternité, puissamment soutenues par le Christianisme ; c'est l'époque où les serfs avaient particulièrement besoin de se solidariser pour s'aider à supporter mutuellement les dégâts que leur causaient les guerres continuelles et les déprédations incessantes des voleurs. Et cependant, ces groupements formés, pour donner la sécurité à leurs membres, appliquent encore l'assurance d'une manière imparfaite, comme de simples sociétés de

(1) ALFRED GAY. *Du prêt à la grosse — Du Contrat d'assurances terrestres.*

secours mutuels. Ce n'est que lentement, à la suite de l'expérience, que se dégage le véritable contrat d'assurances, avec sa formule scientifique, c'est-à-dire basé sur les données expérimentales de la statistique, sur la combinaison du calcul des probabilités.

Il apparaît tout d'abord appliqué aux dangers de mer. La raison en est simple : elle est la vérification du principe même de l'association. L'homme ne cherche un soutien que lorsqu'il se sent faible, isolé, impuissant par lui-même à lutter seul contre un mal qui le menace, et que lorsque ce mal peut l'atteindre dans ce qu'il considère comme sa fortune. Le péril du naufrage est celui qui a dû le plus tôt frapper les esprits, en les terrorisant par son imminence et la gravité de ses effets; il s'est révélé, d'autre part, invincible et assez fréquent pour compromettre sérieusement la fortune des premiers com merçants, dont le trafic se faisait surtout par eau. Il ne faut donc pas s'étonner que ce danger soit le premier dont on ait songé à réparer les conséquences(1).

Aussi, l'assurance maritime est-elle réglementée dès le XIVe siècle : le 20 novembre 1435 paraît, à Barcelone, une loi sur la matiére, et, si l'on en croit son préambule, il existait déjà des ordonnances spéciales à l'assurance. Immédiatement après cette date, des monuments nombreux, ayant trait à cette question, se succèdent à peu d'intervalle; citons : le *Guidon de la Mer*, qui fait son apparition en 1500, à

(1) Le *Moniteur des Assurances*, n° du 15 août 1897, article de M. Vérax sur les origines de l'assurance.

Rouen, l'ordonnance pour la réglementation des assurances, qui voit le jour en 1523 à Florence, l'ordonnance sur les assurances de la bourse d'Anvers, due en 1593 à Philippe II d'Espagne, les *Statuts anglais* de 1601. Au XVIIe siècle, la législation des assurances maritimes est augmentée de nombreuses lois, d'une quantité d'ordonnances, dont les dispositions viennent bientôt se fondre, en 1681, dans la célèbre ordonnance de Colbert, qui a pris place presque toute entière dans notre Code de commerce.

Le contrat d'assurance relatif aux dangers terrestres a une origine plus récente. Sa nécessité, il est vrai, était moins impérieuse. L'incendie paraît, en effet, plus aléatoire que le naufrage, et la mort on la désire si lointaine qu'on n'ose prévoir sa prochaine échéance. D'autre part, les conséquences de ces fléaux ne se sont révélées comme véritablement dommageables, au point de vue pécuniaire, que le jour où le commerce de terre étant né, des richesses ont été entassées dans une maison, et où l'on s'est aperçu que l'homme représentait par lui-même un capital, dont la disparition pouvait jeter toute une famille dans la misère. Aussi, on a commencé tout d'abord à étendre les bienfaits de l'assurance aux marchandises entassées dans des greniers, parce qu'il était facile de s'apercevoir qu'elles représentaient, au même titre que celles qui couraient les mers une richesse, et que le feu, comme le naufrage, pouvait les détruire.

C'est en 1684 que l'on voit apparaître, en Angleterre, la première société assurant les maisons contre l'incendie : c'est la *Friendly society fire office.* Son exemple est bientôt suivi par des associations nées à Copenhague et aux Pays-Bas. En France, avant que la *Chambre,* ou *Société d'assurances générales,* qui était une *Compagnie d'assurances maritîmes* obtienne, en 1754, le privilège d'entreprendre la garantie du risque incendie, quelques tentatives sont faites, en 1717, par les Bureaux des incendies et, en 1750, par une Association mutuelle, pour venir en aide aux victimes de ce fléau. Quelques années plus tard, en 1786, deux autres sociétés, celle des frères Perrier, et la *Compagnie royale d'assurances générales,* peuvent, en versant quelques millions à l'Hôtel de Ville pour la sécurité de leurs clients, se livrer à la même exploitation.

Dès que l'on s'aperçoit que celui qui donne une valeur aux marchandises est une valeur lui-même, on applique l'assurance au risque de mort, et c'est encore dans la commerçante Angleterre que cette institution prend naissance, en 1706, dans une charte de la reine Anne, et qu'elle est immédiatement appliquée par l'*Amicale Society* (1). Elle est transportée en France en 1787 seulement, deux ans avant la Révolution, qui emporta, dans sa tourmente, tout ce que la Prévoyance avait lentement

(1) Avant cette époque, et dès le xive siècle, on spéculait, en Angleterre, sur la vie ; mais ce n'était pas là une assurance. Ce trafic, qui n'avait rien de moral, fut prohibé par le Gambling Act, statut de la 14e année du régne de George III (1774). Les autres nations avaient tour à tour banni de leur législation ces sortes de contrat, qui furent défendus par le *Guidon de la Mer* en 1589.

échafaudé. Les décrets des 26 germinal et 17 vendémiaire an II suppriment les compagnies d'assurances, les confondant avec des compagnies financières, des sociétés de spéculation, et le Code de commerce, élaboré sous l'influence de ces idées, ne s'occupe que de l'assurance maritime, qui avait déjà sa législation et qui semblait avoir droit de cité, à cause de l'ancienneté de ses services. Mais les autres assurances n'en étaient pas moins implantées sur notre territoire, et lorsque les esprits, plus calmes, ont cherché, sous un gouvernement régulier, à se prémunir contre les dangers du feu et de la mort, ils ont pu bénéficier des essais qui avaient déjà été tentés dans ce but.

On n'avait point encore essayé, en 1789, de recourir à l'assurance pour réparer les dommages des fléaux agricoles (1). C'est que, jusqu'à la fin du XVIIIe siècle, sous l'influence du système mercantile, le commerce seul était considéré comme producteur

(1) Toutefois, en 1765, une assurance a été organisée par Frédéric le Grand en Silésie, pour réparer les pertes causées par la peste bovine (HAMON GEORGES, *Histoire générale de l'assurance en France et à l'étranger*. Paris, 1897) et, en 1797, on a fondé à Neubrandenbourg, dans le Mecklembourg, une société d'assurances contre la grêle (CHAUFTON ALBERT, *Les Assurances*, 2 vol. Paris, 1884-1886). M. Tailliandier (*Les Assurances agricoles en France*. Paris, 1899) semble même faire remonter l'origine de l'assurance agricole à une pratique des Hébreux dont parle M. Hamon, qui cite lui-même M. Wollemborg. D'après cette pratique, les anciens commerçants juifs, réunis en caravane, auraient décidé que la masse commune devait supporter les pertes que l'un d'entre eux pouvait subir en cours de route, par suite de la mort des ânes qui lui servaient à transporter les marchandises. Si c'est là réellement une assu-

de richesses; la terre n'était point un capital. On ne pouvait penser à se garantir de pertes qui n'atteignaient pas une richesse, puisque l'assurance n'a qu'une raison d'être : réparer les atteintes causées par un fléau à la fortune de l'homme. D'autre part, la propriété foncière était aux mains de grands seigneurs qui n'avaient à supporter, à cause de l'immense étendue de leurs domaines, que des dommages partiels et qui, pour vivre, comptaient autant, sinon plus, sur la faveur du Prince que sur leurs propres revenus. N'ayant pas à redouter la perte de leur fortune, ces nobles propriétaires terriens n'avaient pas à chercher les moyens de la sauvegarder (1).

Mais, au dix-huitième siècle, la propriété tend à se morceller, parce qu'elle passe peu à peu des mains de la noblesse dans celles des bourgeois enrichis ; les grands seigneurs sont obligés de vendre une partie de leurs terres, ruinés qu'ils sont par les nombreuses opérations de banque de cette époque, et notamment par l'effondrement du fameux système de Law ; la cassette royale ne pouvant plus, d'autre part, leur venir en aide, ils se retirent dans les propriétés qui leur restent, renonçant après une triste expérience à l'agiotage et à la spéculation, comme un moyen de se constituer des revenus. Le système physiocratique pouvait naître : son heure était venue.

rance, il est difficile, en tous les cas, de la qualifier d'agricole. M. Tailliandier reconnaît que la destination des animaux ainsi garantis était le transport et non le travail des champs. Pourquoi alors commet-il cette erreur ?

(1) Jean Perriaud. *L'Assurance Grêle*, conférence faite à l'Institut des Assurances le 23 février 1887. Paris, 1887.

Les esprits étaient préparés à comprendre que la terre contenait de la richesse, et que c'était un capital essentiellement productif. C'est ce que Quesnay, le maître de l'école des physiocrates, a cherché à établir dans les deux articles qu'il a fait paraître dans l'*Encyclopédie,* aux mots « fermier » et « grains ». Il a soutenu, contrairement à ce qu'enseignait le système mercantile, que seule, l'agriculture, peut créer de la richesse, et que le commerce et l'industrie sont stériles (1). Sous l'influence de ces idées, l'assurance agricole ne pouvait tarder à son tour d'éclore ; la théorie physiocratique y conduisait sans détours.

Toutefois, sa naissance a été précédée de coups d'essais, et pendant quelque temps, on s'est borné à allouer des subsides aux cultivateurs malheureux. C'est ainsi que Turgot, qui fut un disciple de Quesnay, a tenté de donner un caractère de permanence aux secours dont Sully et Colbert avaient gratifié les agriculteurs dans des années exceptionnelles, et que, pendant la période révolutionnaire, les divers législateurs, qui se sont tour à tour succédés, ont eu la louable intention de venir en aide aux populations des campagnes.

(1) Plus les laboureurs sont riches, plus ils augmentent par leurs facultés le produit des terres et la puissance de la nation.
(QUESNAY, *Encyclopédie*, au mot *fermier*, éd. Daire, T. 1, p. 233).
Que le souverain et la nation ne perdent jamais de vue que la terre est l'unique source de richesses et que c'est l'agriculture qui les multiplie.
(QUESNAY, *Maximes générales du gouvernement*, I, p. 82, édit. Daire).

Mais ces secours étaient insuffisants. L'idée de l'assurance agricole s'est alors dégagée des voiles qui l'avaient jusqu'alors cachée ; elle est apparue libre, produit spontané de l'initiative privée, avec le caractère vrai de toute assurance : la répartition sur un grand nombre d'associés du dommage éprouvé par l'un d'entre eux. Elle s'est révélée comme la fille de la théorie physiocratique, et à son origine, on la trouve encore entourée des langes de ce système. Son fondateur en France, Pierre-Bernard Barrau, semble avoir puisé dans les idées de Quesnay, la justification de son entreprise. En lisant l'ouvrage qu'il a publié en 1816, sous le nom de *Manuel des propriétaires de toutes classes,* ou *Traité des fléaux et des cas fortuits*, et dans lequel il expose les raisons qui l'ont conduit à proposer son système d'assurances, il est aisé de s'apercevoir qu'il est profondément imbu des doctrines physiocratiques. On trouve, en effet, presque à chaque page de son livre une pensée inspirée par ce système. Il déclare que « l'art de l'agriculture est le premier, le plus utile, le plus étendu et le plus essentiel de tous les arts, qu'il est le fondement de tous les autres et le pivot sur lequel ils sont appuyés (1), que le commerce est le ressort qui leur donne le mouvement et presque la vie (2), que la terre renferme dans son sein tous les trésors (3), qu'une bonne agriculture, encouragée et

(1) Barrau, *Manuel des propriétaires de toutes les classes, ou Traité des fléaux et des cas fortuits*. Paris, 1816, p. 125.
(2) Barrau, *op. cit.*, p. 500.
(3) » » p. 130.

soutenue par les assurances réciproques, sera la source de toutes les richesses pour la nation, ainsi que pour le souverain (1) ».

Il y a plus. Barrau nous l'avoue lui-même ; c'est la théorie physiocratique qui l'a conduit à l'assurance agricole. « En effet, dit-il, la prospérité de l'agriculture, le premier des arts, celui qui crée et multiplie les matières sur lesquelles les autres s'exercent, est évidemment, en raison des capitaux et des soins qu'on y consacre ; les profits qui en résultent ne se bornent pas, comme ailleurs, au bénéfice du moment ; au contraire, ils se perpétuent en augmentant les produits annuels et ultérieurs ; mais qu'importe que l'homme se consume en efforts, qu'il épuise toutes les ressources de son imagination et de son génie, pour dérober à la terre ses trésors, si lorsqu'il compte recueillir, la grêle vient lui enlever le fruit de ses travaux et le priver de l'objet de ses espérances....... Les assurances réciproques soutiendront l'agriculteur dans ses utiles entreprises ; elles exciteront son émulation en lui montrant, au besoin, la représentation de ce qu'il aura perdu, dans cette masse commune à la formation de laquelle il aura contribué ».

Il semble bien, à la lecture de ces lignes, que Barrau n'ait songé à assurer les produits agricoles que le jour où il s'est aperçu qu'ils constituaient une richesse, et qu'il y avait de petits propriétaires, pour lesquels la perte d'une récolte était une véritable ruine.

(1) BARRAU, *op. cit.*, p. 133.

L'assurance agricole est donc le produit des théories physiocratiques et du morcellement de la propriété. Et, en effet, c'est après la Révolution, qui a consacré le régime de la petite propriété, à un moment où, la tourmente passée, on retourne à la vie paisible des champs, que Barrau, en 1801, fait paraître son *Projet d'assurances réciproques contre la grêle pour les récoltes en grains et en vins.* Il est guidé dans le plan qu'il a conçu par des sentiments généreux ; il veut rendre « les peuples plus heureux, et le gouvernement plus puissant (1) », et il prétend réaliser son rêve en étendant la réparation de l'assurance aux pertes subies par les agriculteurs. Frappé par la misère qu'avaient laissée dans plusieurs départements et notamment dans celui de la Haute-Garonne, les ravages de la grêle pendant les hivers de 1799, 1800 et 1801, il engage les propriétaires à s'unir contre ce fléau et à décider que tous participeraient au malheur de chacun, de façon à rendre ainsi une perte presque insensible, en divisant ses conséquences entre un grand nombre d'associés. Ce projet répondait si bien aux besoins de cette époque, où, sous l'influence du calme renaissant, après les guerres de la Révolution, qui avaient anéanti le commerce et l'industrie, on chantait en termes emphatiques les douceurs de la vie bucolique, qu'il souleva un véritable enthousiasme. Le gouvernement, lui-même, complimente Barrau et le soutient dans ses efforts. Chaptal, alors ministre de l'Intérieur,

(1) Barrau, *op. cit.*, p. 6.

examine son système, l'approuve et daigne en féliciter l'auteur :

« J'ai reçu, lui écrit-il un exemplaire de votre *Projet d'assurances pour les récoltes en grains et en vins;* il ne présente aucune spéculation dictée par l'intérêt particulier.

.... Il est à désirer que votre projet soit goûté par les cultivateurs (1).......

Le sous-préfet de l'arrondissement de Villefranche lui témoigne à son tour toute son admiration: « Bientôt, lui dit-il, vous recueillerez les bénédictions de vos concitoyens, et la postérité vous assignera une place dans le temple de la reconnaissance (2)

Dès le 3 prairial an 9 (23 mai 1801), le préfet de la Haute-Garonne lui écrivait, pour l'encourager:

« Je transmettrai, disait-il, à la Société d'Agriculture cette intéressante production. Je suis persuadé qu'elle y sera accueillie avec autant de satisfaction que de reconnaissance pour son auteur. C'est en se livrant à des occupations aussi utiles, que l'on rend de vrais services à ses concitoyens (3) ».

Après de pareils témoignages de flatteuse approbation, Barrau pouvait sans crainte donner suite à son idée; il était en droit d'attendre le succès; aussi, dès le 24 pluviose an x (13 février 1802), il fonde, sur

(1) Lettre du 12 messidor an 9 (1er juillet 1801). BARRAU, *op. cit.*, p. 519.

(2) Lettre du 14 messidor an 9 (3 juillet 1801). BARRAU, *op. cit.*, p. 520.

(3) Lettre du 3 prairial an 9 (23 mai 1801). BARRAU, *op. cit.*, p. 518.

les données qu'il avait méditées, dans sa ville natale, à Toulouse, la première société française d'assurances agricoles. Beaucoup de ses concitoyens répondent à son appel, et font partie de cette nouvelle association, dont Barrau est nommé directeur, et que l'on met « sous la sauvegarde des lois, de l'honneur et de la probité ». Ils viennent entendre, le 15 germinal an x (6 avril 1802), dans la salle de la Préfecture de Toulouse, la lecture du règlement de la Société; les explications que Barrau donne à ce sujet, lui valent un véritable triomphe.

D'après ce règlement, qui contient 29 articles, les associés « se garantissent réciproquement chaque année, une indemnité, en cas de grêle ». Ils versent une certaine somme fixe, qui entre dans la masse commune « destinée à fournir le secours aux victimes du fléau. » Ce secours peut varier, suivant l'encaisse, de la somme la plus minime, à la réparation intégrale du dommage. Il y a deux caisses distinctes : une pour les céréales, l'autre, pour les vins. Les contributions relatives à ces deux assurances ne sont donc pas confondues, et les assurés n'ont le droit de puiser les indemnités, que dans la caisse où ils ont versé. La contribution des assurés que Barrau appelle les *actionnaires*, ne doit pas être versée à l'avance dans son intégralité ; « l'actionnaire déposera en espèces sonnantes, le quart du montant de la prime d'assurances ; pour le reste, il fera des obligations à l'ordre du directeur, payables au 15 thermidor, avec élection de domicile dans la commune de Toulouse » (art. 16); les obligations que

« les actionnaires » souscriront pour l'assurance des vignes, seront payables au 1er frimaire, à cause du retard que subit la récolte des vins, par rapport à la récolte des céréales.

La Société a une étendue territoriale, qui n'excède pas huit lieues autour de la commune de Toulouse, et ne garantit contre les ravages de la grêle que les récoltes de la valeur de 1000 francs au moins, et comprenant seulement des blés, des seigles, des avoines, des orges, des paumelles et des vignes; le nombre de ses membres est indéfini.

Elle est administrée par un directeur et une commission, composée d'un président, d'un vice-président, d'un trésorier et de cinq commissaires. « Les fonctions de ces commissaires s'étendent à la surveillance et inspection du travail du directeur; ils sont autorisés à faire la reconnaissance de la caisse; ils veillent constamment aux intérêts de la Société » (art. 8).

Le directeur « est l'homme de la Compagnie », c'est-à-dire celui qui est chargé de toute la partie matérielle du travail de la Société ; on lui accorde en retour un traitement payé en dehors des contributions ; il est nommé pour un temps illimité ; les membres de la Commission ne sont élus que pour un an, mais sont perpétuellement rééligibles ; cette élection se fait dans une assemblée générale de droit fixée au 15 germinal, dans laquelle on établit le prix moyen des denrées « sur le pied duquel les récoltes sont assurées » (c'est le propriétaire des vignes, au contraire, qui détermine lui-même le prix qu'il veut assigner à sa denrée), et on nomme les experts chargés d'évaluer les dommages de grêle.

« Lorsqu'une chute de grêle se produit, l'*actionnaire* dont les biens auront été atteints, en fera la dénonce au directeur ; cet avertissement contiendra le jour où la grêle est tombée, l'étendue à peu près des terres en récolte qui en auront souffert, et leur désignation » (art. 19).

Le directeur, dans les cinq jours de cette déclaration, envoie sur les lieux un expert, qui a à déterminer la proportion de la perte, eu égard à la totalité de la récolte; si cette perte est inférieure à 1/10e de la récolte pendante, il n'est dû aucune indemnité.

Les résultats de l'assurance sont donnés à deux assemblées générales de droit ; ceux de l'assurance des vins, à l'assemblée générale du 30 frimaire, et ceux de l'assurance des céréales, à l'assemblée du 15 fructidor. Dans ces assemblées, on lit les procès-verbaux d'experts ; « on y fait l'état comparatif du montant en caisse et de la somme des indemnités acquises aux *actionnaires* qui ont été grêlés, et enfin, le tableau de la répartition et distribution à faire, au quart le franc, du susdit montant en caisse, entre les actionnaires précités, et l'assemblée ordonne le payement des dites indemnités ». Dans le cas où le montant de l'encaisse l'emporte sur celui des indemnités, cet excédent « est calculé pour les intéressés qui n'auront pas eu part aux dites indemnités, chacun selon son action », et lui est restitué.

Dans ce règlement, Barrau se révèle administrateur de talent ; il règle toutes les questions de détail relatives au fonctionnement de la Société, avec une rare clairvoyance; aussi, est-il complimenté sur l'ingénieuse organisation qu'il donne à la Société. Chaptal lui écrit : « le 12 fructidor dernier, j'avais applaudi au projet que vous m'aviez présenté à ce sujet, et je ne puis également qu'applaudir aujourd'hui au règlement que vous me soumettez » (1).

Le préfet du département du Tarn promet à Barrau, dans une lettre du 28 floréal an 10 (18 mai 1802), la réussite, qui ne tarde pas à lui être accordée.

Dès la première année, il groupe autour de lui, pour l'assurance des grains, 43 associés demandant la garantie de 127.986 francs de récoltes, et encaisse 3.747 fr. 45 ; aucun sinistre n'a lieu.

Dans l'assurance des vins, les résultats sont presque aussi favorables; il compte 34 associés, assurant pour 41.250 francs, encaisse 1.147 fr. 83 c., la Société éprouve deux sinistres seulement et paye 216 fr. 66. Les bénéfices de la campagne s'élèvent donc encore à la somme de 931 fr. 17.

Devant un pareil résultat, un mouvement ne tarde pas à se créer en faveur de l'assurance agricole, et l'on applaudit aux premiers succès de Barrau. Chaptal (2) le félicite sur les débuts de la Société. De toutes parts, les préfets s'agitent, invitant les propriétaires à suivre l'exemple de ceux de Toulouse ; les préfets du Tarn, de l'Ariège, du Lot-et-Garonne, de la Haute-Garonne, des Hautes-Pyrénées, le sous-préfet de Saint-Auban, font afficher

(1) Lettre du 11 prairial an 10 (1er juin 1802).
(2) Lettre du 12 pluviose an 11 (1er février 1803).

dans les communes les plus populeuses de leur ressort le règlement de la Société de Toulouse, et écrivent à Barrau, pour lui faire part de leur enthousiasme. Quelques-uns lui demandent, avec le réglement de la Société de Toulouse, des conseils et des indications, pour pouvoir fonder une institution analogue.

La ville de Nuremberg, elle-même, sollicite la communication des statuts de la Société de Barrau, pour créer des associations d'assurances similaires. Barrau, lui, est devenu un objet d'admiration ; le Conseil général de la Haute-Garonne, en 1805, dans une de ses délibérations (1), le compare à Franklin, qui arracha la foudre au ciel, prie le Ministre de vouloir bien lui faire accorder « la récompense honorable que Sa Majesté décerne au génie et aux talents ».

Le Ministre de l'Intérieur, le grand-chancelier de la Légion d'honneur, des députés, des sénateurs, chantent ses louanges et acclament son œuvre. C'est que la Société de Toulouse continue à donner de beaux résultats.

Enthousiasmé par le succès de son entreprise, Barrau veut étendre son système. Il combine l'assurance d'autres fléaux, et en 1805, il fonde deux autres caisses relatives l'une à l'incendie, l'autre à la mortalité des bestiaux. Il nous explique lui-même comment il est arrivé à former ce nouveau projet.

« Tant d'événements et de circonstances honorables ne pouvaient manquer d'exciter en moi une

(1) Séance du 13 floréal an 13 (3 avril 1805).

plus grande émulation ; aussi, voyant les assurances réciproques organisées contre la grêle, je portai mes vues contre les ravages de l'incendie, et je publiai, en germinal de l'an XI, mon ouvrage ayant pour titre : *Projet d'assurances réciproques pour les maisons contre l'incendie*..... Lorsque j'eus mis la dernière main à mes plans contre la grêle et contre l'incendie, dès que j'eus obtenu par une heureuse expérience la certitude de l'utilité de mes travaux, je dirigeai mes efforts contre un autre fléau non moins terrible, non moins désastreux, la *mortalité des bestiaux* (1) ». Dans ses projets, l'auteur montre toujours la même intuition et la même science ; on voit qu'il connaît exactement tous les caractères des fléaux qu'il veut garantir, de l'incendie comme de la mortalité des bestiaux, et sa pénétration d'esprit est faite souvent pour nous étonner. Etendant sa première assurance agricole à la mortalité des bestiaux, il saisit toutes les différences qui séparent ce fléau de la grêle, voit toutes les complications que son assurance soulève, et prend toutes les précautions nécessaires pour les aplanir.

« Je conviens, dit-il, qu'ici les difficultés que j'eus à surmonter pour appliquer mon système aux bestiaux, étaient plus grandes que celles que j'avais rencontrées auparavant, et on le concevra sans peine si l'on fait attention que les animaux domestiques sont dans la dépendance absolue de ceux à qui ils appartiennent, et que je devais empêcher que

(1) Barrau, *op. cit.*, p. 27 et 29.

des gens cupides ou peu délicats n'enlevassent, par la ruse, des indemnités destinées uniquement à l'homme probe et réellement malheureux. Déjà je m'étais cru obligé, dans mon travail pour les maisons contre l'incendie, d'user des précautions analogues à ces propriétés; combien, à plus forte raison, ne dûs-je pas en employer dans l'assurance des bestiaux ! J'établis des règles plus précises, j'exigeai des définitions plus exactes, j'indiquai les maladies les plus communes, je les caractérisai de manière qu'on pût les reconnaître aux symptômes qui les précèdent, aux circonstances et aux signes qui en accompagnent l'invasion, ou bien aux accidents qui en sont les suites; j'allai même jusqu'à indiquer les moyens préservatifs et curatifs dont l'efficacité est éprouvée, afin de diminuer la somme des indemnités, en prévenant les pertes » (1). C'est le 17 septembre 1805 que son projet, créant une caisse particulière contre la mortalité des bestiaux, a été adopté. Les règles fondamentales de cette assurance sont les mêmes que pour l'assurance contre la grêle; les dispositions ne diffèrent qu'à raison de la particularité du fléau.

Les animaux que l'on peut assurer sont :

1° Les chevaux, juments, poulains, pouliches, les mulets, les mules, les ânes et les ânesses, tant de travail que de profit ou de luxe;

2° Les bœufs, vaches, taureaux, génisses et veaux;

3° Les bêtes à laine, moutons et brebis ;

(1) Barrau, *op. cit.*, p. 30 et 31.

4° Les cochons de tous les genres et de tous les âges.

On ne les garantit que contre certaines maladies qui sont :

1° La peste, les épizooties, le charbon ou les maladies charbonneuses, l'apoplexie, la gravelle et la rage pour toutes les espèces de bestiaux ;

2° La gourme, la fausse gourme, le farcin, la morve, le tétanos, le vertigo furieux ou vertige frénétique, et la gras-fondure pour les chevaux et les bêtes cavalines ;

3° Les coliques et tranchées, la maladie pulmonaire, la paralysie des reins ou de l'arrière-main, et l'indigestion pour les bœufs et autres bêtes à grosses cornes ;

4° La morve, la gale ou rogne, l'indigestion et le claveau, clavelée ou picote, pour les bêtes à laine ;

5° La ladrerie ou lèpre, le feu Saint-Antoine malin et la soie pour les cochons.

On n'assure pas contre les maladies où les accidents qui « peuvent provenir de la négligence, de l'avarice, de l'imprudence, de la cupidité, de l'incurie des propriétaires, des gardiens ou des conducteurs, et qui résultent d'un travail forcé, du défaut de nourriture, ou de toute autre raison que les hommes peuvent provoquer ou empêcher » (Art. 4).

La contribution à payer par les associés est de 1/100e ; elle est unique et s'applique à toutes les espèces assurables.

« Les chevaux et bêtes cavalines, les bêtes à grosses cornes et les cochons sont assurés séparément et individuellement, avec les désignations et les signalements propres à les faire distinguer et reconnaître selon les circonstances.

Les bêtes à laine s'assurent collectivement et en corps de troupeau, avec la définition du nombre des individus dont il se compose au moment de l'assurance, et la distinction des genres mâles et femelles.» (Art. 6). Leur valeur est fixée sur l'estimation de deux habitants notables de la commune, signée par le propriétaire ou son représentant, avec la déclaration que les animaux assurés ne présentent à ce moment aucun symptôme des maladies faisant l'objet de l'assurance.

La responsabilité de la société n'est engagée que vingt jours après la déclaration d'assurance, pour éviter toute fraude et pour laisser le temps aux germes d'une maladie contractée avant l'assurance de se développer. En dehors de ce cas, l'assuré devra, s'il veut toucher une indemnité, avertir le directeur dans un délai de huit jours après l'apparition de la maladie. Si le directeur le juge utile, il envoie un vétérinaire sur les lieux, soit pour traiter les animaux malades, soit pour arrêter la contagion. Dans le cas où l'animal meurt avant l'arrivée du vétérinaire, le propriétaire en fait dresser procès-verbal dans le jour même par deux maréchaux ferrants, qui relatent la cause, la nature et les effets de la maladie, et qui disent si le propriétaire a employé les secours qui étaient à sa disposition pour prévenir la dite maladie ou en arrêter les suites.

Le procès-verbal est visé par le maire et envoyé à

la direction dans un délai de huit jours. La société se réserve le droit de contrôler l'exactitude de ces procès-verbaux par une enquête faite par ses experts et signée au moins par six des habitants propriétaires de la commune et du voisinage de l'associé.

Si on conclue à la mauvaise foi de l'assuré, ce dernier est déchu de ses droits à l'indemnité ; il perd les cotisations qu'il a déjà versées et est exclu à tout jamais de la société.

L'indemnité est accordée dans le cas de la perte d'un seul des animaux assurés individuellement, et dans le cas de la perte d'au moins un dixième des troupeaux de bêtes à laine, qui s'assurent collectivement.

« Cette retenue tourne au profit de la masse commune ; elle a pour objet d'intéresser les associés à la conservation de leurs bestiaux » (Art. 18).

Toutes les dispositions utiles sont prises comme pour la grêle. Barrau s'est à peine trompé sur le taux de la contribution, qui se trouve être trop faible dès la première année à cause des désastres qu'eut à subir la jeune société et à cause de son petit nombre de membres. Le tarif est porté successivement à 2 et à 3 pour 100. La nouvelle entreprise, basée sur des règles aussi sérieuses, aussi raisonnables, est saluée, comme les autres, par les compliments des personnes les plus notables. Ce sont le préfet du département du Gers, le sous-préfet du premier arrondissement du Tarn, qui applaudissent à la naissance de cette nouvelle société, et le chef de la deuxième division du Ministère de l'Intérieur, par deux lettres des 12 vendémiaire an XIV (4 octobre 1805) et du 17 janvier 1806, lui témoigne la satisfaction qu'a éprouvée le ministre en apprenant l'extension des opérations de la société de Toulouse à la mortalité des bestiaux. Le succès répond encore, du reste, ici aux efforts de Barrau ; dès la première année la société compte 39 associés, assure pour 7,230 francs de bestiaux, et, en 1808, c'est-à-dire la quatrième année, il reste comme bénéfice à la société la somme de 360 fr. 63, qui est partagée entre les associés.

Et pendant ce temps, l'assurance contre la grêle continuait à prospérer. Son règlement avait été quelque peu modifié dans la séance du 30 fructidor an XIII (17 septembre 1805), où fut voté le règlement de la caisse Bétail.

D'après ces nouveaux statuts, la société étendait désormais son action sur huit départements, la Haute-Garonne, le Gers, le Tarn, l'Ariège, l'Aude, le Lot, le Lot-et-Garonne, les Hautes-Pyrénées et jusqu'à vingt lieues tout autour de la commune de Toulouse, qui restait le centre de l'administration.

Le chiffre des commissaires était porté à quinze; il devait y avoir deux assemblées de droit au 20 janvier et au 20 août (cette dernière assemblée fût renvoyée aux derniers jours d'octobre, par délibération du 20 août 1807).

Les trois quarts de la contribution devaient être payés en un billet à l'échéance du 1er septembre pour les grains et du 20 décembre pour les vins. Le minimum de la valeur assurée n'était pas modifié (ce minimum a été réduit, par délibération du 20 janvier 1807 à la somme de 300 francs pour les grains et à celle de 200 francs pour les vins) ; toutefois, la Société acceptait des assurances de 400 francs de valeur, quand les vignes ou les champs dont on demandait la garantie dépendaient d'un lieu ou d'un domaine déjà assuré.

Les associés grêlés devaient faire leur déclaration de sinistre dans les huit jours de l'événement. L'expert avait sept jours à la suite de ce délai pour aller vérifier le dommage. Les indemnités pour les grains étaient payées le 1er octobre, d'après le compte, qui était rendu à l'assemblée générale du 20 août ; celles pour les vins étaient versées après l'assemblée générale du 30 janvier.

Ce qui restait en caisse, après le paiement des dites indemnités, était réparti au marc le franc, et remboursé à tous les membres de la société, même à ceux qui avaient été indemnisés (Art. 16).

Si nul n'avait été grêlé, la masse ne perdant rien, les primes étaient rendues en entier (Même article).

A cause de l'étendue de la société, on avait créé des agents qui « se bornaient à remplir les tableaux destinés aux déclarations, à les faire signer et à les adresser, dans les délais les plus courts et par la voie la plus sûre, avec les obligations et la portion des primes en argent comptant qui en font suite, au bureau de la direction, où, à leur réception, elles étaient datées, numérotées et enregistrées sur les livres de la société. »

Les « agens » transmettaient encore les copies

conformes, titres des associés, qui étaient signées par le directeur. Ils étaient, en outre, chargés de diriger et d'éclaircir les experts, lorsqu'ils procédaient dans leurs arrondissements respectifs après la grêle, et de faire les poursuites pour le recouvrement du montant des billets, si le cas le réquérait (Art. 18).

Toutes les entreprises de Barrau marchaient ainsi de front ; la création de nouvelles caisses ne l'empêchait pas de songer à perfectionner le mécanisme de l'assurance grêle, qui obtenait toujours de merveilleux résultats.

M. Crétel, Ministre de l'Intérieur, s'est plu à le reconnaître dans une lettre en date du 26 décembre 1807.

L'assurance agricole acquiert ainsi, dès ses débuts, une situation particulièrement avantageuse, et on peut espérer en son rapide avenir.

L'exemple des sociétés de Toulouse est bientôt suivi ; les habitants de Mont-de-Marsan fondent une société contre la grêle, ainsi que ceux du district de Cunège. En 1807, M. Duplantier, préfet des Landes, fonde une association du même genre.

Le gouvernement favorise le développement de cette institution, et le grand-chancelier de la Légion d'honneur promet à plusieurs reprises à Barrau la croix, que des personnes éminentes, des membres du Corps législatif, lui demandent pour ce bienfaiteur de l'humanité.

Barrau avait mis, en effet, sa vaste intelligence et son zèle ardent au service de son entreprise ; ajoutons qu'il y avait employé toute sa bourse. Il n'avait épargné ni son temps, ni son argent, et ce grand philanthrope ne demandait que d'arriver à son but pour rendre le peuple plus heureux; aussi ne regrettait-il pas ses sacrifices, et c'est tout naturellement qu'il nous dit : « Je l'avouerai, je fus fier de mon ouvrage, et je ne mis plus de bornes à mon dévouement, aucun sacrifice ne me coûta. Celui que je fis volontairement à cet établissement, dans cette même année 1806, vers la fin du mois de mai, est d'une telle importance que nul autre que le fondateur n'en eut été capable (1) ».

La société avait eu à subir cette année-là une crise, mais après avoir supprimé le paiement des contributions par billets, dont on avait abusé, et qui n'avaient été adoptés que pour faciliter les débuts de l'entreprise, elle était en droit d'attendre de meilleurs exercices.

Barrau pouvait donc compter sur le dédommagement du succès lorsque « tout à coup les journaux publièrent, et lorsque je reçus moi-même, dit Barrau, par une communication officielle, l'avis du Conseil d'État, approuvé par le chef du gouvernement au camp de Schœnbrunn, le 15 octobre 1809....., qui suspendit ou supprima les assurances réciproques (2) ».

Le Conseil d'État démolit ainsi l'œuvre de Barrau au moment où elle touchait à la réussite définitive, sous le prétexte hypocrite que « ces établissements

(1) Barrau, *op. cit.*, p. 33.
(2) Barrau, *op. cit.*, p. 36.

méritent la faveur et la protection du gouvernement ».

Il les soumet donc à l'approbation de l'État, et refuse cette autorisation à la société de Toulouse, parce que dit-il, « ses statuts manquent de développement et d'étendue relativement à la manière dont on doit procéder à la vérification de la valeur des propriétés assurées et à celle des dommages ».

On a peine à croire que ce soit là la décision de ce même gouvernement, qui avait approuvé avec tant d'ardeur, la création de cette société, et qui avait même fait campagne en sa faveur, par l'intermédiaire de ses représentants. Et c'est au moment où l'institution prospère le plus, qu'il emploie sa toute puissance à l'anéantir, comme s'il enviait les résultats obtenus par l'énergie d'un seul homme. Il se croit cependant obligé de donner les raisons de son arrêt illogique ; ce ne sont que des erreurs que Barrau s'est chargé lui-même de souligner.

« Je ne chercherai point, dit-il, à interpréter l'intention de ceux qui provoquèrent cet avis du conseil, je me bornerai à faire remarquer les erreurs qu'il renferme. Il y est dit que la société d'assurances contre la grêle ne fut formée qu'en septembre 1805; cependant le réglement est daté du 15 germinal an X (5 avril 1802), il fut imprimé immédiatement après et approuvé par toutes les autorités compétentes, comme il est constaté par les pièces rapportées. Quant au reproche qui porte sur ce que les statuts de cette société manquent de développement et d'étendue, ce n'est qu'en les lisant qu'on jugera s'il est fondé, mais le Conseil d'Etat ne vit que le précis analytique de ces statuts et des résultats, daté en effet du 17 septembre 1805 et imprimé à la même époque, ou même il ne vit pas non plus ce précis, puisqu'il commence par ces mots : « Cet établissement, fondé à Toulouse le 24 pluviôse an X, consiste..... », d'où l'on peut conclure qu'une décision aussi importante fut prise sans connaissance de cause » (1).

Le Conseil d'État approuve, d'autre part, le réglement contre la mortalité des bestiaux, et cependant ce réglement n'est que l'application, comme nous l'avons vu, « des bases primitives et des régles adoptées relativement aux récoltes (2) ». Aussi, comprend-on que Barrau, qui aimait, ainsi qu'il le dit, les assurances, qui y avait consacré toute son existence, et qui arrivait enfin à mettre en pratique ses pensées généreuses, ait éprouvé une profonde douleur en voyant l'iniquité qui venait de se commettre, et l'on n'est pas étonné de lui entendre dire : « Des larmes coulèrent de mes yeux, et cependant je ne prévis pas tout ce qui devait arriver.... Je pensai, il est vrai, à la perte de mon état, aux sacrifices que j'avais faits, mais je vis principalement les propriétaires des départements que j'avais affranchis du malheur de la grêle ; enfin, je regrettai surtout de ne pouvoir plus me rendre utile (3) ». Mais il ne se laisse pas abattre; il lutte contre le Conseil d'État,

(1) Barrau, *op. cit.*, p. 36.
(2) Barrau, *op. cit.*, p. 583.
(3) Barrau, *op. cit.*, p. 50.

il espère le faire revenir sur une décision aussi arbitraire.

Il écrit, le 4 avril 1810, une longue lettre au Ministre de l'Intérieur, où il justifie les statuts de sa société. Le Ministre lui fait ressortir que le gouvernement avait reconnu les bienfaits de la société de Toulouse en lui donnant toute une année pour satisfaire aux prescriptions de l'avis, mais il ne manque pas de rappeler au malheureux Barrau « que son établissement doit cesser d'exister, sur le pied actuel, au 1er janvier 1811 ». Durant tout le cours de cette année 1811, Barrau correspond avec le Ministre de l'Intérieur ; il obtient, en réponses, des paroles élogieuses, dont il commence à connaître l'inanité, mais la société de Toulouse est et reste dissoute. Ce n'est que le 22 juillet 1813 que M. Montalivet, Ministre de l'Intérieur, fait droit à ses nombreuses et légitimes réclamations, et lui permet de reprendre « ses travaux et la direction des assurances ». Cette décision est envoyée à la préfecture de la Haute-Garonne et parvient à Barrau par l'intermédiaire de M. le baron Destouches, préfet de ce département, le 13 août seulement.

Elle arrive un peu tard pour réparer les conséquences de l'injustice du gouvernement à son égard. Barrau est ruiné, et on se croit quitte envers lui quand on lui permet de reprendre ses travaux, alors que le discrédit gouvernemental est jeté sur la société de Toulouse. Cependant il ne perd pas espoir, il ne renonce pas à son dessein de rendre « le gouvernement plus puissant et les peuples plus heureux » ; il va consacrer à cette tâche le restant de sa vie. Il a, comme tous les grands initiateurs, la foi vivace; loin d'abandonner son idée, il y revient, il l'agrandit; ruiné, il fait le plus beau des rêves; vaincu, il part pour Paris pour lutter encore. Là, il médite son nouveau projet d'assurances réciproques ; il explique son plan dans un ouvrage que nous avons eu l'occasion de citer déjà plusieurs fois : *Le Manuel des propriétaires de toutes les classes*, ou *Traité des fléaux et des cas fortuits*. Mais, pour répandre ses idées et faire imprimer son œuvre, il lui manque de l'argent. Le Ministre de l'Intérieur lui accorde le modeste secours de 600 francs pour lui permettre de séjourner à Paris « pendant le temps que pourra durer l'examen de son ouvrage sur les assurances réciproques ».

Les sympathies n'ont cependant pas abandonné Barrau. La Commission des assurances lui promet son aide ; de nombreux députés sollicitent pour lui, auprès des pouvoirs publics, une sérieuse indemnité; quelques conseillers d'État, voulant peut-être un peu réparer le mal que leurs collègues lui avaient fait, l'encouragent et prennent l'initiative d'une souscription pour couvrir les frais d'impression de son ouvrage. C'est au mois de novembre 1814 que cette souscription est ouverte; elle contient les noms les plus illustres de l'époque, ceux des princes du sang, de nombreux pairs de France, de députés, de sénateurs; la liste, placée en tête de son livre, remplit six pages à deux colonnes : c'est la plus belle protestation contre l'avis du Conseil d'État.

Le Ministre de l'Intérieur veut participer, lui aussi, à cette généreuse action, et accorde une indemnité de 900 francs à Barrau, tout en lui faisant entendre et même écrire, d'une façon formelle, que c'est bien le dernier secours auquel il peut prétendre. Barrau sollicite cependant une avance pour pouvoir retourner à Toulouse, y ressusciter ses sociétés ; de nombreux députés, comme le baron de Puymaurin, J.-L. de Villèle, le président d'Aldeguier, appuient sa demande ; le ministre ne se laisse pas fléchir.

Barrau lui fait alors part de son intention de fonder à Paris une vaste Société d'assurances, étendant ses opérations à toute la France. C'est cet immense système d'assurances qu'il préconise dans son *Manuel des Propriétaires*, paru en 1816, et dont le Ministre de l'Intérieur prend cent exemplaires, et la Chambre des députés, cinquante. Dans cet ouvrage, où l'on trouve les nobles pensées qui ont guidé Barrau toute sa vie, on lit l'intéressant historique des Sociétés de Toulouse, et de curieux détails sur les fléaux agricoles ; mais l'auteur y expose surtout son nouveau plan. Il veut embrasser dans la même Société tous les agriculteurs de France, et il est mû encore ici par des sentiments généreux ; ce qu'il veut réaliser, c'est le rêve d'Henri IV : « Que tous les Français puissent mettre la poule au pot ». Ce qu'il désire, c'est la richesse de ses concitoyens, par suite de l'Etat, c'est la grandeur de sa patrie. « C'est par les assurances réciproques rendues générales et appliquées à tous les propriétaires, à toutes les propriétés, contre tous les fléaux et cas fortuits », qu'il espère arriver à son but. Une fois son système appliqué, il lui semble voir toutes les misères éteintes, et le bonheur régner partout. « Si je réussis dans mon entreprise, dit-il, quel avenir séduisant se déploie devant mes yeux ! combien de larmes dont j'aurai tari la source ! (1) ».

Barrau, poussé par le désir qui le hante, par l'idée noble et généreuse qui le soutient, étend son institution jusqu'à en fausser le principe. C'est un homme de génie que ses premiers succès ont grisé et qui a senti par suite de sa réussite même, puis de ses déboires, son ardeur s'exciter, son rêve grandir jusqu'au point de devenir une chimère. Le raisonnement et la méthode qui l'ont guidé dans l'établissement des Sociétés de Toulouse, ont fait place aux illusions et aux utopies. Il a constaté que l'assurance avait d'heureux effets ; il se demande pourquoi il ne l'étendrait pas à tous les fléaux, pourquoi il n'en ferait pas bénéficier tous les Français. Ce ne sont plus des règles scientifiques qui le conduisent, c'est sa sentimentalité outrée, son profond amour de l'humanité.

Aussi, il suffit qu'un fléau cause un grand ravage, amène une misère, pour que Barrau songe immédiatement à l'assurer. Emu et affligé par les désastres que l'homme subit, en face de spectacles terribles dont il donne une description classique, il rêve d'y opposer la réparation de l'assurance. C'est pour cette raison qu'il veut garantir les tremblements de terre, les volcans, les orages, les tempêtes sèches ou ouragans, les trombes, et s'il ne veut pas assurer les

(1) Barrau. *op. cit.*, p. 10.

ravages de la guerre, c'est seulement à cause de l'impossibilité de procéder à leur exacte vérification. Barrau déclare la guerre assurable surtout « parce qu'elle est le véritable fléau de l'agriculture et la source la plus féconde, la plus fréquente des inquiétudes, des chagrins des agriculteurs ». Et c'est encore l'importance des désastres causés par les gelées, les grands froids, les froids précoces et tardifs ou gelées blanches, les maladies des grains, les dégâts des chenilles, des sauterelles, les incendies, les explosions de moulins et de magasins à poudre, qui le déterminent à en faire des objets d'assurance. Il n'applique pas son système de garantie contre l'action funeste des vers qui rongent les arbres et des papillons des blés, parce que cette action n'est pas assez dommageable. Pour la sécheresse et l'humidité, ce sont des raisons plus scientifiques que Barrau fait valoir, pour démontrer leur « inassurabilité ».

« De quelque importance, dit-il, que soient pour l'agriculture, les effets de la pluie prolongée et ceux de la sécheresse, je ne les mets pas au nombre des cas susceptibles d'assurance ; non qu'il soit possible de s'y soustraire, dans la culture en grand, mais parce que ces accidents étant à peu près généraux, quand ils arrivent, ils atteignent indistinctement tous les propriétaires, et qu'il n'est pas possible de concevoir ni de réaliser une masse capable de fournir des indemnités à tous ceux qui, dans certaines années particulièrement, trouveraient à propos de se plaindre du sec ou de l'humide, et que d'ailleurs il pourrait être très difficile de constater les véritables effets de ces deux extrêmes (1) ». Arrivant à la mortalité des bestiaux, il veut garantir :

1° Toutes les bêtes cavalines, les chevaux, les juments, les mulets, les mules, les ânes, les ânesses ;

2° Les bœufs, vaches, taureaux, génisses, veaux ;

3° Les bêtes à laine, moutons, brebis, etc., de toute race et de tout âge, et les chèvres ;

4° Les cochons de tous les genres et de tous les âges.

Il passe ensuite en revue les diverses maladies des animaux et distingue « les maladies susceptibles d'assurances des accidents qui peuvent provenir de la négligence, de l'avarice, de l'imprudence, de la cupidité, de l'incurie des propriétaires, des gardiens ou des conducteurs, et qui résultent, ou d'un travail forcé ou de défaut de nourriture, de sa mauvaise qualité ou de toute autre raison que les hommes peuvent provoquer ou empêcher (2) ». Il divise les animaux assurables en deux classes : la première comprend les animaux attachés à l'agriculture, la deuxième ceux que l'on n'élève « que pour le profit qu'ils rendent, ou pour des usages étrangers à la culture proprement dite, ou même enfin par luxe ».

Ainsi devaient se trouver garantis, d'après Barrau, les principaux fléaux qui détruisent ou diminuent la fortune de l'homme.

Le bonheur universel, telle devait en être la conséquence.

Mais, pour rendre tous les Français heureux, pour les mettre à l'abri des inquiétudes et des pertes rui-

(1) Barrau, *op. cit.*, p. 267.
(2) Barrau, *op. cit.*, p. 326.

neuses, il fallait tous les amener à l'assurance. Barrau comprend qu'en étendant ainsi le cercle de ses opérations, les résultats doivent en être meilleurs. « Pour réussir plus complètement, dit-il, les assurances réciproques doivent donc s'étendre sur une grande surface et réunir le plus grand nombre possible d'individus ; les conditions en sont moins onéreuses, les chances moins critiques et les résultats plus certains ; par un concours plus multiplié *d'intéressés*, les primes dont se compose la masse commune peuvent être plus modiques, tandis que les secours restent les mêmes ; un sacrifice, presque insensible, que chacun fait au bien général, est suffisant pour que les dédommagements soient proportionnés aux pertes. » (1).

Or, pour faire accepter l'assurance de tout le monde, Barrau en arrive à l'imposer et à en faire une industrie d'État. Il pense peut-être ainsi, en assignant dans son vaste système d'assurances un rôle au gouvernement, se mettre à l'abri de ses fantaisies.

L'établissement qu'il propose est cependant distinct de l'État, bien que placé sous son administration ; car il a une caisse particulière payant les sinistres et tous les frais sans aucune subvention de l'État. La contribution à payer par les assurés, pour le prix de la garantie que lui promet l'Etat, doit être acquittée en même temps que l'impôt foncier et, d'après le taux de cet impôt, « les contribuables payent annuellement, en sus de leurs contributions, des centimes additionnels qui sont appelés

(1) Barrau, *op. cit.*, p. 14.

« primes d'assurances », et dont la somme totale compose la masse ».

C'est dans cette masse que seront prises les indemnités. Si des propriétaires trouvent que leur cote foncière est trop faible et craignent qu'en cas de désastres l'indemnité ne soit pas réparatrice, ils peuvent protester, mais seulement dans le cas où ils appartiennent à des communes non cadastrées, et ils doivent le faire dans les trente jours qui suivent la mise en recouvrement des rôles de l'année, ou au moins un mois avant le désastre.

Le mode d'assurance des bestiaux est fort simple : les animaux de la 1re classe, c'est-à-dire ceux qui sont indispensables à la culture de la terre sont assurés de droit et leurs propriétaires n'ont pas à payer de contribution pour leur garantie. La contribution versée pour l'assurance de la terre suffit, mais il faut déterminer le nombre d'animaux nécessaires au labourage. Ceux de la 2e classe sont assurés facultativement, moyennant une contribution de un pour cent; Barrau revient ainsi à son ancien taux, parce qu'il suppose, à cause de l'étendue de la société, qu'il sera largement suffisant. Des formalités sont imposées pour éviter la fraude, et notamment la substitution d'un animal de la 2e classe à un animal de la 1re.

L'indemnité est calculée, pour l'assurance des récoltes, d'après la perte qu'a subie le propriétaire, relativement à son revenu imposable; le dommage doit s'élever au moins au 1/10e de la valeur des fruits pour être réparé.

L'indemnité pour les bestiaux est établie d'après la valeur de la bête. Elle est payée dans le cas seulement où la perte atteint le 1/10e de la valeur.

L'administration de la Compagnie est faite au moyen des rouages de l'État.

A Paris, se trouve l'administration générale et centrale, placée dans les attributions du Ministère de l'Intérieur et de celui des Finances ; elle est composée :

1° D'un administrateur général, conseiller d'État ;

2° De quatre directeurs généraux ;

3° D'un inspecteur général ;

4° D'un contrôleur général.

Ces personnes forment le Conseil d'administration.

Dans les départements, se trouvent à chaque chef-lieu d'arrondissement un directeur d'arrondissement ou sous-directeur ; dans chaque chef-lieu de département un directeur départemental et un contrôleur ; dans chaque chef-lieu de division militaire un directeur divisionnaire et un inspecteur. Auprès de chaque direction départementale, il y a un conseil, qui se compose du préfet, du président du tribunal de 1re instance, du maire du chef-lieu du département, du directeur des contributions, du directeur des domaines, du conservateur des eaux et forêts, de sept des contribuables les plus imposés du département, du directeur des assurances et du contrôleur ; ce conseil s'occupe de la prospérité de l'institution. Sous l'inspection des directeurs, des contrôleurs et des inspecteurs, existent des experts qui sont chargés de reconnaître si les réclamations sont justes et de vérifier et d'apprécier les dommages ; ils doivent être choisis parmi les personnes les plus compétentes ; ils travaillent pour le compte de la masse, et ne procèdent qu'en vertu d'un mandat donné par le directeur d'arrondissement dans les cinq jours de la déclaration faite par les propriétaires; le propriétaire lui-même doit faire cette déclaration dans les huit jours de l'accident, et envoyer un extrait de l'état des sections de la commune ou des communes où sont situées les propriétés; il peut au besoin faire appeler un expert pour venir contredire avec celui de l'administration. Les rapports des experts sont adressés dans le délai le plus court au directeur départemental, qui les transmet dans les quinze jours aux directeurs divisionnaires ; ces derniers les envoient à leur tour, le plus rapidement possible, à l'administration générale.

L'administration peut, si elle soupçonne l'exactitude des rapports de l'expertise, faire procéder à une deuxième expertise ou même à une enquête par le contrôleur.

Les indemnités accordées sont portées sur le compte rendu par l'administration générale, division par division, département par département, arrondissement par arrondissement, et enfin commune par commune ; ces indemnités sont prises dans la masse existante à la fin de l'exercice, sans anticipation sur les exercices suivants ; s'il reste à la fin de l'exercice un excédent, il est formé un fonds de réserve qui sert à compléter les indemnités dans les années calamiteuses. Les indemnités sont payées sur des mandats ou ordonnances de l'administration ou de ses agents par les percepteurs ou receveurs des contributions, entre les mains de qui sont conservés les fonds de la masse.

Telles sont les principales dispositions de ce vaste projet, qui contient 129 articles ; il n'a jamais été appliqué. Il ne faut pas s'en plaindre ; il contient, en effet, des exagérations dangereuses. Entraîné par son ardeur de néophyte, par sa grande philanthropie, Barrau a dépassé le but ; il est sorti du domaine de la pratique pour bâtir un rêve. Mais quel rêve ! La science y coudoie l'illusion. S'il s'égare quand il considère l'assurance comme une panacée, quand il veut l'appliquer à tous les fléaux et cas fortuits, il faut reconnaître que c'est avec une remarquable maîtrise qu'il ordonne le plan immense de sa société. Au moment où il préconise l'assurance par l'État, on sent l'homme qui veut, de crainte d'être arrêté par son ennemi, l'associer à son œuvre, ou qui veut jeter les bases d'un état de choses qu'il prévoit être celui de l'avenir, à cause des empiétements successifs du gouvernement. C'est ainsi qu'un siècle après lui, les législateurs reprennent la dernière idée de Barrau et font paraître, eux aussi, des projets, mais qui sont loin de valoir celui du fondateur des assurances agricoles.

Barrau a épuisé sous toutes ses faces, et avec un talent magistral, la question qu'il avait entreprise. Et cependant il est mort dans la misère, à Paris, sans même avoir reçu la décoration qu'on lui avait si souvent promise. Victime de l'injustice de ses contemporains, il avait peut-être le droit de compter sur la réparation de la postérité et de croire que son appel en faveur de ses enfants serait entendu. « O France ! s'écrie-t-il à la fin de ses jours, ô mon pays ! je ne verrai peut-être pas mes vœux réalisés, ni mes efforts couronnés de succès ! Je languirai peut-être longtemps encore dans cette funeste inaction où me plongea la précipitation qui règne trop souvent dans les décisions des hommes en place ; et de même que tant d'autres qui se dévouèrent au bien public, je descendrai dans la tombe avec le regret d'avoir travaillé le champ sans en recueillir le fruit ; mais je ne suis pas le seul sur cette terre, en la quittant j'y laisserai mes enfants. C'est sur eux, ô Français, que vous reporterez quelques-uns des sentiments que je voulais obtenir de vous ; qu'ils soient heureux, qu'ils vous soient utiles, et si, dans le séjour des morts il est encore permis de s'intéresser à ce qui se passe sous le soleil, j'applaudirai à leurs efforts en soutenant leur émulation et leur courage. » (1).

Nous ne savons pas si les enfants de Barrau ont été protégés par le gouvernement, mais ce que nous savons, c'est que le nom du fondateur des assurances agricoles est à peine prononcé dans les ouvrages qui traitent de la matière, et que ses idées, ses principes ont servi à illustrer d'autres personnes, sans qu'on ait songé à rendre hommage à celui qui en était l'auteur.

Voilà pourquoi il nous a paru plus intéressant

(1) Barrau, *op. cit.*. p. 16.

encore de faire connaître cet homme de génie et de bien presque ignoré à cette heure, de montrer comment l'assurance agricole était née avec lui et ce qu'il en avait fait. En sachant quelle est son œuvre, on pourra mieux le juger ; on verra que, pendant un siècle, on s'est borné à répéter ce qu'il avait dit, à organiser des sociétés sur le modèle qu'il nous a laissé.

Pendant quelques années, il semble qu'avec Barrau l'assurance agricole soit morte, elle aussi. L'autorité gouvernementale l'avait frappée dans sa vitalité et paraissait l'avoir à tout jamais étouffée. Il ne subsistait ou il ne se créait que certaines caisses de bienfaisance, destinées à venir en aide aux agriculteurs malheureux : la Caisse des Ardennes, fondée par un arrêté préfectoral du 1er prairial an XIII, la Caisse de la Marne, instituée à Châlons le 22 février 1804, celle de la Meuse, établie le 16 novembre 1805, celle de la Somme en 1819.

Ces caisses ne distribuaient tout d'abord des secours qu'aux incendiés ; elles ont ensuite accordé des indemnités aux grêlés, et la Caisse de la Somme est venue en aide à ceux qui avaient subi un préjudice par suite de la mortalité des bestiaux (1).

Cependant, l'œuvre de Barrau ne faisait que sommeiller ; en 1823 réapparait l'assurance agricole avec

(1) Les résultats que ces caisses ont donnés sont des plus précaires ; en 1895, la Caisse des Ardennes n'allouait aucun secours, tandis que la Caisse de la Meuse payait 4,78/100e et celle de la Marne 9/100e des pertes subies ; la Caisse de la Somme a appelé à son aide une société mutuelle. V. Hamon, *op. cit.*, p. 685.

une société, la *Cérès*, autorisée par ordonnance royale du 29 janvier 1823.

La *Cérès* avait son siège social à Paris, et bornait ses opérations aux départements du bassin de la Seine, c'est-à-dire aux départements de la Seine, Seine-et-Oise, Seine-et-Marne, Aisne, Oise, Eure-et-Loir, Marne, Yonne, Aube, Loiret, Loir-et-Cher, Somme, Seine-Inférieure, Eure. Elle comptait dans son Conseil d'administration ce qu'on peut appeler l'aristocratie de la noblesse de la Restauration ; on peut citer le duc de Montmorency, le comte d'Haussonville, le comte de Laborde, etc. — L'assurance agricole renaissait sous de hauts patronages et avait des parrains illustres. Aussi ne tarde-t-elle pas à se répandre.

En 1826, les disciples de Barrau ressuscitent à Toulouse, qui est resté le centre des assurances agricoles, comme si l'esprit du maître voltigeait toujours autour du Capitole, la Société d'assurances contre la grêle, sous la direction de M. Debax ; cette institution prend rapidement le premier rang parmi les sociétés similaires, qui se fondent en 1829, sous le nom de la *Mutuelle de Seine-et-Marne,* en 1831 de l'*Aisne,* en 1834 de l'*Etoile*, en 1849 de la *Beauceronne-Vexinoise,* en 1854, de la *Mutuelle de Seine-et-Oise,* en 1854 de la *Garantie agricole*. Deux compagnies à primes fixes, la *Compagnie des Assurances générales* en 1854, et l'*Abeille* en 1856, cherchent à exploiter cette branche d'assurances. Toutes ces sociétés ne garantissent que les dommages résultant de la grêle.

Ce n'est qu'en 1838 qu'une société se décide à reprendre l'assurance contre la mortalité du bétail, « la *Société des Cultivateurs de Coulommiers* ». Vingt ans après seulement, cet exemple est suivi par l'*Etable Charentaise*, et successivement apparaissent, en 1863 le *Bon Laboureur*, et en 1865 la *Garantie fédérale*, qui assurent le même fléau. On est loin, comme on le voit, du beau rêve ébauché par Barrau ; les sociétés d'assurances agricoles sont peu nombreuses, elles vivent péniblement et, de 1823 à 1868, on peut dire qu'elles végètent ; elles sont sans fonds de réserve et n'ont qu'un nombre infime d'assurés. Quand on se rappelle les résultats obtenus par Barrau en quelques années, immédiatement après la création de l'assurance agricole, on demeure étonné qu'en vingt-cinq ans cette institution n'ait pas pris plus de développement. On ne manquait pas, cependant, d'hommes compétents ; si tous n'avaient pas la foi solide d'apôtre de Barrau, beaucoup d'entre eux s'efforçaient d'atteindre le succès qu'il avait prédi, mais l'assurance agricole, qui avait été une première fois arrêtée dans sa marche par l'administration, fut de nouveau gênée par l'intervention gouvernementale. Un avis du Conseil d'État l'avait ruinée ; une circulaire du Ministre de l'Intérieur du 25 octobre 1819 vint jeter sur sa route une nouvelle et pénible entrave.

« Longtemps, dit M. Gironis du Floquet, directeur de la Société de Toulouse, dans un rapport aux sociétaires, la Société de Toulouse s'épuisa, comme son aînée, en efforts infructueux pour desserrer les langes qui gênaient sa croissance. Ses comptes rendus annuels de 1827 à 1856 résument l'histoire de ce long martyrologe, de cette lutte incessante entre les thèses théoriques du Conseil d'État et les contradictions que révélait annuellement leur application.

« C'est ainsi que, sous ce spécieux prétexte qu'en mutualité les contributions des associés doivent être toutes égales, on nous imposa une cotisation uniforme pour l'assurance des récoltes de même nature, sans vouloir remarquer que, suivant le lieu où elles croissaient, elles présentaient des risques cinq, six, dix fois plus dangereux les uns que les autres, et que cette doctrine inique avait pour résultat logique l'éloignement de tous les bons risques, l'agglomération de tous les mauvais et, par suite, l'insuffisance de la cotisation et la répartition d'un dividende à l'heure du règlement des sinistres.

« C'est ainsi encore que lorsque, prenant texte de l'étroite circonscription de notre territoire d'action, pour conjurer des désastres aussi étendus que les faits de grêle, nous demandions à l'élargir et à admettre la France entière au bénéfice de l'association afin de diviser les risques, on nous opposait un refus constant, en alléguant qu'en mutualité les associés devaient tous se connaître et surveiller la sincérité de leur apport. Une circulaire du Ministre de l'Intérieur, du 25 octobre 1819, avait posé ces principes et opposé cette barrière à l'extension de la mutualité (1) ».

(1) THOMEREAU (ALFRED). *La Question des Assurances agricoles au point de vue de la statistique*, p. 5 et 6.

L'autorité administrative arrête ainsi, par sa coupable intervention, l'essor que pouvait prendre l'assurance agricole, et la condamne au piétinement. C'est alors que, pour la faire sortir de ce marasme, on va développer le mal au lieu d'appliquer le remède. Quand il faudrait la débarrasser de toute tutelle gouvernementale, lui donner la liberté des premiers jours de son existence, on songe à aggraver sa dépendance et à la faire exploiter par l'État.

L'assurance par l'État comptait des partisans dès 1840; M. Boudon, dans son livre : *Organisation unitaire des assurances*, prêchait en faveur de cette idée, que soutenaient quelques économistes et de nombreux journalistes. En 1848, on saisit même l'Assemblée nationale d'un projet de loi relatif à ce sujet.

MM. Lucien Blanc et Garnier-Pagès s'en font les promoteurs (1); mais l'Assemblée nationale repousse l'assurance par l'État, dont M. de Girardin s'était fait le plus ardent défenseur.

Cette idée est reprise, dit M. Hamon (2), en 1850, par un « novateur », qui établit les pertes subies par l'agriculture, et qui soumet au Prince-Président un système d'assurances obligatoires par l'État. D'après ce novateur, sur cinq milliards et demi de matière assurable contre la grêle et contre la gelée, l'assurance ne couvre que 300 millions, et encore, contre le premier fléau seulement ; il en résulte que sur

(1) *Moniteur universel* du 1er mars 1848; supplément page 932, nos des 27 avril, 2, 3 et 6 mai 1848.

(2) Georges Hamon. *op. cit.*, p. 676, 677 et 696.

45 millions de pertes occasionnées par la grêle, 3 millions seulement sont réparées, et que la gelée fait subir à l'agriculture 13 millions de dommages ; quant à la mortalité des bestiaux, la matière assurable s'élève à son avis de deux à trois milliards, alors que dix millions seulement se trouvent garantis par l'assurance.

Après avoir fait ces constatations, l'auteur croit nécessaire de rendre l'assurance obligatoire et de la mettre sous la dépendance de l'État. Son système de garantie comprend l'incendie, la grêle et l'épizootie; contre ce dernier fléau l'État ne doit assurer que : 1° Les animaux de l'espèce bovine; 2° Ceux de l'espèce ovine ; 3° Ceux de l'espèce chevaline. On ne doit pas réparer les conséquences : 1° D'opérations n'ayant pas exclusivement pour objet la conservation de l'animal assuré ; 2° De violences dues au fait de l'assuré ou de ceux dont il est civilement responsable. L'expertise est faite par un vétérinaire du gouvernement, qui fixe lui-même le chiffre d'indemnités en présence d'un membre de l'administration communale et de l'inspecteur.

Deux ans après l'envoi de ce mémoire au Prince-Président, M. Dubroca, directeur général de la Compagnie le *Palladium*, soumet aussi au chef du gouvernement un projet soutenant les mêmes conclusions. M. Dubroca, qui s'était révélé dans certains articles adversaire de l'assurance par l'État (1), s'en montre tout à coup partisan, mais au profit du

(1) *Revue des Assurances*, tome IV, p. 76. POUGET, *Dictionnaire*, p. 34.

Palladium. C'est ainsi qu'il imagine de faire garantir par sa société, contre le feu, un milliard de propriétés immobilières et mobilières de personnes malheureuses, ayant des propriétés de la valeur de 1,000 à 1,500 francs, moyennant le versement par l'État d'un million prélevé sur les fonds de secours.

Dans d'autres projets, il déclare cependant que si le *Palladium* ne peut servir d'intermédiaire, l'Etat prendra seul les assurances, et alors il propose au gouvernement de couvrir les dommages causés par l'incendie, la grêle, la gelée, l'inondation, l'épizootie.

Ces projets n'ont jamais vu le jour. L'idée de l'assurance par l'État est encore soutenue par les Conseils généraux de 1847 à 1855.

Napoléon avait plus ou moins écouté les vœux de ces conseils généraux, avait plus ou moins lu les projets qui lui avaient été présentés, mais toutes ces idées avaient laissé une empreinte dans son esprit et, en 1858, il va faire un essai de socialisme d'Etat en matière d'assurances agricoles.

A cette époque, d'après M. Thomereau (1), sur près de 6 milliards de valeurs assurables contre la grêle, il n'y en avait que 400 millions d'assurées, et sur 2 ou 3 milliards que représentait le bétail, soumis à une perte annuelle de 30 à 35 millions, 12 millions seulement étaient garantis. Les autres fléaux agricoles ne faisaient l'objet d'aucune assurance. C'est cette situation que Napoléon III a cru améliorer, et c'est dans cette intention qu'il a voulu créer

(1) THOMEREAU (ALFRED). *Les Assurances agricoles, état actuel de la question*. Paris, 1894, p. 39 et 40.

une *Caisse générale des assurances agricoles.* Le *Moniteur* du 15 juin 1857 annonçait que ce projet avait été soumis aux délibérations du Conseil d'État. « Le but de l'institution, disait-il, est d'indemniser les cultivateurs, au moyen d'une cotisation annuelle, fixe et volontaire, des pertes causées dans leurs récoltes et leurs bestiaux par la grêle, la gelée, l'inondation et la mortalité ».

« Il convient de reconnaître, dit M. Thomereau à ce propos, que le projet de 1857 se présentait sous des conditions de nature à séduire au premier abord : l'assurance n'y était pas proclamée obligatoire, la liberté des citoyens paraissait donc respectée ; on laissait en dehors du projet la branche principale, l'incendie, pour laquelle on reconnaît expressément que les sociétés existantes avaient déjà fait suffisamment leurs preuves. « On ne visait, en dernière analyse, que deux branches, pour lesquelles l'initiative privée n'avait encore rien tenté (la gelée et l'inondation), et deux autres (la grêle et la mortalité du bétail), pour lesquelles il n'était pas déraisonnable d'admettre son impuissance relative, étant donné les maigres résultats obtenus (1) ».

Le gouvernement procédait avec habileté : il voulait préparer peu à peu les esprits à accepter, tout naturellement, l'assurance par l'État ; son projet n'était qu'une première étape vers le but qu'il se proposait ; il ne s'en cachait pas.

« La Commission, disait le rapporteur, a reconnu

(1) THOMEREAU (Alfred). *Les Assurances agricoles, état actuel de la question*, p. 41.

que le principe de l'assurance obligatoire, n'avait en soi rien d'absolument injuste, et qu'il était le moyen le plus expéditif, le plus sûr, peut-être, pour fonder l'institution que réclame depuis longtemps l'industrie agricole, mais si ce principe n'est pas injuste, il aurait l'inconvénient de le paraître... Chaque fois que l'assurance obligatoire a été proposée, elle a excité des réclamations et des alarmes. Il serait impolitique de ne pas tenir compte de cet état de choses, et la Commission estime que, décrétée tout à coup, sans préparation, l'assurance forcée pourrait occasionner un trouble de nature à compromettre le succès de l'opération ».

Aussi ce projet, sur les conséquences duquel personne ne pouvait avoir de doute, soulève de vives critiques. On tient à arrêter l'État dans ses premiers empiétements et dans la séance du 5 septembre 1857, de la *Société d'économie politique*, où la question est discutée, la presque unanimité des membres proteste contre le patronage de l'administration. C'est aussi la solution que le Conseil d'État, qui avait à sanctionner ce projet, consacre, grâce à la campagne menée à cette époque par un assureur de grand talent, M. de Courcy. Les conseillers d'État, à qui M. de Courcy avait remis son opuscule, pour combattre les idées du gouvernement, se prononcent contre l'avis de l'empereur, qui cependant assistait à la séance, « parce qu'ils reconnaissent qu'un danger imminent accompagnerait toute immixtion officielle dans l'industrie des assurances ».

Après avoir vu ainsi échouer son projet, Napoléon III ne renonce pas à son intention. Il crée, sous la direction de M. Perron, une institution *officieuse*, sous le nom de *Caisse générale des assurances agricoles*, pour la formation et la gestion d'assurances mutuelles à cotisations fixes contre la grêle, la gelée, l'inondation, la mortalité du bétail et l'incendie au capital d'un million de francs. Il divise le capital en 1,000 actions de 1,000 francs chacune ; le quart de l'action doit être versé immédiatement.

Les statuts de cette nouvelle société, du 30 décembre 1858, sont insérés dans le numéro 549 du *Bulletin des Lois*.

L'entreprise se présentait sans aucun doute, sous la protection de l'empereur ; le notaire de la société était le notaire du chef de l'État, et les principaux souscripteurs, les administrateurs, le président, étaient des dignitaires de l'empire.

« Il suffirait de lire, dit Thomereau, le décret d'autorisation, pour voir, que si la Société gérante n'était pas un organisme officiel, il ne s'en fallait guère au fond. Aux termes de ce décret, la Société devait, outre les états de situation habituels, adresser tous les ans au ministre un rapport détaillé sur ses opérations ; le fonds de réserve devait être déposé à la caisse des Dépôts et Consignations, et il n'en pouvait être rien retiré sans l'autorisation du ministre. Celui-ci, avant de donner son autorisation, devait faire procéder aux vérifications qu'il jugerait utiles par les inspecteurs des finances. Ce n'était pas là le fonctionnement d'une Compagnie ordinaire. » (1). Du reste, le concours de tous les fonctionnaires, des préfets, des sous-préfets, des instituteurs, celui même des juges de paix et des notaires, était demandé. Aussi, la déclaration de M. Rouher, pour rassurer les autres Sociétés, était-elle bien platonique.

« Le gouvernement a vu, disait-il, avec sympathie, la constitution d'une Société formée en vue de faire jouir l'agriculture du bénéfice d'assurances dont quelques-unes n'avaient pas été tentées jusqu'à ce jour, ou ne l'avaient été que sur certaines parties du territoire. Mais en même temps, il ne lui a accordé ni privilège, ni faveur ; c'est une entreprise privée ».

Et cependant, malgré la protection évidente des pouvoirs publics, malgré la précaution de ne garantir que les fléaux d'incendie, de grêle et de mortalité du bétail, alors qu'elle avait promis de couvrir aussi la gelée et l'inondation, la Caisse générale des assurances agricoles n'a pas eu un résultat favorable. Dès l'année 1860, la Caisse incendie, qui seule avait fonctionné, était en déficit de 250,000 francs, et les actionnaires votaient l'emprunt d'une pareille somme, au lieu de décider l'appel d'un deuxième quart des actions ; en 1861, le déficit s'élevait à 926,000 francs. La Caisse générale des assurances agricoles sombre ainsi dès ses débuts ; elle avait le tort de nécessiter des dépenses trop élevées, de ressembler trop à une branche de l'administration française, à laquelle elle avait emprunté

(1) Thomereau (Alfred). *Les assurances agricoles, état actuel de la question*, p. 44.

toutes ses formalités, toutes ses lenteurs, et d'être aux mains de personnes incompétentes. Le gouvernement avoue implicitement son impuissance le 12 juin 1861, en réunissant la Caisse générale d'assurances agricoles à une Société due à l'initiative privée et exploitant le fléau incendie, à la *Caisse générale des Familles.*

On élève en même temps le capital social au chiffre de deux millions, qui est promptement absorbé et qui est porté jusqu'à 12 millions. Rien n'y fait. La Caisse « bétail », qui, en 1864, garantissait 12,690,000 francs, n'assure plus, en 1866, que 4,634,000 francs, et sa liquidation a lieu le 31 décembre de la même année. La Caisse grêle lui survit un an ; après avoir assuré, en 1864, 26 millions, elle ne couvre plus que 7 millions et demi en 1867, époque à laquelle sa dissolution est prononcée. La Société continue à assurer le fléau incendie, mais en recourant à un emprunt considérable de 2 millions, et finit, malgré tout, en 1869, par s'éteindre complètement (1).

Pendant que cette institution protégée par le gouvernement échouait aussi piteusement, l'initiative privée luttait toujours. Elle s'était élevée contre l'ingérence de l'Etat, et cherchait à surmonter tous les obstacles qui étaient dressés devant elle. Sans doute, elle n'obtenait pas la réussite complète, mais les résultats auxquels elle aboutissait étaient bien supérieurs à ceux obtenus par « la Caisse des assurances

(1) THOMEREAU (Alfred). *Les assurances agricoles, état actuel de la question*, p. 48. 49, 50.
HAMON, *op. cit.*, p. 681, 682.

agricoles ». C'est surtout après la loi du 24 juillet 1867, et le décret du 22 janvier 1868, qui ouvrent une ère plus libérale, que les efforts individuels ont pu se manifester, et tenter de vaincre les difficultés de l'assurance agricole. Quelques nouvelles Sociétés à primes fixes, la *Confiance*, fondée en 1878, l'*Eternelle*, née à Paris en 1883, l'*Indemnité*, en 1877, le *Soleil*, en 1879, le *Midi*, en 1880, ont essayé de garantir le fléau de la grêle; l'*Union Nationale*, fondée à Lille en 1877, a même exploité pendant quelque temps, sous cette forme, l'assurance de la mortalité du bétail. Ce sont les conséquences de ces deux fléaux que les nombreuses Sociétés mutuelles agricoles, créées depuis 1868, ont prises à leur charge.

Toutefois, ces temps derniers, deux Sociétés se sont fondées à Toulouse : la *Fluviale*, et l'*Union Nationale Agricole*, pour assurer l'inondation. La gelée a été inscrite comme fléau garanti dans plusieurs réclames des Sociétés, mais en pratique, elle ne l'a jamais été sérieusement. Il serait fastidieux de citer ici toutes les Sociétés d'assurances agricoles qui sont nées et qui sont, soit mortes déjà, soit encore en vie. Qu'il nous suffise de constater que l'initiative privée s'est employée avec fruit à introduire dans l'agriculture la réparation de l'assurance, et qu'elle a assez souvent réussi dans ses tentatives, pour mériter qu'on le remarque. Si elle n'a pas toujours abouti, et si nous avons, dans le cours de cette étude, à déplorer l'état encore précaire de l'assurance agricole, il ne faut pas oublier que ce piétinement tient à des causes dont elle n'est pas responsable. Nous devrons surtout nous souvenir qu'après avoir vu luire, dès ses débuts, une aurore pleine de promesses, l'assurance agricole a été l'objet de mesures étroites qui l'ont condamnée à un long sommeil.

Et lorsque, nous entendrons le législateur médire de l'initiative privée, nous pourrons lui répondre, forts de l'histoire, qu'on a paralysé ses efforts pendant un demi-siècle et qu'on a souvent arrêté son essor.

L'assurance agricole a dû employer ces trente dernières années à s'émanciper des erreurs du passé et de l'étreinte gouvernementale ; sa croissance a été en effet gênée, et si elle date de 1802, ce n'est que depuis le décret du 22 janvier 1868, qu'elle a la liberté, c'est-à-dire le souffle, la vie.

DEUXIÈME LIVRE

Théorie Générale et Fonctionnement de l'Assurance Agricole

DEUXIÈME LIVRE

THÉORIE GÉNÉRALE ET FONCTIONNEMENT DE L'ASSURANCE AGRICOLE

En dispensant les Sociétés d'assurances de l'approbation du gouvernement, le décret du 22 janvier 1868, les a soumises à certaines conditions de forme, leur a imposé des règles relatives à leur constitution et à leur administration. Le législateur avait, en effet, à se préoccuper de ces institutions, qui touchent de si près à la fortune publique, et à prendre quelques mesures dans l'intérêt de tous.

Mais il a laissé l'initiative privée libre de résoudre comme elle l'entendait toutes les questions de fonds, et a permis aux conventions particulières de fixer elles-mêmes les obligations de l'assureur et de l'assuré. Nous passerons tout d'abord en revue les prescriptions de forme que les Sociétés doivent respecter pour être, c'est-à-dire les règles formulées par le législateur.

Nous étudierons ensuite le contrat, nous verrons comment il est généralement conçu, et quelles doivent être ses bases et ses conditions.

CHAPITRE PREMIER

Législation

On s'est plaint plus d'une fois du silence que le législateur français a gardé au sujet de l'assurance terrestre. Peu de législations sont aussi pauvres que la nôtre sur ce point (1). Si l'on excepte la loi toute récente du 9 avril 1898, sur la responsabilité des accidents du travail, on ne trouve qu'un décret consacré aux Sociétés d'assurances. C'est le décret du 22 janvier 1868 (2).

(1) ANTHOINE DE ST-JOSEPH. *Concordance entre les codes de commerce et les codes français.*

CHAUFTON. *op. cit.*, t. 2 nos 497-563.

COUTEAU. *Traité de l'assurance sur la vie*, t. 2, *in-fine.*

(2) En 1834, l'assurance contre l'incendie a été sur le point d'être réglementée, mais ce projet fut abandonné à cause des violentes discussions qu'il souleva devant le Conseil général du commerce et de l'agriculture. Les lois fiscales sont, au contraire, en matière d'assurances, fort nombreuses ; il suffit de les citer :

L. 28 avril 1816, art. 5, et 16 juin 1824, art. 51 (enregist.).

L. 5 juin 1850, art. 33 et suiv. (timbre).

L. 23 août 1871, art. 6 à 10 (enregist.).

Décr. du 25 nov. 1871, relatif à l'application de la loi précédente.

L. 21 juin 1875, art. 7 (droit de vérification accordé aux agents du fisc dans les Compagnies d'assurances).

L. 30 décembre 1884 (abonnement au timbre rendu obligatoire pour les Compagnies d'assurances).

La loi de 1867 sur les Sociétés avait bien réservé un titre, le cinquième aux tontines et Sociétés d'assurances. Mais, des deux articles, qui forment ce titre, l'un, l'article 66, ne s'applique qu'à l'assurance sur la vie, pour la placer sous le contrôle et la surveillance du gouvernement; l'autre, l'article 67, annonce un décret d'administration publique qui fut le décret de 1868.

Ce décret, qui forme à lui tout seul toute la législation française sur l'assurance terrestre (1), est cependant incomplet ; il ne s'occupe que des questions de forme; il ne porte qu'un « règlement *d'administration publique pour la constitution des Sociétés d'assurances* », ajoutons : et leur *fonctionnement.*

Il est, en outre, général, c'est-à-dire qu'il s'applique à toutes les Sociétés d'assurances, quel que soit leur objet, agricoles ou sur la vie, contre l'incendie ou les accidents.

Quoi que ce décret ne parle que des Sociétés d'assurances, il n'en faut pas conclure que l'assurance ne peut être pratiquée que par des Sociétés.

L'assurance est une entreprise comme une autre ; elle peut être aux mains de simples particuliers (2). Mais, en fait, aucun homme n'est assez riche, ni assez audacieux pour oser prendre sur lui de si grandes responsabilités, et courir des aléas si dangereux.

Cette prudence que le bon sens commande, est la

(1) L'assurance maritime a été réglementée par l'ordonnance de 1681 et par le code de commerce.

(2) *Pandectes Françaises*, au mot « assurances ».

seule raison qui fait que l'assurance n'est jamais l'objet d'une entreprise particulière, mais celui d'une collectivité, c'est-à-dire d'une Société. Il importe toutefois de distinguer.

Notre législation admet deux natures de Sociétés : la Société civile et la Société commerciale. L'une et l'autre peuvent-elles s'occuper d'assurance ?

Aucune disposition de la loi ne s'y oppose, et en fait, on voit tous les jours des Sociétés civiles et des Sociétés commerciales d'assurances. Mais ces deux sortes de Sociétés peuvent prendre plusieurs formes (1) ; celles qui pratiquent l'assurance, ont pris la forme anonyme à primes fixes ou la forme anonyme mutuelle.

Aussi, le décret de 1868, se compose-t-il de deux sections : la première, réservée aux Sociétés à primes fixes, l'autre, aux Sociétés mutuelles.

La raison de cette préférence est simple : elle est la même que celle qui éloigne de l'assurance les simples particuliers, comme chefs d'entreprise (2) ; la forme anonyme est la seule qui donne vraiment à une Société une existence indépendante de ceux qui la composent, une vie propre.

Son sort n'est plus lié, comme dans la Société en nom collectif, à l'existence des membres qui la constituent, comme dans la Société en commandite, à la vie des commandités ; elle est elle-même, et elle n'engage jamais la responsabilité de ses membres, au-delà de leur apport.

(1) *Pandectes Françaises*, au mot « Assurances mutuelles ».
(2) DE LALANDE et COUTURIER, n° 15.

Les Sociétés d'assurances revêtent donc la forme à primes fixes ou la forme mutuelle. Les termes dont on se sert pour les dénommer aident à trouver les différences qui séparent ces deux formes. Une Société à primes fixes, est celle qui exige de la part de ses membres une prime fixe; une Société mutuelle est celle qui demande une prime variable. Dans le premier cas, l'assureur fixe le prix du risque qu'il entend couvrir, réparer, c'est-à-dire qu'il s'engage, en échange d'une somme fixée d'avance, à courir les chances de perte de ses clients, et par suite, qu'il peut s'approprier le gain de ses opérations. Dans le second, le prix de l'assurance n'a pas été fixé immuable; il peut varier avec les années, car il s'agit de répartir entre tous les associés le dommage subi par chacun d'eux. Par suite, la Société ne courant aucun aléa, ne pourra profiter d'un gain quelconque (1).

Dans les deux cas, on retrouve l'application du vieil adage *ubi onus, ibi emolumentum ;* mais, puisque la Société à primes fixes poursuit un lucre, une spéculation, elle fait un acte de commerce ; c'est une Société commerciale, tandis que la Société mutuelle n'a pas pour but le gain, le trafic ; elle est guidée par une idée humanitaire : elle solidarise ses membres contre le malheur ; elle n'est pas une Société de commerce. Cette conséquence est depuis longtemps

(1) CLÉMENT. *Les Assurances Mutuelles*,
Lyon Caen et Renault, *Traité de droit commercial*, t. 2, n° 930.
La *Grande Encyclopédie*, V° assurance, chap. II, n° 3, article de M. CHAVEGRIN.

reconnue de tous, et appuyée par de nombreux jugements et arrêts (1).

Il s'ensuit : 1° que les contestations entre associés dans les Sociétés à primes fixes, sont de la compétence des tribunaux de commerce, alors que dans les Sociétés mutuelles, elles doivent être portées devant les tribunaux civils ; 2° que les Sociétés à primes fixes peuvent être mises en faillite ou en liquidation judiciaire, et les Sociétés mutuelles, en déconfiture seulement ; 3° que la personnalité

(1) Douai, 4 décembre 1820, Bonneville de Marsangy, 2e part., p. 1.

Cass., 15 juillet 1829, Bonneville de Marsangy, 1re part., p. 9.
Rouen, 9 octobre 1820, » » 2e part., p. 1.
Cass., 8 février 1860, » » 1re part., p. 91.
Paris, 27 janv. 1854, » » 2e part., p. 152.
Paris, 22 Déc. 1848, » » 2e part., p. 87.

On s'est demandé si le contrat d'assurances mutuelles ne pouvait pas devenir commercial par suite de la théorie de l'accessoire.

Du côté de l'assureur, il semble bien que le contrat ne peut jamais être commercial. Dans ce sens : Paris, 2 mai 1850, D. P. 50, 2.187., B. de M., 2e part., p. 103 ; Douai, 29 juillet 1850, D. P. 54, 5, 12, jurisp. Douai, 1850, p. 328 ; Paris, 6 décembre 1852, D. P. 53, 2, 84, B. de M., 2e part., p. 143 ; Cass., 9 nov. 1858, S. 59, 1. 15, D. P. 58, 1, 461 ; Cass., 15 juill. 1884, S. 85, 1.348, D. P. 85, 1, 173 ; Paris, 18 déc. 1885, S. 87, 2, 121 ; Cass., 20 fév. 88, S. 88, 1, 401, P. 88, 1009.

Cependant, certains auteurs ont fait une exception pour le cas où la Société n'est composée que de commerçants ayant mis en commun les risques qu'ils courent en qualité de commerçants. Ces auteurs oublient que la théorie de l'accessoire ne s'applique que lorsqu'il s'agit d'un acte fait par un *commerçant* pour les besoins de son commerce ; or, une Société d'assurances mutuelles, composée de commerçants, n'est pas pour cela un commerçant.

Du côté de l'assuré, au contraire, la théorie de l'accessoire semble devoir s'appliquer, quand il est commerçant et qu'il con-

morale n'appartient qu'aux premières. Toutefois, ce point est très contesté (1).

Mais, de la définition que nous venons d'établir, on tire pour les Sociétés mutuelles d'assurances une autre conséquence.

Les Sociétés d'assurances mutuelles ne sont pas

tracte pour les besoins de son commerce. Dans ce sens : Paris, 18 déc. 1885, S. 87, 2, 121 ; Cass., 8 fév. 1869, D. 69, 1, 174 ; dans le sens contraire : Paris, 20 av. 86, S. 87, 2, 121.

Dans le cas où le contrat devient ainsi mixte, civil pour l'assureur et commercial pour l'assuré, la jurisprudence a admis que l'assureur ne pourra jamais être assigné devant le tribunal de commerce, tandis qu'il peut conduire son adversaire devant le tribunal civil, comme devant le tribunal de commerce.

Paris, 21 juill. 1873, S. 73, 1, 446; Aix, 15 janv. 1884, D. 85, 1, 49.

(Voir au bas de cet arrêt la note de M. Glasson).

Limoges, 3 mars 1885, J. Palais, 85, p. 821.

(1) La loi du 1er août 1893 a accordé, il est vrai, les avantages des Sociétés de commerce aux Sociétés civiles ayant revêtu la forme commerciale, et par conséquent, la personnalité morale. Mais si les Sociétés d'assurances mutuelles ne sont pas de véritables Sociétés, on peut soutenir qu'elles ne sauraient avoir la personnalité civile, en l'absence d'une disposition légale édictée à cet effet.

Cependant, cette personnalité leur est généralement et pratiquement reconnue. Du reste, l'intervention tacite de la puissance publique suffit pour créer une personnalité ; or si avant le décret de 1868, l'autorisation gouvernementale, qui était nécessaire à la création d'une pareille Société, leur conférait ce privilège, l'observation des règles, qui aujourd'hui remplacent cette autorisation et qui sont édictées dans le décret de 1868, doit produire le même effet. Les art. 9, 17, 21, 24, 25, 33, 40 de ce décret supposent que les Sociétés mutuelles d'assurances ont la personnalité morale. Dans ce sens : C. Orléans, 21 déc. 1854 ; Cass., 5 nov. 1855, D. P. 56, 1, 353, B. de M., 1re part., p. 74 ; Orléans, 7 mars 82, S., 84, 2, 31. P. 84, 1, 205, B. de M., 2e part., p. 659 ; la solution contraire aurait, d'ailleurs, de trop graves conséquences.

des Sociétés commerciales, parce qu'elles n'ont pas la spéculation en but; faut-il en conclure qu'elles sont des Sociétés civiles ?

Pour avoir cette qualité, il leur manque de réaliser une des deux conditions et peut-être la plus importante des deux, que l'article 1832 impose aux Sociétés civiles : un bénéfice. Les Sociétés mutuelles d'assurances ne se proposent en effet que de répartir sur un grand nombre d'assurés la perte survenue à un seul, de façon à la rendre insensible à tous. Leur but est donc d'amoindrir une perte, et non pas de réaliser un gain.

On a tâché de faire rentrer dans les Sociétés civiles les Sociétés d'assurances mutuelles, et pour cela, on a multiplié en d'ingénieuses explications les sens que peut prendre le mot bénéfice, mais, quoi qu'on ait fait, on n'est pas parvenu à donner au mot bénéfice le sens de perte évitée, ce qui, à la rigueur, pourrait être un bénéfice négatif : les quantités négatives n'existent qu'en algèbre.

Il faut donc conclure avec le législateur du 24 juillet 1867 : « les associations d'assurances mutuelles, comme les tontines, ne sont pas de véritables Sociétés » (1). Peu importe que le langage courant

(1) C'est la solution adoptée par M. Paul Pont. *Sociétés civiles et commerciales*, T. 1, n° 71, et par un grand nombre de décisions judiciaires : Douai, 15 nov. 1851, B. de M., 2° part., p. 127; Trib. Versailles, 25 mai 1870, B. de M., 2° part., p. 463; Paris, 25 mars 1873, même référence.

La jurisprudence a considéré quelquefois que les Sociétés d'assurances mutuelles étaient des sociétés civiles *sui generis*. Paris, 2 mai 1850. D. P. 50, 2, 187, B. de M., 2° part., p. 103;

leur conserve le nom de Société, que le décret de 1868, ce qui est plus grave, leur donne cette appellation, que la jurisprudence aille jusqu'à en faire de véritables Sociétés civiles, au point de vue doctrinal les Sociétés d'assurances mutuelles ne sont que des collectivités ; elles ne tirent pas leur caractère de Sociétés de la loi, mais seulement des dispositions spéciales de leurs statuts.

L'industrie de l'assurance peut donc être exercée sous la forme commerciale ou la forme civile, par des Sociétés commerciales ou des collectivités régies par le droit commun, et qu'on appelle usuellement des Sociétés.

Le décret de 1868 s'est proposé d'apporter dans l'intérêt général des conditions destinées à réglementer leur constitution et leur fonctionnement. Ce décret est postérieur de quelques mois à peine à la loi 1867 sur les Sociétés ; il est, comme cette loi, le produit en quelque sorte de l'empire libéral, il procède du même esprit et se propose le même but.

La loi de 1867 a voulu donner aux Sociétés commerciales plus d'indépendance que ne leur en avait accordé le code de commerce. Elle a voulu ouvrir une ère de liberté, parce qu'on avait fini par s'apercevoir que le commerce ne peut se développer que débarrassé de toute entrave, et c'est pour cela que la

Douai, 29 juillet 1850. D. P. 54, 5, 12 ; Cass., 17 fév. 1851, S. 51, 1, 685, D. P. 51, 1, 119 ; Paris, 27 janv. 1854, D. P. 55, 2, 60 ; Besançon, 4 fév. 1854, D. P. 55, 2, 60 ; Paris, 28 mars 1857, S. 58, 2, 197 ; Paris, 1er fév. 1858, S. 58, 2, 129, D. P. 58, 2, 28 ; Cass., 9 nov. 1858, S. 59, 1, 15, D. P. 58, 1, 461 ; Cass., 8 fév. 1860, S. 60, 1, 207, D. P. 60, 1, 83.

loi de 1867 a supprimé pour les Sociétés l'autorisation et l'approbation du gouvernement, l'obligation d'un acte authentique pour leur constitution; le décret de 1868 applique les mêmes mesures libérales aux Sociétés spéciales d'assurances, et vise d'une manière particulière les Sociétés d'assurances mutuelles ; il a surtout une influence sur les mutuelles agricoles qu'il émancipe d'une tutelle étroite qui jusqu'alors, sous le prétexte de les protéger, les avait étouffées.

Sans doute, l'avis du Conseil d'État, du 30 septembre–15 octobre 1809, reproduit dans l'ordonnance du 14 novembre 1821 (1) soumettait toutes les sociétés d'assurances mutuelles en général à

(1) On a discuté sur la valeur de ces actes. Un parti fort nombreux dans la doctrine a pu soutenir justement qu'ils n'avaient aucune force obligatoire, à raison de leurs vices originaires. L'avis du Conseil d'Etat du 30 septembre - 15 octobre 1809 n'avait pas été, en effet, approuvé par décret du gouvernement impérial, ni inséré au *Bulletin des Lois*. Il était inconstitutionnel en ce qu'il émanait du pouvoir exécutif seul et qu'il exigeait pour la validité des mutuelles des formalités que la loi existante ne prévoyait pas. Aurait-il eu même la force d'un décret, il n'aurait pas pu aller à l'encontre de la liberté garantie par une loi. La publication était, en tous les cas, nécessaire, car si les décrets impériaux ont conservé leur autorité, c'est grâce à leur régulière publication et à leur réelle exécution. (Voir note sur Cass. 3 février 1820 (S.) collect. nouv. 6. 1. 181., arrêt du 12 juillet 1844, S. 44. 1. 857.

Or, l'avis du Conseil d'Etat n'avait pas été promulgué, puisque son insertion n'avait pas eu lieu au *Bulletin des Lois* avant la Charte de 1814. Il avait été publié, il est vrai, en 1821, comme annexe à l'ordonnance royale du 14 novembre sur « les entreprises ayant pour objet le remplacement des jeunes gens appelés à l'armée par la loi du 10 novembre 1818. » Mais cette publicacation n'avait pas pu lui donner une force nouvelle ; elle l'avait présenté tel qu'il avait été légué par l'Empire, c'est-à-dire

l'approbation gouvernementale, mais il avait été provoqué par une Société d'assurances agricoles qu'il a ruinée, la *Société de Toulouse*. D'autre part, la circulaire du ministre de 1819, en exigeant des sociétés mutuelles une cotisation uniforme et une étroite circonscription entravait plus spécialement l'assurance agricole qui, à cause de sa nature même, exige un tarif variable suivant le risque et un périmètre très étendu.

La branche agricole avait donc eu à souffrir plus que toute autre assurance de la protection gouvernementale.

Le décret de 1868, en supprimant pour toutes les sociétés d'assurances mutuelles l'autorisation et l'approbation gouvernementales a été particulièrement utile à l'assurance agricole. Le législateur semble avoir songé lui-même, dans la rédaction de ce décret, à cette branche d'assurances ; c'est à l'approbation

illégal. Pour lui donner le caractère de légalité, il eut fallu le concours des autres pouvoirs, dont la réunion constituait, au moment de l'émission de l'avis, la puissance législative.

Du reste, l'ordonnance de 1821 n'avait pas elle-même l'autorité d'une loi ; l'obligation qu'elle édictait était platonique ; il eut fallu, pour la sanctionner, le concours du législateur.

L'avis de 1809 n'édictait même pas une disposition générale ; c'était une réponse donnée par le Conseil d'Etat au Gouvernement sur le point de savoir si l'on pouvait accorder l'autorisation d'établir une Société anonyme d'assurances mutuelles contre la grêle.

Et le Conseil d'Etat avait conclu au refus de l'autorisation, parce que, disait-il, dans le paragraphe 5 de l'avis « les statuts de la Société manquaient de développement et d'étendue, quant à la manière dont on devait procéder à la vérification de la valeur des propriétés assurées et à celles des dommages. » L'avis du Conseil d'Etat n'était donc qu'une consultation solennelle,

du ministre de l'agriculture qu'il soumet, en effet, l'emploi du reliquat du fonds de réserve en cas de dissolution de la Société (art. 32). Il n'y a à cela rien d'étonnant. Napoléon III n'avait pu oublier, en 1868, les efforts qu'il avait faits en 1857 pour développer l'assurance agricole.

Enfin, après ce décret, les sociétés se livrant à cette industrie, ont pu se constituer librement, elles ont fixé elles-mêmes dans les statuts, qu'elles ont librement délibérés, l'étendue de leur circonscription, la nature de leurs opérations, le taux de leurs tarifs.

Mais on s'est demandé quelle était la situation des sociétés d'assurances mutuelles nées antérieurement à 1868.

Pouvaient-elles librement bénéficier du décret de 1868? Le doute venait de la contradiction apparente de deux articles de la loi de 1867, les articles 46 et 67. L'article 46 dit, en effet, que les sociétés ano-

suivant l'heureuse expression de Merlin, donnée sur un cas particulier. La jurisprudence l'a interprêté pendant quelque temps de cette façon.

Douai, 15 nov. 1851. Rec. Douai, 1852, p. 5. S. 52. 2. 58. P. 52. 2. 446.

Trib. Tours, 14 août 1844 D. P. 47. 3. 175. B. de M. 3e part. p. 5.

Caen, 12 mai 1846. D. P. 47. 2. 138.

Mais elle a bientôt exigé l'autorisation gouvernementale pour l'établissement des sociétés d'assurances mutuelles en invoquant des raisons même extérieures à l'arrêt. (Voir Cass. 12 janv. 1842, S. 42. 1. 14. P. 42. 1. 132.

Paris, 1er févr, 1858. S. 58. 2. 129. P. 58. 218. D. P. 58. 2. 28.

Cass. 9 nov. 1858. S. 59. 1. 15. P. 59. 297. D. P. 58. 1. 461.

Quoiqu'il en soit, en pratique, toutes les sociétés, pour éviter des discussions longues et ruineuses, demandaient l'autorisation gouvernementale.

nymes qui voudront se transformer et bénéficier des termes de la loi nouvelle, devront demander l'autorisation gouvernementale et observer les formes prescrites pour la modification de leurs statuts, tandis que l'article 67 dispense les sociétés d'assurances (autres que les tontines et les sociétés d'assurances sur la vie) de toute autorisation du Gouvernement, pour se placer sous le régime nouveau (1).

La controverse qu'avait fait naître l'opposition de ces deux articles a été éteinte par un avis du Conseil d'Etat du 10 octobre 1872 (2) qui applique l'article 46 aux sociétés à primes fixes, réservant l'article 67 pour les sociétés mutuelles.

Les premières auront donc besoin de l'approbation administrative, pour bénéficier de la nouvelle législation ; les mutuelles n'auront pas cette formalité à accomplir pour jouir des dispositions libérales du décret de 1868 (3).

(1) On avait prétendu, dans un système, que l'art. 67 ne s'appliquait qu'aux sociétés n'ayant pas pris la forme anonyme et que l'art. 46 avait trait à celles qui avaient revêtu cette dernière forme.

Rivière. — *Commentaire de la Loi 1867*, au n· 426.
Mathieu et Bourguignat, ibid., n· 337.
Vavasseur, ibid., n· 465.
Bédarrides. ibid., n· 652.

Cependant, il n'y a pas d'exemple d'une Société d'assurances ayant pris une autre forme que la forme anonyme.

(2), S. 72. 2. 225. D. P. 72. 3. 65,

(3) On s'est même demandé si les sociétés d'assurances à primes, constituées avant la loi du 24 juillet 1867 étaient dans l'obligation, pour se transformer, de demander, sous l'empire du décret de 1868, l'autorisation gouvernementale. En effet, les articles 66 et 67 visent toutes les sociétés d'assurances autres que les tontines et les assurances sur la vie, et d'autre part, il

Le décret de 1868, qui apportait une sorte de régénération aux sociétés d'assurances mutuelles est incomplet et il fallait qu'il le fût pour ne pas manquer à l'esprit qui l'inspirait. Il a prétendu substituer au régime étroit d'avant 1868 un régime de liberté, d'autonomie et conséquemment, il a dû ne s'occuper de l'assurance que dans les rapports qui l'unissent à l'intérêt général, c'est-à-dire qu'il n'a dû traiter que des questions de constitution, d'administration, parce que ces questions sont celles qui importent à tous. Elles forment, en effet, le fonds principal de la garantie qu'une société offre, de la confiance qu'elle inspire.

L'intérêt général exigeait que la constitution et l'administration des sociétés d'assurances fussent enfermées en des règles étroites que tout le monde pût connaître et contrôler.

Le reste, c'est-à-dire les conventions particulières qui unissent l'assureur à l'assuré, qui règlent les droits et les obligations de chacun d'eux, tout cela ne s'adresse qu'à l'intérêt particulier et le législateur a sagement fait de s'en tenir sur ce point à l'article 1134 du Code civil.

Il est cependant des esprits qui se plaignent lors-

n'y a pas identité, est-il dit dans une note, sous l'avis du Conseil d'Etat du 10 octobre 1872 au D. 72. 3, 65, entre le cas où une société anonyme précédemment autorisée se transforme en société anonyme dans les termes de la loi du 24 juillet 1867, c'est-à-dire en société anonyme libre (art,46) et le cas où une société anonyme d'assurances précédemment autorisée se transforme non pas en société anonyme libre, mais en société anonyme d'assurances régie par le règlement établi en exécution de la loi du 24 juillet 1867.

qu'ils comparent notre législation à celle des nations étrangères, de la prudence et de la réserve du législateur français en matière d'assurance (1).

Ils regrettent que nous n'ayons pas, comme certains pays, un code des assurances, où l'on puisse trouver toutes les règles qui doivent régir les rapports de l'assureur et de l'assuré, toutes les prescriptions qui doivent régler le fond de la matière afin que rien ne soit plus, en assurances, laissé à l'arbitraire.

S'ils ont raison de se plaindre ou si nous avons tort de nous féliciter de ce silence, c'est ce dont tout le monde peut juger aujourd'hui, que le législateur, après de longues années d'études, a rédigé la première loi française sur le fond de l'assurance, la loi du 9 avril 1898 sur les accidents.

Sans doute, à l'origine, une loi sur les assurances eut été d'une utilité incontestable ; elle nous aurait évité les fluctuations de la jurisprudence pendant de longues années, et l'on comprend la juste préoccupation du législateur de la monarchie de Juillet, au moment où naissaient de nombreuses sociétés d'assurances ; mais depuis, la jurisprudence est devenue constante à elle-même, les conditions générales des polices sont maintenant presque identiques. Une législation est devenue inutile ; elle risque d'aller à l'encontre de l'usage qui a éprouvé la valeur et la justesse de ce qu'il a consacré.

(1) *Pandectes françaises*, au mot « Assurances ».
ALLAERT, *Les assurances terrestres*, Douai, 1868, p. 59.
PHILOUZE, *Des assurances terrestres*, Rennes, 1861, p. 51.

Le décret de 1868 ne traite donc que des questions de forme; nous allons les passer succintement en revue ; elles sont réparties en deux titres : le premier est relatif aux sociétés anonymes d'assurances à primes, le second s'occupe des sociétés d'assurances mutuelles.

En ce qui concerne les sociétés à primes, ce décret les soumet aux prescriptions de la loi du 24 juillet 1867, en leur interdisant la forme des sociétés à capital variable (art. 1) et la conversion des actions en actions au porteur (art. 3), à moins que le fonds de réserve n'égale la partie du capital non encore versée ou encore à moins que le capital n'ait été entièrement versé. Il leur fixe un minimum, comme capital de garantie, qui ne peut jamais être inférieur à 50,000 fr. (art. 2), les oblige à constituer une réserve de 20 pour 100 sur les bénéfices nets, jusqu'à concurrence du cinquième du capital (art. 4), règle l'emploi des fonds disponibles en acquisitions d'immeubles, en rentes sur l'Etat, bons du Trésor ou autres valeurs créées ou garanties par l'Etat, en actions de la Banque de France, en obligations des départements et des communes, du Crédit Foncier de France ou des Compagnies françaises de chemins de fer qui ont un minimum d'intérêt garanti par l'Etat (art. 5).

Enfin, le titre I s'occupe encore de fixer les déclarations relatives à la Société, que toute police doit contenir et qui sont : l'indication du montant du capital social et celle du capital versé, le maximum qu'une Compagnie peut, d'après ses statuts, assurer sur un seul risque sans réassurance, et l'énumération des risques couverts par les Compagnies (art. 6). Et dans le dernier article, on trouve des prescriptions sur le mode de publicité des comptes-rendus ; tout assuré peut prendre connaissance des inventaires de la Société au siège social ou dans une de ses agences et même exiger qu'il lui en soit délivré une copie (art. 7).

Dans son titre II, le décret de 1868 statuant sur les sociétés d'assurances mutuelles, leur permet de se former, soit par un acte authentique, soit par un acte sous-seing privé fait en double original (art. 8) ; il exige qu'elles aient établi des statuts qui doivent figurer *in extenso* sur les adhésions (art. 10). Ces statuts doivent indiquer :

1° l'objet, la durée, le siège, la dénomination de la Société et la circonscription territoriale de ses opérations ;

2° le tableau de classification des risques, les tarifs applicables à chacun d'eux et les formes suivant lesquelles ce tableau et ces tarifs peuvent être modifiés.

3° le nombre d'adhérents et le minimum de valeurs assurées au-dessous desquelles la Société ne peut être valablement constituée, ainsi que la somme à valoir sur la contribution de la première année, qui devra être versée avant la constitution de la Société (art. 9).

Lorsque toutes ces conditions ont été remplies, elles doivent être constatées par une déclaration devant notaire, à laquelle on annexe 1° la liste des adhérents et le montant des valeurs assurées par chacun d'eux ; 2° l'un des doubles de l'acte de société ou une expédition, suivant que cet acte est authentique ou sous seing privé; 3° l'état des versements effectués (art. 11).

Une société d'assurances mutuelles doit avoir à sa tête un Conseil d'administration nommé dans la première Assemblée générale, pour six ans au plus, ou désigné par les Statuts, mais, dans ce cas, pour trois ans, au maximum.

Les commissaires censeurs sont aussi nommés dans l'Assemblée générale, qui vérifie si toutes les conditions de constitution ont été remplies (art. 12), et qui arrête définitivement et détermine le mode et l'époque de remboursement, après avoir pris connaissance du compte des frais de premier établissement apuré par le Conseil d'administration (art. 13).

Voilà la société créée ; son administration est confiée à un Conseil d'administration dont les pouvoirs sont réglés par les statuts. Les membres de ce Conseil nomment un directeur choisi parmi eux ou hors d'eux, mais dont la nomination peut être remise à l'Assemblée générale par un article des statuts (art 14).

Tout membre d'une Société mutuelle peut être administrateur, à la condition d'avoir la somme de valeurs assurées, déterminée par les statuts (art. 15); de même, tout membre d'une société d'assurances mutuelles peut assister à l'Assemblée générale, à la condition d'avoir la somme de valeurs assurées, déterminée aussi par les statuts, pour assister à la dite assemblée, qui doit être tenue au moins une fois l'an (art. 16).

Dans toutes les Assemblées générales, il doit y avoir une feuille de présence qui contient les noms et domiciles des membres présents. Cette feuille, certifiée par le bureau de l'Assemblée et déposée au siège social, doit être communiquée à tout requérant (art. 17).

Pour délibérer valablement, l'Assemblée générale doit réunir au moins le quart des membres y ayant droit ; à défaut, une nouvelle Assemblée est convoquée dans les formes prévues aux statuts, et délibère valablement, quel que soit le nombre de membres présents (art. 18). Exceptionnellement, la première Assemblée générale doit réunir au moins la moitié des membres y ayant droit ; dans le cas contraire, une nouvelle Assemblée générale est convoquée, après l'insertion de deux annonces, publiées à huit jours d'intervalle au moins, un mois à l'avance, dans un des journaux d'annonces légales. Cette deuxième Assemblée délibère valablement, composée du cinquième au moins des membres ayant le droit d'y assister (art. 19).

Les assemblées réunies pour modifier les statuts doivent être aussi composées de la moitié au moins des sociétaires y ayant droit (art. 20).

L'Assemblée générale annuelle désigne un ou plusieurs commissaires, sociétaires ou non, pour faire un rapport à l'Assemblée générale de l'année suivante, sur la situation de la Société, sur le bilan et sur les comptes présentés par l'Administration. A défaut de cette nomination, c'est le président du tribunal de première instance du siège de la Société qui est chargé de ce soin, à la requête de tout intéressé, le Conseil d'administration dûment appelé (art. 21) ; les commissaires ont le droit, pendant les trois mois qui précèdent la réunion de l'assemblée générale, de prendre communication des livres et d'examiner les opérations de la Société, qui doit dresser chaque semestre un état sommaire de sa situation active et passive, et qui établit chaque année un compte détaillé des recettes et des dépenses de l'année précédente et du montant des sinistres. L'inventaire et le compte détaillé sont également adressés au Ministre de l'Agriculture, du Commerce et des Travaux Publics. Les commissaires peuvent aussi, en cas d'urgence, convoquer l'Assemblée générale (art. 22 et 23).

Tout sociétaire, pendant les quinze jours qui précèdent la réunion de l'Assemblée générale, peut prendre, par lui ou par un fondé de pouvoirs, au siège social, communication de l'inventaire et de la liste des membres composant l'Assemblée générale et se faire délivrer copie de ces documents (art. 24).

Les formalités d'administration sont, comme on le voit, très minutieuses.

Dans les sections III, IV et V, le décret de 1868 examine les rapports de la Société et des sociétaires, et établit : 1° comment on devient sociétaire ; 2° à quelles obligations est soumis le sociétaire ; 3° comment le sociétaire participe au secours.

1° Comment on devient sociétaire.

Les statuts déterminent le mode de contracter un engagement avec la Société, mais le sociétaire ne peut pas être lié pour plus de cinq ans; il doit demander la résiliation, soit par une déclaration au siège social ou chez l'agent local ; il lui en sera donné récépissé, soit par acte extrajudiciaire, soit par tout autre moyen indiqué dans les statuts. Les statuts sont tout puissants pour régler le mode d'estimation des valeurs assurées, les conditions de prorogation et de résiliation des contrats et les circonstances qui font cesser les effets des dits contrats (art. 25). Ils ne peuvent défendre aux sociétaires de se faire réassurer ou assurer à une autre Compagnie; ils peuvent seulement stipuler que la Société sera dans ce cas immédiatement informée et aura le droit de notifier la résiliation du contrat (art. 27). Pour que le sociétaire connaisse exactement l'étendue de son engagement, la police doit contenir les conditions spéciales de cet engagement, sa durée, ainsi que les clauses de résiliation et de tacite reconduction, s'il en existe dans les statuts. Toujours pour la même raison, la police constate la remise d'un exemplaire contenant le texte entier des statuts (art. 28), et toute modification aux statuts doit être portée à la connaissance des sociétaires (art. 26).

2° Charges sociales.

Si les statuts doivent être reproduits *in-extenso* sur les polices, c'est parce que quiconque s'oblige doit savoir à quoi il s'oblige. Par suite, les statuts doivent déterminer le maximum de la contribution annuelle exigée pour frais de gestion de la Société (art. 31), le maximum de la cotisation (art. 29). Les statuts peuvent fixer la formation et l'emploi du fonds de réserve, sans que le prélèvement sur ce fonds puisse excéder pour un seul exercice la moitié de son encaisse (art. 32). Ce fonds de réserve est destiné à faire face aux années calamiteuses; mais en cas de dissolution de la Société, l'emploi du fonds de réserve est réglé par l'Assemblée générale, sur la proposition des membres du Conseil d'administration, sous la condition de l'approbation du ministre de l'agriculture (même article).

Le fonds de réserve doit offrir des garanties de solidité; l'article 33 exige qu'il soit placé en rentes sur l'Etat, actions de la Banque de France et en valeurs garanties par l'Etat.

Une somme fixe ou proportionnelle peut être allouée par traite à forfait à la direction, soit par les statuts, soit par l'Assemblée générale (art. 31).

3° Sinistres.

Le fonds de réserve et les cotisations ont pour but le paiement des sinistres; les sinistres doivent être réglés dans les trois mois qui suivent l'expiration de chaque année, mais il peut être, avant cette époque, payé des à-comptes à valoir (art. 36).

Si les cotisations et le prélèvement de la moitié du fonds de réserve sont insuffisants, l'indemnité de chaque ayant-droit est diminuée au centime le franc (art. 37).

Quant à ce qui concerne la déclaration à faire en cas de sinistre, les statuts doivent en régler le mode et les conditions (art. 34).

L'estimation des sinistres doit être faite par un agent de la Société ou par un expert désigné par elle, contradictoirement avec le sociétaire, ou un expert choisi par lui; en cas de dissidence, il en est référé à un tiers expert nommé par les parties, ou, à défaut, par le président du tribunal de première instance de l'arrondissement, ou, si les statuts l'ont ainsi décidé, par le juge de paix du canton où le sinistre a eu lieu (art. 35).

Les articles 38 et suivants imposent des règles nombreuses en matière de publication des actes de société; nous y renvoyons le lecteur.

CHAPITRE II

Le Contrat

Tout contrat d'assurances suppose un risque que l'assureur prend à sa charge, un prix qu'il touche de l'assuré, et une indemnité qu'il doit payer dans le cas de réalisation du risque.

Les particuliers et les sociétés d'assurances peuvent fixer librement les conditions relatives à ces trois éléments, dont nous allons successivement nous occuper. Nous déterminerons le sens de chacun de ces termes, nous verrons comment ils doivent être entendus, et comment ils le sont dans la pratique.

SECTION I. — **Le Risque**

On appelle risque, un fait incertain dans son événement et dans ses conséquences, et qui expose une personne à un dommage.

Un fait incertain dans son événement est un fait qui peut se produire ou ne pas se réaliser, comme un incendie, un naufrage, un accident ; c'est encore un fait, qui doit se produire, mais dont la date de réalisation est indéterminée, comme la mort.

Un fait peut donc être incertain dans son événement de deux manières, et puisque le contrat d'assurances est un contrat aléatoire, chacun de ces deux aléas est matière à assurance.

Un fait incertain dans ses conséquences, est un fait dont on ne peut mesurer à l'avance le degré d'intensité du dommage qu'il causera. Un incendie peut être total ou partiel, un naufrage amener une ruine plus ou moins grande, un accident avoir des effets plus ou moins désastreux.

C'est là encore un aléa conforme à la nature du contrat d'assurances.

Et ce fait incertain, dans son événement et dans ses conséquences, pour être un risque, doit occasionner un dommage, car l'assurance a pour but de procurer à ceux qui y recourent, la sécurité dans l'avenir, en réparant le préjudice qu'ils ont éprouvé.

Le contrat d'assurances est, en effet, un contrat d'indemnité, en même temps qu'un contrat aléatoire.

C'est ce qui explique qu'on ait pu définir le risque « la valeur actuelle du dommage possible dans une unité de temps déterminée » (1).

Dans le risque ainsi entendu, entrent quatre éléments :

1° La somme assurée ;

2° La durée de l'assurance ;

3° La plus ou moins grande probabilité du sinistre ;

4° Son degré présumé d'intensité.

Ce dernier élément n'est point indispensable, il ne peut se rencontrer, en effet, dans les risques, qui ne sont pas susceptibles de plus ou de moins.

(1) Chaufton, *op. cit.*, t. 1er, p. 103.

L'assureur doit connaître exactement le premier élément, c'est-à-dire savoir quelle somme il entend garantir et par suite, quelle est l'étendue du risque.

La valeur assurée est la base même du contrat. Quant à la durée de l'assurance, l'assureur ne pourra pas davantage l'ignorer, puisqu'elle lui apprendra le terme de son engagement.

Et la plus ou moins grande probabilité du sinistre, est encore indispensable à la notion du risque, car cet élément permettra d'en fixer la valeur exacte. En matière d'assurance, en effet, le risque représente à tout moment une valeur. Cette valeur va en augmentant, à mesure que le dommage devient de plus en plus probable, ou s'aggrave en intensité. On dit alors que le risque est progressif.

Il est vrai qu'un risque peut être stationnaire, c'est-à-dire que la probabilité de sa réalisation demeure la même pendant toute la durée de l'assurance, ou, tout en étant progressif, ne présenter qu'un seul degré d'intensité : la perte totale.

L'assureur doit tenir compte de tous ces éléments, les combiner de façon à arriver à une évaluation exacte.

Voilà pourquoi, si nous avons défini le risque « un fait incertain dans son événement et dans ses conséquences, et qui expose une personne à un dommage », en le considérant au point de vue de l'assuré, nous avons emprunté la définition de Chaufton, quand nous l'avons envisagé du côté de l'assureur, en disant que c'était « la valeur actuelle du dommage possible, dans une unité de temps déterminée »

Dans la pratique, on entend encore par risque, l'objet même sur lequel porte l'assurance; le risque est alors mobilier ou immobilier, suivant qu'il correspond à des meubles ou à des immeubles, et si on l'examine relativement aux dommages qu'il suppose, on peut distinguer des risques d'incendie, des risques maritimes, des risques d'accidents, des risques de vie.

C'est dans ce dernier sens que sera entendu, dans le cours de cette étude le mot « risque » ; mais il était nécessaire d'en fixer les différentes significations pour éclairer tout d'abord cette matière. Les diverses définitions que nous avons données seront, pour nous, comme un fil d'Ariane, nous permettant de nous retrouver au milieu des complications du sujet que nous abordons.

Il existe des risques agricoles, comme il existe des risques maritimes, et nul ne songe à le contester. On aurait mauvaise grâce à ne pas reconnaître l'existence de fléaux particuliers à l'agriculture et à nier leurs qualités de *risques*. Mais la difficulté commence lorsqu'on essaye de définir un risque agricole.

Il y a tout d'abord une remarque à faire. Si l'on définit le risque par l'objet auquel il s'applique, on est amené à commettre une erreur. Un incendie, par exemple, peut atteindre une usine et une ferme; dira-t-on que le risque est dans le premier cas industriel et agricole dans le second ?

Les assureurs peuvent se servir de ces expressions commodes pour simplifier leur langage et pour leur permettre d'adopter une classification facile dans l'application de leurs tarifs ; mais c'est là, au point de vue théorique, une appellation inexacte ; l'incendie ne change pas de nature avec l'immeuble qu'il atteint.

Cette confusion serait évitée si l'on définissait le risque par la nature du dommage que sa réalisation entraîne. On ne parlerait plus alors de risques industriels, de risques agricoles, mais de risques d'incendie, de grêle, etc.

Ainsi entendu, le risque agricole est *un risque qui a son essence, sa seule raison d'être dans l'agriculture et tel qu'on ne peut le concevoir en dehors d'elle.*

L'incendie de récoltes, le naufrage d'une cargaison de céréales, les accidents causés par l'exploitation de la terre ne peuvent donc être des risques agricoles.

Ne doivent être compris sous cette appellation que les fléaux qui atteignent l'agriculture seule, comme les maladies des plantes, les insectes ravageurs, la sécheresse, l'humidité, la gelée et la grêle.

A cette énumération on peut ajouter la mortalité du bétail qui éprouve surtout l'agriculteur, et l'inondation dont les ravages s'exercent principalement sur les champs et les récoltes.

Ces fléaux, d'autre part, remplissent les conditions que nous avons exigées du risque ; ils sont fortuits, accidentels et causent des dommages qui prennent quelquefois la proportion de véritables désastres (1).

(1) M. Salis, député de l'Hérault, a estimé, dans un travail assez récent, que les pertes causées par le phylloxéra seule-

Est-ce à dire que tous ces risques puissent faire, au point de vue pratique, l'objet d'une assurance?

M. de Courcy, dans son *Mémoire*, distribué aux membres du Conseil d'Etat, en 1857, nous dit :

« Pour qu'il y ait lieu à une assurance, trois conditions sont indispensables. Il faut d'abord qu'il y ait un danger actuel de nature à inquiéter sérieusement un homme sage et prévoyant. Evidemment, il repoussera ou ajournera toute proposition d'assurance si le sentiment d'un danger n'existe pas. Il faut, de plus, que l'évènement soit incertain, improbable même pour chaque cas particulier; qu'il ait un caractère fortuit et accidentel, qu'il ne se présente à la pensée que comme un risque. Si le danger est imminent, presque irrésistible, s'il est seulement probable (1), aucun assureur n'en peut assumer la responsabilité, l'assurance est impossible, ou ne serait qu'une audacieuse gageure. Il faut enfin que le fléau qu'on assure exerce inégalement ses ravages, frappant çà et là des coups soudains, mais épargnant la grande majorité des valeurs assurées. Alors, les primes ou cotisations de la majorité épargnée servent à indemniser la minorité atteinte. Si un fléau était assez général dans son action pour atteindre à la fois tous ou presque tous les assurés, l'assu-

ment, s'élèvent jusqu'à ce moment, à dix milliards, si l'on ne tient compte que de la destruction des vignobles, et à vingt milliards si l'on y ajoute les pertes ultérieures de la reconstitution.

(1) Un évènement probable est celui dont la chance de réalisation dépasse 50 pour cent.

rance serait aussi vaine que celle d'un danger qui ne menacerait personne (1).

Trois conditions sont donc nécessaires, d'après M. de Courcy, à l'assurabilité d'un risque.

Il faut : 1° que ce risque soit assez sérieux et qu'il éveille l'idée d'un dommage assez grand ; l'existence d'un réel danger est indispensable pour décider une personne à solliciter le secours de l'assurance.

2° Que la réalisation de ce risque soit incertaine, improbable même ; l'assureur ne consentirait pas à promettre la garantie d'un dommage imminent, sa responsabilité serait trop grande et son contrat équivaudrait à un pari bien dangereux.

3° Que le fléau assuré ne présente pas un caractère de généralité, car l'assurance ne pourrait plus réparer les pertes subies par la majorité de ceux qui ont eu recours à elle.

Il faut de plus, à notre avis, que l'homme ne puisse pas, d'une façon efficace, prévenir et éviter les conséquences du fléau.

Ne pas tenir compte de cette règle, c'est vouloir donner une prime à la paresse, à l'ignorance et à la négligence. L'agriculteur qui se saurait garanti par une assurance, s'endormirait dans cette paresseuse sécurité et se garderait bien de travailler avec ardeur et de soutenir la lutte, quelquefois âpre et difficile, contre les maux, dont il peut cependant triompher. L'intérêt ne l'aiguillonnerait plus, et, sûr de toucher une indemnité réparatrice, il contemplerait bénévolement la dévastation de son champ.

(1) De Courcy, *De l'assurance par l'Etat*, p. 37 et 38.

Ce serait dénigrer l'idée de l'assurance, que de l'appliquer dans de pareilles conditions, car l'assurance n'a pas pour but de dispenser l'homme de toute initiative et de toute prudence ; elle a voulu, au contraire, développer son esprit de prévoyance, le rendre plus actif et plus sage, et faire de lui, non plus un être livré à lui-même, mais conscient et solidaire de ses voisins ; elle a prétendu élever l'homme, et non pas l'abaisser.

Examinons donc, à la lumière de ces règles d'assurabilité, si les risques agricoles que nous avons cités, peuvent entrer dans le domaine pratique de l'assurance.

Les Maladies des Plantes

Les maladies qui détruisent les récoltes, sont fort nombreuses, et leurs effets, trop souvent désastreux; leur cortège sinistre s'accroît sans cesse, et fait le désespoir de nos paysans. Il s'agit de lutter contre ces maux ; le remède, ne réside pas, croyons-nous, dans l'assurance. Ces calamités sont trop générales pour pouvoir être garanties d'une façon efficace par une société ; elles s'étendent, en effet, sur toute une région, et se propagent avec beaucoup de rapidité.

Du reste, le cultivateur peut, s'il est actif, intelligent, éloigner de ses terres les maladies qui les menacent. Tous les jours, ce sont de nouveaux procédés, qui sont mis par la science à la disposition de l'agriculture, pour triompher de ces fléaux. Et nul ne peut nier, qu'avec beaucoup de soin, que par l'emploi des bonnes méthodes, que par l'application des remèdes prescrits, on arrive à opposer à ces calamités un victorieux effort. Les vignerons le savent bien ; ils triomphent presque toujours, quand ils s'en donnent la peine, du mildew et du phylloxéra.

L'assurance serait donc plus funeste qu'utile. Elle ralentirait le zèle des agriculteurs et aboutirait à la mort de la science agricole, dont les principes seraient laissés dans le domaine spéculatif.

Les Insectes Ravageurs

Les invasions d'insectes, qui, périodiquement, ruinent certaines contrées, comme l'Algérie, par exemple, ne sont pas davantage assurables. Elles ont un caractère de généralité, qui leur défend de faire l'objet d'une assurance.

L'homme n'est pas, non plus, désarmé contre ce fléau. On a livré bataille aux animaux féroces : on a triomphé d'eux. Pourquoi n'arriverait-on pas à supprimer, ou tout au moins à réduire, les insectes ennemis de l'agriculture, qui, bien disciplinés et en rangs serrés, fauchent, en quelques heures, toute une récolte ? Nous ne parlons pas des insectes isolés, qui ne causent que de bien faibles dégâts en France ; il n'en saurait être question. L'agriculteur n'en est victime que par sa négligence, et il ne faut pas que l'assurance vienne endormir son activité.

La Sécheresse et l'Humidité

M. de Courcy n'hésite pas à conclure à l'inassurabilité de la sécheresse et de la pluie. Ces phénomènes climatériques, en effet, exercent leurs ravages d'une façon quasi universelle ; pendant l'année 1893, la France toute entière a eu à souffrir de la sécheresse; l'excès d'humidité fait sentir aussi ses funestes effets à de vastes régions à la fois.

Ces fléaux n'amènent d'ordinaire jamais des accidents isolés ; ils sévissent sur toute l'étendue d'un territoire avec une inquiétante régularité; ils n'ont jamais le caprice, comme la grêle ou la gelée, d'oublier, en passant, une récolte, d'épargner un champ.

Bien vaine serait donc l'assurance devant de tels risques ; la réparation des pertes serait illusoire; l'encaisse des sociétés ne suffirait plus à indemniser les sinistrés.

D'autre part, outre ce caractère de généralité, la pluie et la sécheresse ne sont pas ce qu'on peut appeler des faits incertains et improbables ; ces calamités se produisent avec une certaine fréquence; elles ont des régions favorites, où elles exercent périodiquement leurs ravages. Le Sud-Est de la France, la Provence, par exemple, est souvent fréquentée par la sécheresse, et l'on se rappelle encore les angoisses que ce fléau a fait naître à une époque peu éloignée de la nôtre.

Le degré de probabilité de ces risques est trop élevé pour qu'une société d'assurances puisse songer sérieusement à les garantir ; on ne peut donc hésiter à les considérer comme inassurables.

L'Inondation

C'est à une solution identique qu'arrive M. de Courcy, au sujet du risque « inondation ».

Après avoir énuméré, dans son mémoire au Conseil d'Etat, les conditions qu'un risque doit présenter pour être pratiquement assurable, il dit :

« Le fléau de l'inondation n'a aucun de ces caractères. Il ne menace qu'une partie très restreinte du sol, les terrains bas et les vallées....... Les dix-neuf vingtièmes des cultivateurs de France, et je ne dis pas assez, sont absolument à l'abri de ce fléau. Il ne menace même pas les riverains des cours d'eau d'une manière permanente et *actuelle;* il les laisse pendant des années, des séries d'années, dans une entière sécurité.

« A certaines époques et dans certaines conditions, les inondations comme celles du Nil, sont plutôt un bienfait qu'un désastre. Je lis dans le rapport de la Commission que « ce fléau ne produit de sérieux ravages qu'environ tous les dix ans », et l'on ajoute « qu'une catastrophe comme celle de 1856, *contre laquelle toutes les prévisions sont impuissantes*, ne se présente pas deux fois en un siècle ».

« Comment la Commission n'a-t-elle pas compris à la lecture de ces lignes, que l'institution projetée est frappée, par avance, de stérilité ? A qui persuadera-t-on que le cultivateur, si économe de ses deniers, ira s'imposer une contribution annuelle pour se garantir d'un danger si éloigné ?

« Tant que les eaux du fleuve ne dépassent pas un certain niveau, il dort tranquille et toutes vos sollicitations se briseront contre son apathie. Le sentiment du danger ne sera éveillé chez lui que lorsque les eaux grossiront d'une manière menaçante, lorsqu'elles auront déjà envahi les terres qui l'avoisinent. Oh ! alors, je n'en doute pas, les demandes d'assurance afflueront chez les préposés de la caisse, oisifs depuis dix ans peut-être ; mais alors aussi la caisse se ruinerait en accueillant ces demandes, car ce n'est plus d'un risque qu'il s'agit, et le sinistre non encore consommé est presque inévitable. Quand on apprend par le télégraphe que la Loire est débordée à Roanne, on est certain qu'elle le sera demain à Orléans, après-demain à Tours. Dans de telles conditions, il n'y a pas d'assurance possible. Mais fera-t-on comprendre cela aux cultivateurs alarmés, qui viendront en foule assiéger les bureaux de la caisse et réclamer le bienfait de l'institution qu'on leur aura si chaudement recommandée ?

« Enfin, je suppose que par impossible la caisse ait recueilli en temps utile une masse notable de cotisations, il est hors de doute qu'elles s'appliqueront aux terres les plus basses et les plus exposées. Si un sinistre éclate, il sera nécessairement général. L'inondation n'épargne personne ; elle n'a pas les caprices de la grêle, les foyers circonscrits de l'incendie les particularités du naufrage ; elle n'est jamais un accident isolé, et le niveau des eaux est une loi inflexible. Tous les associés seront frappés ensemble, ce qui revient exactement au même que s'ils n'avaient pas songé à s'associer. » (1).

Les observations que M. de Courcy a présentées dans cette page, devenue classique, conservent aujourd'hui encore toute leur valeur.

(1) De Courcy, *op. cit.*, p. 38 et 39.

L'inondation nous paraît être, en effet, un risque difficilement assurable. Si ce fléau est un événement improbable, et si par cela même il remplit la deuxième condition nécessaire à l'assurabilité d'un risque, il ne saurait être considéré comme revêtu des trois autres caractères aussi indispensables.

L'inondation ne présente pas, en effet, un danger *actuel* et ses désastres sont absolument généraux.

La nécessité de l'assurance contre l'inondation ne se fait pas, du reste, sentir d'une façon trop vive.

L'homme peut s'attaquer directement à ce fléau et prévenir par ses travaux et son activité le débordement des eaux. Les ingénieurs ont opposé aux flots dévastateurs la puissance des digues, et dans cette lutte contre les éléments, souvent ils ont triomphé. La science a mis à la disposition des riverains des cours d'eau des moyens nombreux pour conjurer le fléau ; elle leur a appris à canaliser les eaux, à créer des réservoirs, dont le contenu s'épanchera, en temps de sécheresse, comme un bienfaisant remède. Elle leur a enseigné à reboiser les montagnes, à créer ainsi des obstacles à la funeste impétuosité des torrents.

L'inondation est une de ces calamités que l'on peut, dans une mesure plus ou moins large, prévenir et dont on peut, en tous les cas, amoindrir les effets.

Les riverains l'ont compris, et au lieu, pour la plupart, de contracter une assurance, de chercher à réparer un dommage, ils se sont unis, ils ont formé des syndicats pour écarter l'arrivée du fléau.

La loi du 28 mai 1858 avait même décidé qu'il

serait procédé par l'Etat, avec le concours des propriétaires intéressés, des communes, des départements, à l'exécution des travaux pour mettre à l'abri des inondations les villes les plus exposées des vallées du Rhône, de la Garonne, de la Loire, de la Seine, et depuis 1869, chaque année, figure au budget un chapitre intitulé « Travaux de défense contre les inondations.»

N'y a-t-il pas à craindre qu'en voulant assurer le risque de l'inondation, on n'arrive à persuader facilement à l'état, toujours à l'affut de nouvelles économies, qu'il n'a plus à intervenir dans une question dont les particuliers ont pris la solution à leur charge ?

Du reste, l'inondation ne cause pas toujours les désastres que l'on se plait à énumérer ; elle laisse quelquefois aussi une source de richesses.

Au lieu de ravager un champ, de le semer de cailloux, elle couvre les terres qu'elle envahit, d'un limon bienfaisant qui, quelques mois plus tard, aménera une luxuriante végétation.

Sans parler du Nil, dont les débordements enrichissent toujours les riverains et dont Hérodote a chanté les louanges en disant que « l'Egypte est un bienfait du Nil », on rencontre, en France, de nombreux exemples d'utile inondation.

« Les jardins renommés de Cavaillon, d'Hyères, de Pézenas, des environs de Perpignan, doivent leur fécondité à l'irrigation par submersion, également pratiquée sur les frontières du Midi, dans les cantons où la culture de l'oranger est possible en pleine terre (1) », dit Duguay, dans sa brochure sur la *question des assurances agricoles,* et à quelques lignes plus bas, nous lisons :

« Dans le département de Vaucluse, M. Hervé-Mangon a trouvé, en 1860, qu'une irrigation de 15,552 mètres cubes de l'eau de la Durance, avait apporté 22,706 kilogrammes de limon ».

On le voit, l'inondation répare elle-même bien souvent le mal qu'elle peut causer, et si elle laisse après elle quelques champs de cailloux (c'est là la part du hasard malheureux), elle quitte souvent des terres engraissées par son passage.

M. Philipon ne s'est pas laissé convaincre par toutes ces raisons. Il reconnaît que la généralité du sinistre est « un vice inhérent à l'assurance contre l'inondation. »

Cependant « ce vice, ajoute-t-il, pourrait être atténué, mais dans une faible mesure, car les inondations se produisent souvent en même temps dans les régions les plus éloignées, par l'organisation d'un vaste système d'assurances mutuelles, qui répartirait les risques sur toutes les terres exposées au fléau de de l'inondation. »

Le vaste système d'assurances mutuelles, cher à M. Philipon, n'aurait pas la puissance de rendre ce risque plus assurable.

L'inondation, en effet, éprouve non seulement les riverains d'un même fleuve, mais le plus souvent, elle porte en même temps la désolation sur les bords

(1) Duguay (Raymond). *La question des assurances agricoles*, Paris, 1895, p. 57.

des autres cours d'eau. Les pluies qui enfantent ce fléau et dues à des conditions climatériques, tombent avec une intensité sensiblement égale sur toute l'étendue des régions qui se trouvent sous la même latitude ; aussi, lorsque le Rhône déborde, les riverains de la Loire ou de la Garonne ont de justes sujets d'anxiété. On peut se permettre alors d'émettre un doute sur l'utilité de ce vaste système d'assurances mutuelles dont tous les membres, en quelques jours seraient sinistrés.

Les désastres à réparer sont en raison directe de l'étendue de l'association, et par conséquent, du nombre des cotisations ; le sort d'une vaste mutuelle ne serait donc pas meilleur que celui d'une petite société à rayon très limité.

Mais, du reste, le système de M. Philipon sera condamné à rester longtemps dans le domaine spéculatif, à moins que l'on n'inscrive à sa base l'assurance obligatoire.

On voit que M. Philipon était très prudent, quand il reconnaissait que son système ne pourrait diminuer le danger du risque « inondation » *que dans une bien faible mesure.*

M. Emile Rey a été plus hardi, et a soutenu la thèse contraire à celle de M. de Courcy.

Un risque, pour lui, peut être l'objet d'une assurance, même si les dommages qu'il suppose ont un caractère de généralité, pourvu qu'ils ne se reproduisent qu'à de longs intervalles.

M. Emile Rey oublie que, dans ce cas, le riverain n'étant pas sous le coup d'un danger imminent et ne prévoyant pas l'arrivée prochaine du fléau, se souciera fort peu de payer une assurance.

Nous avons vu, en effet, que l'existence d'un danger *actuel* est un des éléments nécessaires à l'assurabilité.

L'inondation ne peut donc, à notre avis, être exploitée avec efficacité par une société d'assurances ; notre solution est identique en ce qui concerne les torrents, car « les désastres de ce genre, localisés sur quelques points, s'ils appellent toute la sollicitude de l'administration, échappent aux applications de l'assurance ».

La Gelée

Ce risque, plus encore que celui de l'inondation, nous paraît être, en dehors du domaine de l'assurance.

« Je crois avoir le droit, écrit M. de Courcy, dans la page qu'il a réservée à la gelée dans sa brochure de l'*Assurance parl'Etat,* dedire que ce fléau échappe, comme le premier, par la nature des choses, à l'institution, dont j'analyse les principes, et que vouloir offrir aux cultivateurs une assurance contre la gelée, c'est poursuivre une chimère. » (1).

La conclusion à laquelle arrive M. de Courcy est la conséquence logique des observations, qu'il a présentées, relativement à ce fléau, dont l'action est trop générale et les ravages trop étendus.

« La gelée, atteste-t-il, n'amène jamais d'acci-

(1) De Courcy, *op. cit.*, p. 42.

dents isolés ; quand elle sévit, elle frappe à la fois des provinces, des zônes entières.

« Elle n'a pas, sans doute, l'inexorable niveau du fleuve débordé, mais elle n'a pas non plus les caprices inégaux de la grêle; elle connaît moins encore les hasards particularisés du naufrage et de l'incendie. Or, quand l'action du fléau, sur une vaste région, est assez intense pour détruire presque absolument, pour supprimer la récolte, aucune institution d'assurances ne peut remédier à de pareils désastres.

« Il est clair que toutes les compagnies d'assurances contre l'incendie, qui opèrent à Paris, tomberaient en faillite, et ne paieraient que des dividendes d'indemnité insignifiants, si le quart seulement de la capitale était réduit en cendres.

« Il n'est pas moins clair, que lorsque la gelée flétrit, la même nuit, les fleurs de tous les pommiers de la Normandie, les cultivateurs n'ont qu'à se résigner à ne pas faire du cidre cette année. Tous sont frappés en même temps, et dans ces conditions, une association d'assurances serait dérisoire. » (1).

La gelée présente bien un danger sérieux et actuel, et par conséquent, un élément au moins sur quatre d'assurabilité; le cultivateur ne cesse d'être perplexe, depuis le jour de la floraison, jusqu'au jour presque de la mâturité, en se demandant devant la promesse d'une belle récolte, si la gelée ne viendra pas, par un matin froid de printemps, la lui ravir.

Mais ce danger est précisément trop actuel, trop imminent, pour pouvoir faire l'objet d'une assurance;

(1) De Courcy, *op. cit.*, p. 43.

sa probabilité est trop grande pour qu'un assureur soit assez téméraire pour en assumer la responsabilité, et pour qu'un cultivateur soit assez sot pour croire à l'efficacité d'une assurance.

L'étendue de ses ravages l'empêche de même d'être couvert par une société.

D'ailleurs, si ce fléau fait à juste titre quelquefois la désolation de nos campagnes, il porte souvent avec lui son remède.

Il est rare, en effet, qu'il détruise, qu'il anéantisse une récolte toute entière; sa funeste influence se borne, dans la majorité des cas, à la réduire, et c'est alors pour l'agriculteur, un dédommagement, car les prix de vente s'élèvent quelquefois même au delà de la proportion du préjudice subi.

La gelée n'atteint, en effet, que quelques cultures spéciales : la vigne et les arbres fruitiers ; nous ne parlons pas des légumes, les maraîchers ont trouvé les moyens artificiels de protéger leurs récoltes. Nous laissons aussi de côté les céréales, sur lesquelles ce fléau est à peu près inoffensif.

Or, les produits des arbres fruitiers et de la vigne sont spéciaux à certaines régions, et la concurrence étrangère est moins à redouter que pour les céréales, par exemple. Les fruits, qui forment nos desserts, ne peuvent pas supporter de longs transports, et nous arriver d'au-delà des frontières.

Si donc la gelée a restreint la quantité de ces produits, leur valeur va immédiatement augmenter par suite de la grande loi économique de l'offre et de la demande.

La variation dans la production des céréales en France, n'entraîne pas, au contraire, de modification bien sensible des prix sur notre marché ; l'importation facile de ces produits est la cause de cette stabilité ; mais les céréales sont, comme nous l'avons vu, généralement épargnées par la gelée.

On ne peut donc penser sérieusement à assurer les agriculteurs contre un fléau qui peut, dans certaines circonstances, sinon les enrichir, comme le prétend M. de Courcy, mais tout au moins, ne leur causer aucun dommage ; l'assurance, en effet, est un contrat d'indemnité.

La gelée n'est pas, non plus, une de ces calamités devant lesquelles l'agriculteur est obligé de reconnaître, d'une façon absolue, son impuissance. On peut préserver une récolte de sa mortelle brûlure, au moyen de certaines précautions et de certains remèdes.

Les mesures à prendre par les jardiniers qui veulent sauver du fléau leurs légumes, leurs fruits et leurs fleurs, sont fort nombreuses ; ils peuvent abriter leurs récoltes par l'emploi de châssis, de bâches, de paillassons, de cloches, etc. « Tout mur d'espalier doit être chaperonné avec saillie : au chaperon fixe, on ajoute un abri pour préserver de la congélation les boutons fructifères des abricotiers, des pêchers, de certaines espèces de poiriers (1) ».

Nos jardiniers n'ignorent pas tous les moyens qu'ils ont à leur disposition pour lutter contre la gelée ; ils oublient quelquefois par incurie ou par un faux cal-

(1) Duguay, *op. cit.*, p. 46.

cul d'économie, de prendre les précautions recommandées.

Les progrès des arts agricoles sont même arrivés à protéger les vastes étendues de vignes ou d'arbres fruitiers des atteintes de ce fléau, au moyen de nuages artificiels de fumée lourde; l'huile seule ou mélangée au goudron de gaz, est le produit dont se servent nos grands vignerons, pour produire ces efficaces brouillards. Certaines associations, dont on ne peut qu'admirer l'ingénieuse organisation, se sont même formées, pour généraliser ces moyens préventifs.

« Les vignerons de Bouzy (Marne) se sont syndiqués pour opposer des brouillards artificiels aux gelées du printemps. Le syndicat a divisé le territoire de la commune en trente-cinq sections. La surveillance de chacune d'elles a été confiée à un propriétaire-vigneron, chargé comme chef de section, de faire préparer les foyers destinés à la production des nuages artificiels. Ces foyers sont : 1° de simples rigoles dans lesquelles on verse du goudron au moment de l'allumage ; 2° des marmites en fer contenant environ 10 kilos de goudron ; 3° des boîtes en bois remplies d'un mélange de goudron et de résine. Chaque chef de section dispose d'une équipe de trois ou quatre ouvriers occupés à la culture des vignes.

« Dès que le thermomètre marque deux degrés au-dessus de zéro, trois membres du syndicat en sont prévenus par les sonneries du thermomètre avertisseur. L'alarme donnée, on allume, à l'aide de l'essence de pétrole, plus de 1200 foyers. Une fumée épaisse, lourde, s'étend bientôt sur le territoire entier comme un écran et dérobe au froid de la nuit ou aux rayons du soleil levant les bourgeons des vignes.

« Dans la dernière opération, un seul hectare de vigne a été gelé par suite de la négligence d'un chef de section. C'est la preuve indéniable de l'efficacité de ces procédés généralisés. » (1).

Dans nos campagnes, où l'on est trop souvent rebelle aux innovations, où l'on n'adopte que lentement les nouvelles méthodes, le système du « rideau protecteur » n'est pas très pratiqué. Certains agriculteurs reculant peut-être devant la minime dépense occasionnée par l'achat du goudron ou de l'huile lourde, se contentent, les nuits froides, d'allumer des feux de brindilles et d'herbes sèches. Evidemment, cette demi-mesure est inefficace, la fumée produite par ces foyers est trop légère et n'arrête pas l'action de la gelée. Ils en concluent que les nuages artificiels ne donnent aucun résultat.

Aussi ne saurait-on trop encourager les agriculteurs à former des syndicats pareils à celui de Bouzy; ces associations auraient pour résultat d'amener l'emploi des bons procédés et une réduction sensible des dépenses.

La Société des *Agriculteurs de France* a été heureusement inspirée en émettant le vœu « que les dispositions de la loi de 1888 sur les syndicats autorisés de dessèchement et les syndicats de défense contre le phylloxéra soient étendues aux syndicats

(1) Duguay, *op. cit.* p. 48.

de protection des vignes contre la gelée à l'aide de nuages artificiels ou de tout autre procédé. »

Espérons que ce vœu ne restera pas platonique.

L'industrie a appris au cultivateur diligent et laborieux d'autres moyens encore pour lutter contre la gelée :

« On enfouit, par exemple, des rameaux exhubérants, lesquels sont destinés à être rendus à la lumière après la gelée pour remplacer ceux que le fléau aurait dépouillés ; c'est ce qu'on appelle le rameau d'attente. » (1).

La taille des arbres fruitiers est aussi un remède efficace et le propriétaire doit avoir soin de choisir les espèces les plus appropriées à sa contrée.

Au moyen de toutes ces précautions, l'homme, croyons-nous, peut lutter avec avantage contre la gelée.

L'assurance d'un tel risque serait donc plus funeste qu'utile ; nous savons pourquoi. Elle serait, du reste, impraticable pour d'autres raisons encore.

Comment arriverait-on, en effet, à évaluer le dommage causé par la gelée ? Qu'on se représente le travail de l'expert, examinant en détail chaque arbre fruitier, chaque fleur, passant en revue tous les ceps d'un vignoble pour tâcher de connaître l'importance des dégâts, à la suite du passage du fléau. Et quand il se trouverait devant une fleur flétrie, devant un bourgeon brûlé, il aurait à se demander si ce sont là les conséquences d'un subit refroidissement de tem-

(1) De Courcy, *op. cit.* p. 42.

pérature ou de la lente besogne d'une larve ou encore de l'action d'une pluie froide.

En admettant même qu'on procède à deux expertises, à la première le jour du sinistre et à la seconde au moment où les produits sont enlevés de la terre, l'estimation ne pourrait jamais être absolument juste.

Dans l'évaluation des dommages, il faudrait aussi, ce qui serait une nouvelle difficulté, tenir compte non seulement de la quantité des produits atteints, mais encore de leur qualité, si l'on ne veut pas arriver à une conséquence absolument inique. On ne peut songer sérieusement, en effet, à proposer aux vignerons de la Champagne et du Bordelais la même indemnité qu'à ceux des régions où le jus de raisin se vend à des prix dérisoires.

On se heurterait, comme on le voit, à des difficultés pratiques insurmontables, si l'on voulait assurer ce risque qui, du reste, ne remplit aucune condition, à l'exception peut-être d'une seule, ainsi que nous l'avons dit, pour être exploité par une Société.

La mortalité du Bétail.

Le risque de la mortalité du bétail nous semble, au contraire, pouvoir entrer dans le domaine pratique de l'assurance.

Il constitue un danger sérieux, toujours actuel, et son événement est absolument incertain et fortuit. Les animaux sont soumis, comme tous les êtres vivants, à la loi générale de la mortalité, qui ne laisse jamais pénétrer ses secrets ni deviner, pour chaque cas particulier, l'heure de son application. Et ce fléau choisit en aveugle ses victimes, frappant çà et là des coups isolés. Quelquefois, cependant, la mort, par un mauvais caprice, et comme si l'hécatombe ordinaire ne lui suffisait plus, étend tout à coup ses ravages ; c'est alors l'époque des épidémies pour les hommes et des épizooties pour les animaux, mais ce sont là des faits assez rares.

D'autre part, si l'homme peut provoquer la mortalité de son bétail, il n'est pas en sa puissance de de l'empêcher de se produire.

Ce risque présente donc toutes les conditions d'assurabilité, et cependant on a prétendu qu'il ne pouvait être garanti par une Société d'assurances, et on a fait valoir à l'appui de cette thèse de nombreuses raisons que le rapport de la commission, en 1857, a énumérées :

« D'abord, y est-il dit, les sinistres ne dépendent pas ici d'accidents météorologiques. De mauvais fourrages, des eaux insalubres, la privation ou la trop grande abondance de nourriture, l'excès de travail, de mauvaises conditions de stabulation, le défaut de soins, de mauvais traitements, l'absence de vétérinaires instruits dans les campagnes, etc., amènent souvent la perte des animaux. En outre, le retour périodique des épizooties dans certaines localités, la facilité de tromper l'assureur, les ventes fréquentes de bestiaux, les contestations auxquelles donnent lieu les augmentations ou diminutions de valeurs, en cas de sinistres, sont autant de causes qui détournent les capitaux de ce genre de spéculation. »

M. DE COURCY, lui-même, après avoir reconnu que le risque de la mortalité de bétail remplit les conditions d'assurabilité, exprime cependant quelques craintes.

« Le sentiment de la conservation et la sollicitude affectueuse des familles sont la garantie des Compagnies qui assurent la vie des hommes ; quand il n'y aura plus d'intérêt à la conservation des animaux, quand souvent le cultivateur, la bête étant affaiblie, aura un intérêt contraire, où sera la garantie des ménagements dus à la faiblesse et à l'âge de la bonne hygiène, des soins empressés aux sujets malades? Je craindrais vraiment que la *Société protectrice des Animaux* n'eut à s'inquiéter des conséquences de l'institution projetée. Je craindrais que la mortalité ne s'en trouvât assez sensiblement accélérée, ce qui serait un dommage public, une diminution de la production, un résultat bien différent de celui qu'on se propose. On s'est mille fois indigné de la brutalité, de la cruauté des anciens propriétaires d'esclaves ; se figure-t-on qu'eussent été des négriers dont le bétail aurait été assuré. » (1).

Influencé probablement par ces lignes si bien écrites, M. MAGNE, ancien directeur de l'école d'Alfort, a, dans un *Mémoire*, présenté en 1873, à la *Société nationale d'Agriculture*, nié absolument la possibilité d'une assurance appliquée à la mortalité des bestiaux. Il se demandait ce qu'il arriverait si les

(1) DE COURCY, *op. cit.*, p. 44.

propriétaires étaient assurés contre les conséquences de leur avarice, de leur paresse, de leur brutalité et de leur négligence. (1).

Evidemment, la volonté de l'homme a une influence très grande sur la mortalité du bétail; mais ce n'est pas là une raison qui, *a priori*, doive nous faire considérer ce fléau comme absolument inassurable. Il suffirait, pour le démontrer, de passer en revue les résultats pratiques de cette assurance. De nombreuses sociétés ont garanti le risque de la mortalité du bétail, avec des sorts divers, il est vrai, mais l'expérience faite nous a prouvé que ce fléau pouvait parfaitement être couvert.

Si les craintes exprimées par le rapporteur de 1857, par M. MAGNE, après M. DE COURCY, étaient justifiées, les statistiques annuelles, si imparfaites qu'elles soient, nous en auraient montré le fondement; ce qui ne s'est pas produit.

Il est, du reste, des arguments théoriques à faire valoir contre la thèse de M. DE COURCY.

Si l'on prétend que la mortalité du bétail n'est pas assurable à cause de la possibilité de fraude de la part de l'assuré, il faut adopter la même conclusion pour tous les risques dont la réalisation peut être amenée ou hâtée par l'intéressé. Or, la fraude se rencontre surtout en matière d'assurance contre l'incendie; M. de Courcy était un assureur trop expérimenté pour l'ignorer et pour ne pas savoir aussi combien les Compagnies s'en inquiètent peu, et comment elles ont tâché d'y remédier. Elles cher-

(1) *Moniteur des Assurances, 1877*, p. 51.

chent surtout à accroître le nombre de leurs assurés, à étendre leurs opérations, et ne se soucient guère du calcul intéressé que peut faire un de leurs clients; elles n'en sont pas moins prospères. Les craintes de M. de Courcy sont basées sur la suspicion et contiennent une présomption de mauvaise foi; la mauvaise foi, cependant, ne doit pas se présumer si l'on veut que tout contrat où entre en ligne de compte la volonté humaine ne devienne pas impossible.

Et dans notre espèce, plus particulièrement, on doit croire à l'intégrité des assurés, qui appartiennent à cette excellente population des campagnes, dont on n'a pas, à tort, chanté l'honnêteté.

Il sera, en tous les cas, bien facile pour les sociétés qui pratiqueront le risque de la mortalité du bétail, de diminuer, sinon de supprimer la fraude; elles n'auront, qu'à offrir, en cas de sinistre, une indemnité partielle, et non pas la valeur exacte de la chose assurée; nous reviendrons, plus loin, sur ces moyens, mis à la disposition des sociétés, pour lutter avantageusement contre les calculs peu scrupuleux des assurés; il suffit, pour le moment, de les signaler.

Les sociétés auront aussi des moyens de contrôle pour obvier à ces inconvénients; elles ne laisseront pas au propriétaire la liberté d'estimer lui-même son sinistre; elles le feront vérifier par un vétérinaire, dans une sérieuse expertise.

La présence du vétérinaire pourra être requise pour l'examen de chaque bête, avant tout contrat; l'homme de l'art soustraira ainsi à l'assurance les animaux atteints d'une affection chronique ou d'un vice rédhibitoire.

« On doit surtout, dit M. Duguay, assurer le cheval dans son écurie, la vache à l'étable, les moutons dans la bergerie, c'est-à-dire savoir comment les animaux sont logés, traités, nourris dans la ferme » (1).

On doit aussi tenir compte du travail auquel est soumis l'animal, car le risque varie suivant la besogne à laquelle il est destiné. Les chevaux, par exemple, employés dans les villes, se trouvent soumis à un régime plus fatigant que ceux qui vivent au grand air, à la campagne, et certains travaux, tels que le charroi, les épuisent plutôt que certains autres, que celui de la charrue, par exemple.

Avec toutes ces précautions, qui sont élémentaires, les sociétés peuvent, à notre avis, entreprendre la garantie du risque que nous examinons. Et grâce à la surveillance incessante des compagnies, les propriétaires seront obligés de veiller davantage à la bonne hygiène de leurs bestiaux, d'employer des mesures prophylactiques pour éviter les maladies et la contagion.

En rapprochant le vétérinaire du cultivateur, l'assurance aura pour effet, de faire pénétrer dans les populations rurales, quelques notions exactes sur la façon de soigner le bétail, et la Société protectrice des animaux aura plutôt à se féliciter, qu'à s'inquiéter des conséquences de cette institution. Contrairement à ce que pensait M. de Courcy, cette assurance,

(1) Duguay, *op. cit.*, p. 21.

croyons-nous, ne peut avoir que d'heureux résultats (1).

Est-il possible de l'étendre aux accidents dont sont victimes les animaux ?

« Puisqu'on assure, disait M. de Courcy, avant de faire ses restrictions, la vie des hommes, pourquoi n'assurerait-on pas celle des animaux ? »

Nous pouvons ajouter : puisque les hommes peuvent se faire garantir par une société d'assurances contre les accidents, pourquoi n'assurerait-on pas ce risque, quand il s'agit des animaux ?

Dans un cas comme dans l'autre, ces faits ont tous les caractères du risque, et comprennent tous les éléments d'assurabilité.

On pourra présenter encore ici les mêmes objections qu'en matière de mortalité du bétail ; nous ferons à notre tour les mêmes réponses. M. de Courcy néglige de parler des accidents ; il réserve son arrêt implacable pour les épizooties.

« Les épidémies, dit-il, qui affligent l'espèce humaine, semblent avoir perdu de nos jours et dans notre pays, le caractère dévastateur qu'elles avaient autrefois....... Mais, il en est tout autrement des épizooties ; elles sont demeurées dévastatrices presque à l'égal des inondations. Aussi, les risques de la mortalité ordinaire et ceux des épizooties, sont absolument distincts ; il y a des assureurs qui ont essayé de garantir les uns sans les autres, d'assurer la mortalité, en exceptant l'épizootie.

(1) Voir art. de A. Vauzanges. *(Monit. des Ass.)*, 15 fév. 1877.

« Je suis convaincu que l'assurance ne trouvera pas à s'appliquer d'une manière générale à l'épizootie et par les mêmes raisons que j'ai déduites, à l'occasion des inondations et de la gelée. Ces trois fléaux ont le caractère commun de laisser le cultivateur dans une parfaite sécurité jusqu'au moment où le danger apparaissant, n'est plus un risque, mais l'imminence d'un désastre. Tant que le bétail sera sain dans sa région, le cultivateur s'abstiendra et l'on n'obtiendra certainement pas du paysan breton qu'il se cotise au profit des bergeries du Berri. Mais si la maladie envahit les cantons voisins, et gagne de proche en proche, aussitôt la panique s'emparant des campagnes, les demandes d'assurances afflueront. Il importera peu qu'elles soient accueillies ou repoussées. Je l'ai déjà dit, quand il y a sinistre pour tout le monde, l'assurance est illusoire (1) ».

La condamnation est complète ; nous la trouvons par trop rigoureuse. Depuis le jour, il est vrai, où M. de Courcy s'est prononcé contre l'assurance des épizooties, la science a fait de grands progrès ; elle est arrivée à enrayer le développement des maladies contagieuses, à apprendre au propriétaire les dangers de la malpropreté pour les animaux. Les vétérinaires, qui ont, peu à peu, dans nos campagnes, remplacé heureusement les empiriques, ont lutté énergiquement contre les erreurs et les funestes procédés de nos paysans ; ils leur ont fait comprendre les inconvénients qu'il y a à abreuver les bestiaux avec l'eau croupissante d'une mare à fumier, et par

(1) De Courcy, *op. cit.*, p. 44 et 45.

là, ils ont éteint une cause sérieuse de contamination.

D'autre part, un décret du 24 mai 1876, a organisé le service sanitaire du bétail, pour aviser aux mesures le plus propres à prévenir et à combattre les épizooties. La loi du 22 juillet 1881, a opposé une barrière à l'invasion et à la diffusion des maladies contagieuses. Les travaux de Pasteur ont, en outre, apporté de nombreux remèdes contre les épizooties; la clavelée, par exemple, qui détruisait tant de troupeaux, a été victorieusement combattue par la vaccination; le même procédé a arrêté les funestes ravages du rouget sur les porcs.

C'est ainsi que les épizooties, comme les épidémies n'ont plus le caractère de généralité qui faisait le fondement de la thèse de M. de Courcy. L'épizootie devient donc, comme la mortalité du bétail, un risque parfaitement assurable et M. de Courcy a été prudent d'ajouter à la fin de son argumentation qui date, il ne faut pas l'oublier de 1857 :

« Toutefois, je le répète, ces observations en ce qui concerne la mortalité des bestiaux n'ont pas, dans ma pensée, un caractère aussi absolu qu'en ce qui touche aux inondations et à la gelée. » (1).

La Grêle

M. de Courcy n'a pas les mêmes hésitations au sujet de l'assurabilité de ce fléau, sur laquelle, du reste, aucun doute ne s'élève de la part des personnes

(1) De Courcy, *op. cit.* p. 46.

compétentes. Après avoir passé en revue toutes les calamités de l'agriculture, il semble enfin atteindre la terre promise en arrivant à l'examen de la grêle. Il s'écrie :

« De tous les fléaux de l'agriculture, voici peut-être le seul, qui soit essentiellement du domaine de l'assurance. Rien de plus incertain, de plus fortuit, de plus proprement *accidentel*, qu'un dommage de grêle ; la nuée passe, saccageant votre champ, épargnant celui du voisin, épargnant toujours dans les années calamiteuses, la majorité des récoltes. » (1).

C'est un danger sérieux, une menace que chaque nuage noir adresse au cultivateur. Lorsque la grêle tombe, elle n'exerce ses ravages que sur une portion limitée d'un petit territoire, où beaucoup de champs encore se trouvent capricieusement respectés par elle ; c'est le plus fantasque des fléaux. Et la volonté de l'homme ne peut ni la provoquer, ni en accroître l'intensité ; elle ne peut davantage la combattre. Le risque subjectif, c'est-à-dire, celui qui résulte du fait de l'assuré n'existe pas ici.

« La main coupable ou négligente de l'individu ne peut rien, dit M. de Courcy, pour produire la grêle ; toutes les lumières de la science, toutes les ressources de l'Etat n'ont rien pu pour la prévenir. » (2).

La grêle d'autre part ne porte pas comme la gelée, le remède aux désastres qu'elle occasionne.

« Les dommages éprouvés, qui atteignent souvent, pour le cultivateur, les proportions d'un désastre ne

(1) De Courcy, *op. cit.* p. 48.
(2) De Courcy, *op. cit.* p. 48.

sont jamais compensés par le renchérissement de la denrée, comme ceux de la gelée, jamais réparés par la fertilisation du sol, comme ceux de l'inondation. » (1).

De l'eau congelée ne peut, en effet, engraisser le champ, sur lequel elle s'abat ; elle ne contient pas le limon bienfaisant que roule le fleuve ou la rivière. Et ses dégâts ne sont pas assez généraux pour amener une élévation des prix des produits similaires à ceux qui ont été grêlés ; du reste, ce fléau hâche toutes sortes de récoltes, même les céréales, qui nous arrivent avec tant d'abondance des pays étrangers ; la concurrence et l'importation doivent fatalement empêcher tout renchérissement de la denrée.

Contre la grêle, l'homme n'aura que la ressource de l'assurance, et les sociétés pourront parfaitement, ainsi que nous venons de le voir, la lui offrir.

La complexité de ce risque a pu faire naître cependant quelques doutes, sur son assurabilité.

Il a, en effet, un caractère double ; il peut être considéré au point de vue spécifique, c'est-à-dire au point de vue des récoltes menacées, et au point de vue topographique relativement aux régions plus ou moins souvent visitées par le fléau. Cette dualité du risque devra évidemment rentrer dans les calculs de l'assureur.

Les connaissances sont, il est vrai, bornées sur ce phénomène météorologique, mais on a pu cependant dégager certaines lois immuables, relativement à la chute de la grêle, qui seront d'un puissant secours.

(1) De Courcy, *op. cit.* p. 48.

« En vertu de l'immutabilité de ces lois, le phénomène doit donc *nécessairement* se reproduire sensiblement le même sur un point donné, toutes les fois que les circonstances atmosphériques seront sensiblement les mêmes. La similitude des circonstances devant d'ailleurs, *probablement*, se reproduire à peu près le même nombre de fois, pendant une période suffisamment longue d'années à venir, qu'elle s'est présentée pendant le même nombre d'années écoulées, on est fondé à conclure : 1° *que toute localité qui a été frappée par la grêle sera de nouveau atteinte par le fléau ;* 2° *qu'elle le sera dans l'avenir à peu près aussi souvent qu'elle l'a été dans le passé.* » (1).

Ces deux propositions sont la conséquence d'une étude sérieuse que publia, en 1873, M. Darodes de Tailly, qui fut, pendant douze ans, un des inspecteurs de la *Compagnie d'assurances générales contre la grêle.*

Il en ressort que la localité qui a eu à subir les atteintes de ce fléau est naturellement désignée pour compter de nombreux ravages dans l'avenir. Il est, en effet, des régions que la grêle affectionne plus particulièrement, d'autres où elle ne semble pas se complaire.

« Ainsi, la Bretagne, une grande partie de la Normandie et du Poitou, ne connaissent pas la grêle, à l'état dommageable pour les récoltes. » Il existe, d'autre part « certains cantons que frappe

(1) PERRIAUD, *Etude économique de l'Assurance grêle*, p. 14.

constamment la grêle..... Il y a tels vignobles où la grêle détruit en moyenne une récolte sur trois. » (1).

La moyenne annuelle, par exemple, des dommages éprouvés par la suite de la grêle de 1880 à 1890, s'est élevée pour le département du Gers, à 8,200,000 francs, pour le Rhône à 6,200,000 francs, tandis que pour le Finistère et le Morbihan elle n'a été que de 20,000 fr.

La situation et la forme des montagnes qui changent le mouvement des courants atmosphériques, le voisinage d'un étang, d'un lac, d'un cours d'eau, d'une forêt sont autant de causes qui semblent influer sur la fréquence des chutes de grêle. Ce sont là des indications qui sont forcément vagues à cause de l'enfance des sciences météorologiques, mais des renseignements quand même précieux pour l'assureur, qui pourra établir ses calculs et ses prévisions sur quelques données exactes.

De la seconde règle posée par M. Perriaud, il résulte que le risque grêle est un risque progressif, c'est-à-dire que la probabilité de sa réalisation s'accroît sans cesse pendant la durée de l'assurance. Le sinistre est d'autant plus imminent que le risque est plus avancé en âge. On a, en effet, remarqué que ce fléau étend périodiquement ses ravages sur une même région, et que là où elle a exercé son action malfaisante, elle reparaît à des intervalles à peu près égaux. Voilà pourquoi les dévastations de ce fléau deviennent de plus en plus probables à mesure qu'on s'éloigne de ses derniers désastres.

On n'a pas encore pu fixer d'une façon

(2) De Courcy, *op. cit.* p. 48 et 49.

précise les termes de cette progression dont nous ignorons toujours les causes, mais l'assureur peut cependant établir par la constatation de ces faits des probabilités suffisantes pour lui permettre d'entreprendre la garantie des dommages de grêle.

Ainsi, la double nature de ce risque ne l'empêche pas d'être parfaitement assurable ; on a prévu cependant certaines difficultés d'application.

« Le sentiment d'un danger actuel, écrit M. de Courcy, détermine seul le cultivateur à s'imposer un sacrifice ou simplement l'embarras d'une démarche. Ce n'est jamais que dans la saison même de la grêle que l'on recueille des assurances, le plus souvent quand le temps est orageux et que le cultivateur est impressionné par l'orage de la veille, qui a dévasté le champ des voisins. Souvent il a laissé passer presque tout l'été et vient solliciter l'assurance huit jours seulement avant la moisson ; le tonnerre a roulé la nuit précédente, a troublé sa quiétude et il s'est dit que le premier soin, le jour venu, serait de se faire assurer. »(1).

L'observation de M. de Courcy sera de moins en moins juste; l'esprit de prévoyance pénètre, en effet, toujours davantage dans les populations agricoles, et le développement de l'assurance doit forcément hâter ce mouvement. De nos jours déjà, le cultivateur est plus avisé, moins rebelle aux sages conseils qui lui sont donnés par des hommes expérimentés ; il est plus instruit, il emploie les méthodes prescrites et quand il aura compris tout-à-fait les bienfaits de

(1) De Courcy, *op. cit.*

l'assurance, il n'aura pas la témérité d'attendre la saison des orages pour aller acheter la garantie de son risque. Il ne voudra pas arriver trop tard, et s'exposer aussi témérairement, par négligence ou par économie, à être ruiné en une seule nuit.

Il est vrai que M. Cucheval-Clarigny lui prête un autre raisonnement, celui-là de nature à l'empêcher d'une façon radicale, de s'assurer.

« Si en homme prévoyant et avisé, dit-il, le cultivateur, au courant de l'histoire de sa commune, calculait les chutes de grêle, qui se sont produites dans la région, dans un intervalle de vingt ou trente ans, et économisait régulièrement chaque année une somme modique correspondant à la prime payée à une compagnie d'assurances, en vue de se garantir du sinistre, ne ferait-il pas un calcul légitime et sensé et ne serait-il pas fondé, s'il y voyait avantage à refuser de s'assurer ?...... Combien n'y a t-il pas de calculs de ce genre au fond des obstacles que rencontre le développement des assurances contre la grêle ? » (1)

Voilà d'après M. Cucheval-Clarigny le paysan devenu subitement statisticien, assureur, établissant une caisse particulière, achetant une tire-lire étiquetée du mot grêle, dans laquelle, il n'oubliera pas, le dimanche venu de glisser une obole !

C'est lui supposer beaucoup de qualités, tout d'abord une connaissance profonde du risque grêle, de sa complexité, de son caractère progressif, en même temps que l'énergie rare, la persévérance admirable

(1) PÉRRIAUD *op. cit.* p. 36.

d'entasser peu à peu, même dans des années malheureuses, l'indemnité réparatrice.

Il est plus simple de penser que l'agriculteur ne connaît guère les calculs qu'entraîne l'assurance grêle et que s'il n'était pas lié par un contrat, ni contraint par de dures sanctions à payer à la société une contribution annuelle, souvent il oublierait de la réserver pour le jour probable du sinistre, malgré les trésors de prévoyance qu'on se plaît à lui supposer. On ne peut, en effet, être son propre assureur que lorsqu'on est absolument à l'abri du besoin, et nous ne croyons pas que le payan, dont on ne cesse de déplorer la misère, soit de sitôt arrivé à la fortune. L'assurance est précisément la ressource des gens pauvres, auxquels elle apporte la sécurité pour l'avenir.

La combinaison de M. Cucheval-Clarigny, n'est donc point réalisable, et nous ne pouvons, quoi que nous fassions, partager ses illusions.

L'assurance grêle rencontre sur sa route deux obstacles autrement sérieux et qu'indique M. de Courcy. « Le premier est l'extention presque indéfinie des ravages d'un même orage. Bien que l'action de la grêle demeure assez capricieuse, qu'elle produise des accidents isolés, qu'elle soit loin d'avoir l'inflexible niveau de l'inondation, et qu'elle ne couvre pas non plus des provinces entières, comme la gelée, d'un manteau malfaisant, il lui arrive parfois de promener, presque en même temps, ses dévastations sur tant de points, qu'un seul orage dévorerait tout le capital d'une compagnie......... Le second danger est l'accumulation des mauvais risques. Dans les pays accidentés, coupés de cours d'eau et de chaînes de collines, chaque commune a des localités particulièrement menacées par le fléau. » (1).

Ce sont là évidemment des faits qui gênent le développement de l'assurance contre la grêle, mais qui, au dire même de M. de Courcy, n'empêchent pas ce fléau d'être parfaitement assurable. Ces difficultés n'ont pour effet que d'obliger les sociétés qui exploitent ce risque à user de plus de prudence et à faire montre de plus de sagesse.

Par l'examen du risque grêle, nous avons terminé l'étude des risques agricoles au point de vue de leur assurabilité. A notre avis, la mortalité du bétail et la grêle, seulement, peuvent être matière à assurance.

Et encore, avant d'offrir la garantie de ces risques, les sociétés doivent-elles les avoir sérieusement étudiés et intimément les connaître.

Il faut qu'elles sachent à l'avance non seulement la nature des dangers qu'elles couvrent, mais encore l'amplitude de ces dangers, leur intensité et leur fréquence. L'assurance repose, en effet, sur la probabilité de production du risque.

« Cette probabilité, dit M. de Courcy, sera exprimée par une fraction, laquelle se rapprochera d'autant plus de l'unité que l'événement sera plus probable............ elle a pour expression mathématique une fraction dont le numérateur est le nombre

(1) De Courcy, *op. cit.* p. 51 et 52.

de chances favorables, et le dénominateur, le nombre total des chances possibles (1) » Mais, pour connaître le chiffre qui représente le nombre de ces chances, on est obligé de recourir à l'observation. On a remarqué, en effet, que les fléaux sévissent avec une certaine régularité et sont gouvernés par des lois, dont il a été impossible de trouver l'expression. On a classé un grand nombre de faits isolés se produisant dans les mêmes circonstances, et on en a tiré des lois générales appelées « lois du hasard ». Ces lois forment la statistique, que l'on peut appeler *la science qui, établie sur l'induction, permet, par l'examen des faits passés, de prévoir la fréquence de la répétition de ces mêmes faits dans l'avenir.* « La statistique, dit encore M. Maurice Block, a pour instrument les chiffres, et pour méthode, l'emploi d'observations multipliées, ou de grands nombres réduits en moyenne et en rapports (en nombres proportionnels), pour rechercher ce qui, dans les faits ou phénomènes, a un caractère de constance. C'est ce qu'on appelle improprement dégager des lois (2) ».

Ces lois, qui ne sont pas *des rapports nécessaires,* mais *des rapports empiriques,* sont d'un puissant secours à l'assureur dont tous les calculs sont basés sur la prévoyance ; elles lui permettent non seulement de connaître l'étendue de ses engagements, mais encore de savoir si un risque présente un danger sérieux, s'il a des manifestations fréquentes ou rares,

(1) De Courcy. *Essai sur les lois du hasard.*
(2) *Traité théorique et pratique de statistique.* Paris. 1878. p. 151.

générales ou particulières, et par conséquent, à quel degré il réalise les conditions que nous avons exigées de l'assurabilité. L'aide d'une statistique sérieuse est donc absolument indispensable à toute assurance.

Si les assurances sur la vie et contre l'incendie ont pris un développement aussi considérable, c'est grâce à l'exactitude avec laquelle on peut prévoir la réalisation des risques qu'elles garantissent.

La statistique a permis aux sociétés d'assurances contre l'incendie d'établir des calculs d'une prévision rigoureuse, et les tables de Duparcieux et de Duvillard, plus récemment, les tables A. F. — R. F., établies en 1889, par les sociétés d'assurances sur la vie, ont donné à cette institution une certitude mathématique.

L'assurance agricole, autant sinon plus qu'une autre, doit avoir à sa base une statistique sérieuse.

« La raison en est simple, dit M. Thomereau, dans les autres branches de l'assurance, le client ne possède pas ou bien peu d'éléments pour discuter les tarifs, tandis que le cultivateur est et sera toujours plus avantageusement placé que l'assureur le mieux documenté pour apprécier le risque qu'il court, soit du côté de la grêle, soit du côté de la mortalité du bétail. Les tarifs de l'assurance-grêle, par exemple, ne peuvent guère descendre au-dessous de la division par commune. Or, il n'est pas rare que le territoire d'une commune soit situé de telle sorte que ses diverses parties présentent des conditions de sécurité très différentes, et le paysan sait admirablement si l'exposition de ses champs leur fait courir des dangers supérieurs à la moyenne du pays. Si oui, il est disposé à s'assurer, si non, à s'abstenir. Si les Compagnies présentent des tarifs trop élevés, elles réalisent très peu d'affaires ; avec des tarifs trop bas, il leur en vient plus qu'elles n'en veulent. Aussi, l'ajustement de leurs tarifs est-il leur grande affaire et leur incessante préoccupation (1) ».

Et cependant les risques agricoles ne sont pas encore sérieusement classés, et on ne trouve pas, en la matière, de statistique établie avec soin. L'Etat a le devoir d'entreprendre un pareil travail ; il a à son service de nombreux moyens d'informations, et peut se procurer tous les renseignements utiles. Il a bien tenté cette entreprise, mais il a oublié d'y apporter le soin nécessaire.

Le ministère du commerce publie en effet « *l'Annuaire statistique de la France* » qui est le résultat des enquêtes dirigées par le service de la statistique générale de la France. Cet ouvrage, dont chaque volume correspond aux résultats d'une année, et où se trouvent réunis tous les renseignements émanés des divers ministères et des grandes administrations, contient des données précieuses sur le mouvement économique et au point de vue spécial qui nous intéresse, quelques indications fort utiles. Malheureusement en dehors des retards continuels, que subit cette publication, on y rencontre une quantité d'erreurs, dont le nombre n'est comparable qu'à celui des lacunes que l'on y constate. Les erreurs ne sont dûes le plus souvent qu'à des fautes typogra-

(1) Thomereau (Alfred). — *La question des assurances agricoles, au point de vue de la statistique*, p. 4.

phiques ; il serait donc facile de les corriger dans une prochaine édition.

Mais pour rendre « *l'Annuaire Statistique de la France* » sérieusement utile à l'assurance agricole, il faudrait le remanier d'une façon complète. Les renseignements qu'il donne dans les quatre chapitres qui sont consacrés à l'agriculture sont, en effet, trop généraux et trop vagues.

Dans le premier chapitre consacré à la production agricole, on trouve seulement le chiffre des hectolitres de céréales, de légumes que la terre française a produits dans une année, et le nombre de chevaux, bœufs, etc., nés dans le même espace de temps ; on n'y relève aucun détail sur l'orientation, la configuration du sol producteur, la nature des cultures, et sur les conditions de naissance du bétail. Ces indications seraient pourtant d'un précieux secours à l'assureur agricole.

Le deuxième chapitre, le chapitre des sinistres est divisé en deux sections : la première est affectée à l'évaluation par département, des pertes causées par les divers sinistres, totales, dégrevées et secourues, et la deuxième contient des renseignements généraux sur les incendies et les sinistres agricoles.

Nous ne pouvons savoir, par le contenu de ce chapitre, combien d'animaux, parmi ceux qui ont péri dans l'année, ont été soignés par un vétérinaire ou par un empirique, et quel genre de travail on exigeait d'eux. Nous ne pouvons pas davantage connaître les communes ou les sections de communes qui ont été les plus atteintes par la grêle, les causes et les conséquences dommageables pour les agriculteurs, de l'inondation.

Ce sont là cependant tout autant d'informations de nature à seconder toute entreprise d'assurances.

Dans le troisième chapitre, sont consignées les opérations et la situation financière des compagnies d'assurances sur la vie, contre l'incendie, contre les accidents et contre la grêle. Les assurances agricoles y sont, comme on le voit laissées de côté, à l'exception de l'assurance grêle, et encore n'y est-il parlé que des compagnies à primes fixes. Le *Moniteur des Assurances*, où l'on a puisé ces renseignements, n'a pas à sa disposition les moyens de se procurer les résultats des sociétés mutuelles.

Quant au quatrième chapitre qui a une connexité avec notre matière, il contient une récapitulation des sinistres, qui permet d'établir un rapprochement par années des diverses pertes que la production agricole a eu à subir, ainsi que les dégrèvements et les secours qui leur ont été appliqués.

L'*Annuaire de la Statistique générale de la France* ne prête donc qu'une aide bien faible à l'assurance agricole.

Une deuxième publication : *La Statistique générale de la France*, dont on demande depuis longtemps la fusion avec l'*Annuaire*, fait en effet double emploi avec ce dernier ouvrage, et n'apporte rien de nouveau qui puisse nous intéresser.

Il faudrait qu'un travail fut entrepris systématiquement en vue de l'assurance agricole seule, dans le genre de celui qui a été tenté pour le risque de vie.

L'effort devrait venir surtout des Sociétés d'assurances agricoles. Mais ces dernières vivent à l'écart les unes des autres, se jalousant, se cachant leurs résultats, chantant chacune ses propres louanges, et ne comprenant pas que l'établissement d'une statistique ferait plus pour leur avenir qu'une réclame insérée à la quatrième page des journaux avec des résultats fantaisistes. Aussi, il n'existe, à cette heure, aucun document permettant d'établir scientifiquement l'assurance contre l'inondation, contre la mortalité du bétail, *a fortiori* contre la sécheresse, l'humidité et la gelée.

Une étude des risques agricoles n'a été tentée que pour la grêle en 1842, par M. du Boucheron.

M. du Boucheron a proposé une classification de ce risque, en tenant compte de sa nature spécifique et topographique, et en indiquant le coût de l'assurance correspondant à chacun de ces cas.

M. Lehir, dans son traité *Fondation des Caisses d'Assurances mutuelles contre la grêle* (1857), a composé un autre tableau basé aussi sur le double caractère du risque grêle, et sur des observations faites de 1826 à 1852.

Plus récemment, en 1873, M. Darodes de Tailly a établi que le risque grêle était un risque progressif. Dès lors les bases de la statistique appliquée à la grêle se trouvaient changées. Il eut été utile de refaire les travaux de MM. du Boucheron et Lehire ; mais jusqu'à cette heure, la proposition de M. Darodes de Tailly est demeurée dans le domaine purement théorique et spéculatif et il n'existe pas, à notre connaissance de statistique édifiée sur ces nouvelles données.

Les éléments de statistique, en matière d'assurance agricole, sont, comme on le voit, très imparfaits.

L'assureur, qui entreprend la garantie d'un de ces risques, à l'exception peut-être du risque grêle, est comme un matelot perdu sur une mer immense et semée de récifs dans une barque sans gouvernail, sans rames et sans voiles. Il est donc exposé à de fréquents naufrages.

Ces dangers n'ont cependant pas découragé les assureurs. Ils se sont courageusement lancés en avant, et ont pratiqué l'assurance des risques que nous avons reconnus assurables ; la mortalité des bestiaux et la grêle ; deux sociétés ont même tenté de couvrir le fléau de l'inondation, aucune pourtant n'a encore osé, sinon offrir, tout au moins accepter la garantie de la gelée, de la sécheresse et de l'humidité, et quelque audacieux qu'ait été l'organisateur de la caisse générale d'assurances agricoles, en 1857, en promettant l'assurance de quelques-uns de ces risques, il n'est point allé jusqu'à mettre en pratique sa proposition.

Les sociétés d'assurances assurent donc, à l'heure actuelle, la mortalité des bestiaux, la grêle et l'inondation. Mais elles ont compris que la complexité de ces risques et l'insuffisance des statistiques, ne leur permettaient de prendre que bien difficilement la forme anonyme. Promettre, en effet, moyennant un prix fixé d'avance, le remboursement intégral d'un dommage dont on ne peut prévoir le chiffre, c'est courir un aléa énorme, risquer d'aboutir à la faillite.

Le rigoureux engagement de la société à primes fixes, n'est pas compatible avec les risques agricoles, dont on ne connaît l'importance qu'à la fin d'un exercice ; l'assurance à primes fixes n'a pas une nature assez souple pour pouvoir leur être appliquée ; elle ne peut pas plier comme le roseau sous la bourrasque, et retrouver après la tempête sa flexibilité ; elle est, comme le chêne solide, mais que l'ouragan renverse et brise dans une de ses étreintes.

La forme mutuelle permet aux sociétés d'assurances de résister, au contraire, aux coups les plus redoutables du sort ; l'aléa n'est plus pour un assureur distinct des assurés ; il pèse sur tous les associés qui jouent à la fois le double rôle d'assureur et d'assuré, et qui supportent tous en commun les dommages subis par quelques-uns d'entre eux. Il ne peut pas y avoir d'entreprise aventureuse, d'immense catastrophe, puisqu'on attend de connaître l'importance des désastres pour en répartir le montant.

Aussi, les sociétés d'assurances mutuelles peuvent s'adresser à des risques peu connus, mal classés, et ne faut-il pas s'étonner de rencontrer plus spécialement ce genre de sociétés dans les assurances agricoles.

Il n'existe pas, en effet, de sociétés d'assurances à primes fixes couvrant le risque de la mortalité du bétail. L'*Union Nationale*, fondée à Lille en 1877, pour l'exploiter sous cette forme, a été obligée de cesser bientôt ses opérations, malgré la précaution qu'elle avait eue, de garantir, en même temps que la mortalité du bétail, qui toute seule offrait trop de dangers, l'incendie et les accidents.

Quant au risque grêle, qui, cependant est le plus assurable et le mieux connu des fléaux agricoles, il n'est couvert que par quatre compagnies à primes fixes et ce n'est qu'après de longs efforts, qu'elles sont parvenues à peine de nos jours à triompher des difficultés qui se sont dressées sur leur route, et que nous révèle leur histoire.

« *L'Abeille* » la plus prospère des compagnies à primes fixes, exploitant le risque grêle, a été fondée en 1856 à Dijon, pour la durée de 50 ans sous le nom de « *L'Abeille Bourguignonne* ». Elle a mérité plus tard l'appellation plus générale de « l'*Abeille* » que lui a permis de prendre le décret du 4 août 1860, quand elle a eu étendu ses opérations à toute la France et à l'Algérie, et quelques années plus tard, en 1867, elle a transporté son siège social à Paris. (1). Quand on examine le compte-rendu de ses opérations, on est frappé de l'admirable ténacité qu'elle a opposée aux coups de l'adversité. Ses débuts ont été, en effet, bien pénibles et bien longs ; elle est restée vingt-deux ans, sans distribuer de dividendes à ses actionnaires, auxquels elle a même fait en 1861 un appel de fonds de 125 francs par action. Ce n'est qu'en 1876, que ses exercices ont commencé à ne plus se solder par un déficit, et que la société, sortant enfin

(1) Ce transfert a été voté le 22 octobre 1866 dans l'assemblée générale des actionnaires, et opéré par le décret du 24 avril 1867.

de sa situation désastreuse, a pu rembourser en quelques mois aux actionnaires les 125 francs appelés quinze ans auparavant. L'Abeille continue toujours à lutter, et parvient, non sans peine, à verser un dividende de 15 francs par action, en 1878, et à asseoir un peu sa situation. Elle est de nouveau ébranlée par quelques années calamiteuses, et subit de 1884 à 1887 une nouvelle crise qui la met à deux doigts de sa perte. Depuis, elle s'est encore fièrement relevée et a enfin constitué un fonds de réserve, mais elle ne peut compter sur l'avenir, à la merci qu'elle est de quelques mauvais exercices.

Les autres Compagnies à primes fixes ont eu un sort encore moins heureux.

La Confiance, née le 23 juillet 1879 de la fusion de *La Patrie*, société d'assurances à primes fixes contre la grêle, fondée en 1878, au capital de quatre millions, avec *La Confiance-Incendie*, a vu disparaître, ces dernières années, le modeste fonds de réserve qu'elle avait péniblement amassé, et sa situation est à cette heure des plus critiques.

Il en est de même de *L'Eternelle*, compagnie anonyme, fondée à Paris, en 1883, au capital de 8 millions, pour remplacer l'ancienne mutuelle de ce nom. Cette Société, après avoir connu quelques exercices convenables, ne peut plus aujourd'hui verser de dividende et se trouve sans fonds de réserve. Quant à *La Conservatrice*, elle en est encore à ses débuts ; elle est née à Paris, en 1897.

Quelques compagnies même se sont retirées de la lutte, en laissant un passif assez considérable.

La *Société d'assurances générales contre la grêle*, fondée à Paris, le 25 octobre 1854, au capital de 10 millions, a été obligée de liquider ses opérations dès l'année 1872.

L'Indemnité, créée en 1877, a disparu en 1884, et l'année suivante, c'est le *Soleil* qui était contraint de cesser son exploitation ; la date de sa fondation remontait au 12 décembre 1879.

Le Midi a eu encore une existence plus courte ; né en 1880, sa liquidation a eu lieu en 1882.

Tel est le sort des sociétés d'assurances à primes fixes contre la grêle; il est loin d'être encourageant.

Seules, en effet, les sociétés mutuelles peuvent vivre à l'abri des catastrophes; elles sont aussi fort nombreuses. En ce moment, on peut dire qu'elles ont le monopole de l'assurance de la mortalité des bestiaux. Au premier rang des sociétés garantissant ce risque, on peut citer *l'Avenir* qui, fondé à Paris en 1874, étend ses opérations à toute la France, et qui est arrivé à une situation tellement prospère, qu'on peut le considérer comme une de nos plus grandes institutions d'assurances. Il doit ce développement au principe de la division des risques qu'il a su admirablement appliquer, et au zèle intelligent de son directeur M. Stalberger. Grâce aux avantages qu'il fait à ses sociétaires, et sur lesquels, nous aurons à revenir durant le cours de cette étude, et grâce à une bonne gestion qui lui a permis de ne pas connaître les années calamiteuses, il est arrivé à réaliser le plus gros chiffre d'affaires de toutes les sociétés similaires et à compter le plus grand nombre d'assurés. *L'Avenir* nous a prouvé qu'il méritait réellement son nom, en conquérant rapidement la première place parmi les sociétés qui assurent le bétail.

Bien que moins prospère, *la Garantie Fédérale,* dont la fondation remonte à 1865, et qui a son siège à Paris, nous présente une situation assez avantageuse. Depuis 1891 surtout, date à laquelle M. Rouzès a pris la direction, elle n'a cessé de progresser. *La Garantie Fédérale* comme *l'Avenir* a appliqué du reste le principe de la division des risques, en étendant le bénéfice de ses opérations à toute la France.

Des sociétés qui méritent encore l'attention, sont : *le Bétail,* qui en est à sa vingt-septième année d'existence et qui a son siège social à Paris et *l'Etable,* qui a été fondée à Paris en 1874. Parmi les sociétés secondaires, dont l'initiative mérite d'être encouragée, on peut citer : *l'Association Agricole,* qui est née à la Rochelle en 1888 ; *le Bon Laboureur,* dont la date de fondation remonte à 1863, et qui de son siège social, Dreux, étend sa zone d'action sur les départements de Seine-et-Oise, Eure, Eure-et-Loir et Orne ; *la Bonne Foi,* qui existe depuis 1879, comme *la Caisse des Propriétaires ; la Glaneuse Agricole,* qui a été fondée en 1872 ; *l'Union Centrale,* créée en 1881 à Bordeaux ; *la Provençale,* en 1886 à Aix-en-Provence. Mentionnons enfin une des plus anciennes sociétés de France, *la Société des Cultivateurs,* établie en 1838 à Coulommiers.

Dans l'assurance du risque grêle, les sociétés mutuelles rencontrent la concurrence des compagnies à primes fixes, mais ces dernières, dont nous avons examiné la situation, ne sont qu'au nombre de quatre ; on peut dire en conséquence, que la garantie du risque grêle appartient en règle générale aux sociétés mutuelles.

Celle qui réalise le plus de contrats est *la Société de Toulouse*, qui est aussi une des plus anciennes. Sa fondation remonte à 1826.

Dans l'espace de soixante-douze ans, elle a garanti un milliard neuf cent millions de récoltes à 750,000 assurés, et grâce à l'extension territoriale de ses opérations qui comprennent la France toute entière, et par conséquent à l'application du principe de la division des risques, elle est arrivée à réaliser, comme l'indique une de ses réclames « une puissante institution de prévoyance ».

Presque aussi importante, *la Mutuelle de Seine-et-Marne* a été fondée à Melun en 1829. Le chiffre des valeurs qu'elle assure, se rapproche beaucoup de celui de *la Société de Toulouse*, et sa sphère d'action s'étend surtout sur les départements de Seine-et-Marne, Oise, Seine-et-Oise, Aisne, Marne, Aube, Loir-et-Cher.

Une Société qui a aussi acquis une grande importance est *l'Etoile*, qui a son siège à Paris, et qui date de 1834. En 1895, elle est arrivée à couvrir, 40,841,700 francs de valeurs.

La Cérès est la plus ancienne en date de toutes les sociétés mutuelles assurant contre la grêle ; elle est née en 1823 ; en 1890, elle a fusionné avec *la Garantie Agricole* qui existait depuis 1864.

La Cérès a acquis un développement fort respectable, et le temps depuis lequel elle rend des services à l'agriculture mérite qu'on s'intéresse à elle. C'est ce que font les agriculteurs du Nord, du Pas-de-Calais, de la Seine-Inférieure, de l'Yonne, de l'Aisne, du Cher, de l'Aube, de l'Indre et des départements voisins, qui s'adressent surtout à cette Société, quand ils veulent contracter une assurance contre la grêle.

La Beauceronne Vexinoise mérite d'être remarquée à cause de sa prospérité ; elle a été fondée à Dreux en 1849, et a persisté à garder son nom dans le monde des assurances, bien qu'en 1854 elle l'ait changé pour celui de *la Dreusienne.* Elle a continué les affaires de *la Drouaise,* dont la fondation datait de 1844.

La Ferme a acquis à peu près le même développement, et d'une façon assez rapide. Elle a été fondée en 1887 à Paris, et par les garanties qu'elle offre, en étendant ses opérations à toute la France et à l'Algérie, elle a su conquérir la confiance du public.

La Mutuelle Générale peut être comptée parmi les grandes sociétés offrant la garantie du risque grêle. Elle a pris naissance à Paris, en 1886, et a étendu le champ de ses opérations à toute la France. Elle compte à l'heure actuelle plus de trois cents agences générales réparties sur notre territoire, et divise ainsi, au moyen de son organisation, les risques, combat leur gravité.

Aussi *la Mutuelle Générale* est-elle dans une excellente situation ; dès l'année de sa fondation, elle assurait pour 8.581,234 francs de valeurs, et comptait

2,509 contrats, et, depuis ce moment, elle n'a cessé de développer le nombre de ses affaires. En 1890, ces chiffres étaient déjà plus que doublés : les valeurs assurées s'élevaient à 19.301,905 francs pour 7,053 contrats. En 1895, les valeurs assurées atteignaient 22,877,521 francs et les contrats le nombre de 9,932 ; en 1897, ces chiffres étaient pour les valeurs : 18,484,083 francs et pour les contrats : 9,021.

Mentionnons encore au rang des sociétés qui ont un important portefeuille : *la Mutuelle de Seine-et-Oise,* qui a rendu de nombreux services à l'agriculture depuis 1854, date de sa naissance ; *la Ruche du Pas-de-Calais, du Nord et de la Somme* qui, fondée en 1867 à Arras, où elle continue d'avoir son siège social, a été dissoute en 1895, par jugement du Tribunal d'Arras, confirmé par la Cour de Douai, pour omission des formalités de publicité prescrites par l'article 41 du décret de 1868, et qui a été reconstituée le 11 avril 1896 par son vaillant directeur M. Cramety ; *la Régionale du Nord,* créée à Laon en 1869, dont la sphère d'action s'étend à tout le nord de la France et qui, en 1897, garantissait pour 13.184,180 francs de valeurs ; *la Grêle,* qui a été fondée à Paris en 1876 ; *l'Aisne,* dont la création à Saint-Quentin remonte en 1831 et qui, en 1895, comptait 300 sociétaires pour 5.858,500 francs de valeurs.

Un grand nombre d'autres sociétés, mais alors au chiffre d'opérations beaucoup plus modeste assurent encore la grêle. Citons : *l'Orage,* dont le siège social est à Paris ; *la Berrichonne,* fondée en 1883 à Saint-

Florent-sur-Cher (Cher), et qui étend son action sur toute la France; *la Vinicole Lyonnaise*, créée en 1887, qui assurait en 1895, 237,071 francs de valeurs; *la Toulousaine*, née en 1888, et qui couvrait à la fin de 1895, 1.347,396 francs de valeurs, etc.

Quelques sociétés comme *la Mutuelle agricole de l'Ouest de Nantes* et *la Protection agricole de Lyon*, pratiquent à la fois les risques de grêle et de mortalité du bétail.

Si la grêle, qui est de tous les fléaux de l'agriculture, le plus assurable n'est presque garanti que par des sociétés d'assurances mutuelles, on comprend aisément que les sociétés qui ont eu le courage de couvrir le risque inondation aient revêtu la forme de la mutualité. La première en date, *la Fluviale*, a été fondée au mois de novembre 1898 à Toulouse. Elle a continué les opérations de la société *l'Inondation*, qu'elle a remplacée et qui n'était qu'un simple essai. Elle possède plus de 250 agences réparties sur tout le territoire de la France et opère même à l'étranger; elle assure, si nous en croyons ses circulaires, plus de trois millions de capitaux et compte de nombreux assurés. Son entreprise est digne d'éloges et mérite d'être encouragée; nous doutons qu'elle soit réalisable malgré les efforts de l'homme de talent qui est à sa tête, M. J.-B. Dassieu. L'an dernier, s'est créée à Toulouse, une autre société, *l'Union Nationale Agricole*, pour exploiter le même risque; il est vrai qu'elle garantit aussi la grêle, la gelée, la mortalité du bétail.

Les sociétés qui, à l'heure actuelle, assurent les risques agricoles, ont eu, presque toutes la prudence de prendre la forme mutuelle; mais cette précaution n'est cependant pas une sauvegarde suffisante.

Si une société mutuelle ne peut pas, en effet, à cause de son organisation, complètement sombrer, elle peut végéter pendant de nombreuses années, si elle n'est pas guidée par l'application de sages mesures, sur lesquelles on est loin d'être d'accord.

Faut-il, par exemple, laisser une mutuelle s'en aller fièrement dans un champ immense, ou bien faut-il, de crainte qu'elle ne s'égare, fixer un terme à son ambition, dresser autour d'elle des barrières, pour l'empêcher d'aller trop loin ?

Les avis sont très partagés, et le débat s'élève surtout au sujet de la grêle et au sujet de la mortalité du bétail; l'inondation est assurée de trop fraîche date pour avoir fait naître une pareille discussion.

M. de Courcy se prononce franchement en faveur de la mutualité restreinte; pour lui, les sociétés qui offrent la garantie des risques grêle et mortalité du bétail, doivent, si elles veulent prospérer, avoir un rayon d'affaires très limité.

« Le rapport de 1857, dit-il, reproduisait plusieurs fois, comme un axiome, une proposition que je tiens pour absolument fausse, et qu'il me paraît à propos de contester ici en passant : à savoir qu'une association mutuelle d'assurances aurait d'autant plus de chances de succès que son périmètre serait plus étendu. Cela serait vrai, si les risques étaient partout semblables ; mais, s'ils sont inégaux, c'est une erreur grave. Une mutualité a plutôt besoin que ses risques soient homogènes, que très multipliés...... La société mutuelle contre l'incendie la plus prospère est celle qui n'assure que les immeubles de Paris. Les mutualités contre la grêle, qui ont les plus constants succès, sont les deux Sociétés qui se sont renfermées respectivement dans les limites des départements de l'Aisne et de Seine-et-Marne, où tous les risques se présentent dans des conditions à peu près semblables. Aussi, j'aurais plus de confiance dans une Compagnie qui se proposerait d'assurer contre la mortalité les vaches bretonnes ou les chevaux normands, à l'exclusion de tout autre bétail, que dans celle qui prétendrait associer les propriétaires de bestiaux de la France entière. » (1).

Dans l'exposé des motifs du projet de loi que M. Viger déposait le 24 avril 1894 sur le bureau de la Chambre des députés, la même opinion était soutenue, mais avec une distinction notable. On y lit : « A l'inverse de ce qui se passe pour la grêle, ce sont les petites sociétés locales qui prospèrent le mieux pour l'assurance contre la mortalité du bétail. »

Et M. de Rocquigny, adoptant cette restriction, relative au risque de grêle, s'écrie : « Il est donc reconnu, même par les partisans des caisses départementales d'assurances mutuelles agricoles, que pour être efficace et peu coûteuse, l'organisation de l'assurance du bétail doit être entreprise sur un terrain circonscrit, grâce aux garanties mutuelles, qui peuvent être demandées à l'esprit d'association et de solidarité locale. Il faut, pour ainsi dire, que dans le rayon où

(1) De Courcy, *op. cit.*, p. 47 et 48.

elles fonctionnent, tous les sociétaires se connaissent, puissent se contrôler réciproquement, apprécier la valeur exacte des étables, les soins donnés aux animaux. Une bonne foi absolue doit présider aux opérations de la Société. »

La thèse de MM. Viger et de Rocquigny est déjà moins générale que celle de M. de Courcy. Elle soutient le système de la limitation territoriale en ce qui concerne seulement la mortalité du bétail ; elle l'abandonne pour le risque grêle.

C'est qu'en effet il est maintenant reconnu d'une façon presque unanime que l'assurance grêle doit, pour avoir des chances sérieuses de succès, s'adresser à une vaste étendue. Aussi, toutes les sociétés exploitant ce risque, mutuelles ou à primes fixes, rayonnent sur un grand nombre de départements, souvent sur toute la France, quelquefois jusque sur les territoires étrangers. Et c'est toujours pour elles une réclame, que de pouvoir citer, comme une garantie sérieuse le fait d'avoir un vaste champ d'exploitations. (1). L'extension de leurs affaires est, en effet, un moyen d'éviter l'accumulation des mauvais risques, et par conséquent, de nombreux désastres. (2).

La grêle est un risque d'une nature particulière qui ne peut être comparé au risque d'incendie ; elle

(1) Circulaires de l'*Orage*, la *Ferme*, la *Mutuelle Générale*, etc.

(2) La réunion, dit M. Chaufton, d'une quantité considérable de risques est une des conditions indispensables à la réussite de toute entreprise d'assurances.

CHAUFTON, *op. cit.*, t. 1, nº 110.

a, en effet, ses quartiers préférés et on est allé jusqu'à établir sa géographie d'une façon à peu près exacte.

On sait, par exemple, que le fléau sévit particulièrement dans les départements du Rhône et du Gers, épargnant presque toujours le Finistère et la Normandie, et que lorsqu'il se produit, il n'est jamais général, se contentant de promener sa fantaisie dévastatrice sur une région. Or, si la société qui assure ce fléau était locale, si elle ne prenait à sa charge que des « risques homogènes, » elle verrait tous ou presque tous ses assurés frappés en même temps, quand la grêle viendrait à passer dans sa sphère, et par conséquent, ne pourrait payer qu'un chiffre d'indemnités dérisoire.

Dans ces conditions, « l'assurance serait aussi vaine que celle d'un danger ne menaçant personne. » (1).

Ces observations, que nous empruntons à M. de Courcy lui-même, semblent bien être en contradiction avec la thèse de la mutualité restreinte. Pour parer à l'accumulation des mauvais risques, à l'agglomération des pertes, qui sont, d'après lui, des obstacles à l'assurance de la grêle, il faut précisément à une société un vaste champ d'action : les contributions des sociétaires d'un territoire non éprouvé, servent alors à réparer les pertes subies par les assurés habitant une contrée grêlée ; il y a compensation.

On ne peut donc enfermer l'exploitation de ce risque

(1) De Courcy, *op. cit.*, p. 38.

dans un rayon étroit, si l'on ne veut pas la condamner à la misère.

Pour l'assurance contre la mortalité des bestiaux, la même solution s'impose, en ce qui concerne les épizooties, et à cause des mêmes raisons. Les épizooties circonscrivent leur foyer dans une région où elles se propagent rapidement ; elles ne doivent par conséquent être garanties que par des sociétés d'assurances assez vastes pour puiser en dehors de la zone contaminée les indemnités réparatrices.

Mais ce n'est pas là la cause ordinaire de la mortalité des bestiaux, et il nous reste à voir si l'assurance de ce risque comporte une vaste étendue ou demande une petite circonscription.

Nous sommes obligés d'avouer que si les grandes sociétés d'assurances mutuelles couvrant la mortalité des bestiaux, comme *l'Avenir*, *l'Etable*, *la Garantie fédérale*, *le Bétail* étendent leurs opérations à toute la France, il en est d'autres beaucoup plus nombreuses qui bornent leur action à quelques départements, même à un seul, quelquefois à un canton. M. Méline en avait compté jusqu'à 400, ainsi qu'il le disait dans un discours à la Chambre des députés, au mois de février 1898.

Mais, il faut remarquer que ces sociétés dont M. de Rocquigny s'est tant occupé et auxquelles il a consacré tout un ouvrage en les appelant des sociétés d'assurances, ne méritent réellement pas ce nom. Ce sont des associations, dont les membres décident, sans aucun calcul préalable, sans aucune donnée scientifique, d'accorder un secours à ceux d'entre eux, qui seront frappés par le fléau. Ce sont des sociétés de secours mutuels, trouvant dans la solidarité, comme à l'origine de l'assurance, une timide application du principe de la prévoyance.

Et alors, on comprend que M. de Rocquigny, le défenseur de ces petites sociétés, se soit placé sur un autre terrain que M. de Courcy, pour soutenir la thèse de la mutualité restreinte.

Pour lui, une société mutuelle doit s'interdire les grands espaces, non pas parce qu'elle ne doit garantir que des risques homogènes, mais parce qu'il faut que ses adhérents se connaissent. C'est le principe même de la mutualité qu'il invoque comme argument ; la mutualité, en effet, soutient-on dans ce système n'est qu'une forme de la solidarité, et la solidarité ne peut exister qu'entre personnes se connaissant parfaitement. Ce raisonnement qui paraît rigoureux ne résiste pas à la simple discussion. En effet, quelle est la solidarité dont on veut parler, quelle est celle, qui exige une pareille condition ? Ce n'est certainement pas la solidarité juridique des art. 1197 et suivants du Code civil, car elle n'a jamais impliqué une telle conséquence et le décret du 22 janvier 1868 est resté muet sur ce point.

Quant à la simple solidarité morale, elle peut très bien se comprendre, alors même que ceux qui se sont associés pour s'entr'aider ne se connaissent pas. Il n'est pas nécessaire, en effet, que tous les sociétaires puissent s'apprécier, se contrôler, se faire les inquisiteurs les uns des autres. Les faits viennent, du reste, absolument à l'encontre des idées de M. de

Rocquigny. On ne sait, en effet, rien des résultats des petites sociétés, et il faut que leur situation ne soit pas brillante, pour que le Ministre de l'Agriculture, M. Méline, ait songé en 1898 à faire figurer une somme de deux millions pour leur être distribuée comme subvention. Elles sont réduites au sort le plus misérable, et ne jouissent que d'une honnête misère. Les grandes sociétés, au contraire, qui couvrent toute la France, et qui s'étendent même jusqu'à l'étranger, ont des exercices sinon prospéres, du moins assez satisfaisants, pour amener toutes les années de nouveaux adhérents et pour rendre à l'agriculture de nombreux et d'importants services. Et cela se comprend. Si les sociétaires, habitent tous le même village, le même quartier d'une ville, ils risquent d'être tous éprouvés par une chute de grêle, par la mortalité de leur bétail, et alors à quoi leur servira de s'être connus, de s'être épiés ; la société n'en sera pas moins condamnée à trahir leur attente et à ne leur verser qu'une indemnité insignifiante.

Les vastes étendues de terrains, sont donc nécessaires aux mutuelles agricoles, pour qu'elles puissent respirer librement et pour qu'elles arrivent à couronner par la réussite, leurs constants efforts.

Toutefois, nous ne pensons pas, quoique nous approuvions l'audace généreuse des sociétés qui ont étendu leurs opérations au loin, qu'il soit bon de laisser l'assurance agricole offrir ses bienfaits sur un territoire immense , sans aucune protection, sans nulle prudence.

Il faut se souvenir ici des observations de M. de

Courcy, qui, si elles ne sont pas de nature à faire écarter le système de la mutualité étendue, ne doivent pas moins nous servir de sage avertissement. Il faut, en effet, que les risques assurés par une société présentent assez d'homogénéité, un aléa presque semblable, si l'on ne veut pas arriver à cette conséquence injuste de faire payer les sinistres des régions souvent éprouvées par les habitants d'un pays généralement épargné, et par conséquent aboutir à un insuccès prompt et mérité. Or, une mutuelle, qui recule trop les limites territoriales de ses affaires, rencontre fatalement des risques dissemblables, et peut, si elle n'est prudente, trouver là le fatal écueil. Il s'agit qu'elle sache prendre certaines précautions pour remédier à ces inconvénients ; elle n'a pas à restreindre, pour cela, sa circonscription. Elle n'a qu'à diviser sa zône d'action en régions, suivant la gravité du risque, et à établir pour chaque section une caisse particulière et une contribution spéciale. Cette combinaison forme, ce qu'on appelle *le système fédéral,* qui revient, semble-t-il, à créer une multitude de petites sociétés.

Et tout de suite se dresse une objection : Mais n'est-ce pas là revenir à l'idée des sociétés locales, chères à M. de Rocquigny, et que nous avons combattues ? Oui, cela serait vrai, si les petites sociétés dont nous nous faisons le partisan étaient abandonnées à leur propre initiative et à leurs propres ressources, si elles étaient absolument indépendantes les unes des autres, mais un lien les unit; elles sont toutes tributaires de la société-mère, dont elles reçoivent la vie, et l'aisance. Elles ne sont pas réduites, comme les sociétés locales, à leurs propres deniers; elles ont un fonds de garantie considérable, alimenté avec les bénéfices de la grande société sur les régions non éprouvées (1). Le système fédéral pourrait donc offrir de nombreux avantages, personne n'en douter sérieusement et cependant, par une coupable négligence, on le laisse presque complètement dans le domaine de la théorie.

Seule, une société à notre connaissance, *la Garantie fédérale*, qui déclare dans l'article 43 de ses statuts que chaque pays où la société étendra ses opérations formera une classe distincte, spéciale et indépendante, l'a appliquée, d'une façon fort timide, à notre sens insuffisante. Elle s'est bornée dans sa vaste sphère à ne faire qu'une seule délimitation entre la France et la Belgique; elle ne donne par conséquent que l'illusion d'avoir adopté le système que nous avons préconisé ; elle a maintenu, en effet, le principe de la contribution unique dans toute la France, et se trouve par conséquent dans les mêmes conditions que les sociétés qui exploitent la mortalité du bétail en France seulement.

Les sociétés d'assurances contre la grêle, n'ont pas recouru au système fédéral. Elles ont bien tenu compte de la variabilité du risque qu'elles garantissent : elles ont divisé un même pays par régions, qui comprennent généralement des sections de commune, suivant la plus ou moins grande fréquence

(1) L'Assureur parisien des 15 oct. 1re, 15 décembre 1897, art, de M. A. Beisson.

des chutes de grêle sur un même point ; mais elles n'ont pas créé pour chaque région comprenant une classe de risques, une caisse particulière, et par conséquent elles font encore supporter les désastres d'une contrée à celle qui n'a pas été atteinte par le fléau ; c'est là une pratique vicieuse et injuste qu'aurait fait disparaître l'application intégrale du système que nous proposons. Nous osons espérer que les sociétés comprendront enfin les avantages que présente cette combinaison et qu'elles ne tarderont pas plus longtemps, en l'adoptant, de se réserver un avenir sûr et prudent.

Elles devront avoir aussi, si elles veulent prospérer, la précaution de s'imposer des limites tenant à la nature des risques ; et, en pratique, elles ont admis à ce sujet certaines restrictions, inscrites dans presque toutes les polices d'assurances. La police d'assurance est le texte du contrat intervenu entre l'assureur et l'assuré ; elle contient une partie générale imprimée d'avance, où se trouvent consignées les clauses absolument essentielles, scientifiques, résultat d'une longue expérience; ces formules, malgré les préjugés de beaucoup de personnes, constituent une espèce de droit coutumier auquel les parties en cause ont avantage à obéir ; en les examinant, on s'aperçoit que toutes les sociétés ont adopté, relativement aux risques, à peu près les mêmes règles ; nous allons les passer en revue.

MORTALITÉ DU BÉTAIL. — Les sociétés d'assurances contre la mortalité du bétail ne garantissent pas sans distinction tous les animaux de ferme ; elles laissent de côté les animaux de basse cour. Cela se comprend. Ces animaux sont, en effet, difficilement assurables à raison même de leur destination, et ils ne constituent jamais un capital assez sérieux pour que sa disparition entraîne la ruine du cultivateur. Il est aussi une race d'animaux, qui est généralement exclue de l'assurance : c'est la race porcine. En édictant une pareille exclusion, les sociétés ont eu en vue leur propre intérêt ; les porcs sont, en effet, soumis à de nombreuses épidémies dont l'action est trop générale. Il est toutefois une société, *la Garantie Fédérale,* qui les assure, mais à un taux tellement élevé qu'elle n'a pas recruté heureusement pour elle, beaucoup de contrats sur ce point.

En résumé, et d'une façon générale, les opérations d'assurances ne s'étendent qu'aux espèces chevaline (chevaux, mulets et ânes) ; bovine (taureaux, bœufs et vaches) et qu'aux espèces ovine et caprine.

L'Etable et *l'Avenir* ne garantissent même pas ces deux dernières.

Mais toutes les sociétés prennent à leur charge les pertes que le cultivateur peut éprouver dans son bétail, non-seulement par suite de la mortalité, mais encore par l'effet des maladies ou des accidents incurables ; elles comprennent dans les risques qu'elles couvrent, l'incapacité totale de travail, nécessitant l'abattage *(l'Avenir,* art. 6 ; *la Garantie Fédérale,* art. 8 ; *l'Etable,* art. 6 ; *le Bétail,* art. 7).

Ce n'est qu'à des conditions particulières qu'elles assurent les accidents provenant du transport des animaux par voiture, par chemin de fer et par eau, lorsque le voyage s'est accompli sans accidents de route (*le Bétail*, art. 7 ; *la Garantie Fédérale*, art. 8), et la mort occasionnée par la castration (*le Bétail*, art. 7; *la Garantie Fédérale*, art. 8, 9) ; ces risques sont en effet particulièrement dangereux.

Les pertes d'animaux résultant de défauts et de vices rédhibitoires, de manque de soins ou nourriture ou de mauvais traitements ou excès de travail, d'une opération quelconque qui n'a pas pour but la guérison ou la conservation de l'animal, sauf pour la castration, ne sont pas réparées (*la Garantie Fédérale*, art. 7; *le Bétail*, art. 9, 11 ; *l'Avenir*, art. 9). Il est évident que l'assureur ne peut pas répondre de la mort des animaux survenue par suite d'une tare, ou par suite de la faute de leur propriétaire ; il ne garantit pas davantage le bétail contre le feu du ciel (c'est là l'affaire des sociétés d'assurances contre l'incendie) (*l'Avenir*, art. 9; *la Garantie Fédérale*, art. 10 ; *le Bétail*, art. 9), ni contre les accidents dûs à des cas fortuits ou de force majeure.

Dans presque toutes les polices il est fixé un âge minimum et maximum au-delà desquels l'assurance n'est plus possible, mais l'arbitraire de cette fixation a amené suivant les sociétés des termes bien différents. *La Garantie Fédérale* fixe l'âge minimum de trois mois ; *l'Avenir*, l'âge minimum de six mois et maximum de 15 ans ; les animaux qui atteignent ce dernier âge pendant le cours de la police cessent d'être assurés. *Le Bétail* admet dans son assurance les animaux de l'espèce chevaline ayant atteint l'âge de 6 mois, et ceux des autres espèces depuis l'âge de 4 mois ; il excepte les chevaux, juments, taureaux, bœufs, vaches et bêtes asines et mulassières après l'âge de 15 ans, et les autres animaux des espèces ovine, caprine et porcine, ayant plus de six ans ; le bétail qui a été admis avant le maximum d'âge continue d'être assuré jusqu'au terme fixé dans la police. Il est encore beaucoup de sociétés qui n'ont imposé aucun terme (*L'Etable* art. 14 ; *la Garantie Fédérale* art. 13 ; *la Mutuelle Générale* art. 11).

L'assurance ne couvre généralement qu'un certain chiffre de valeurs. Les sociétés semblent avoir voulu ainsi exclure de leur garantie les animaux de prix qui ne sont pas destinés aux travaux agricoles.

C'est là une préoccupation bien justifiée, mais qui ne se comprend pas de leur part ; elles assurent, en effet, les chevaux de particuliers, de commerçants et industriels, même ceux qui sont employés au service des voitures publiques, aux roulage, halage, camionnage, charrois, gravois, etc. On peut ainsi évidemment réaliser un grand nombre de contrats, mais on s'expose à enregistrer beaucoup de sinistres, qui constituent pour la clientèle agricole une source de déboires. Les sociétés n'ont pas même la prudence de constituer une caisse spéciale pour ces différentes classes d'animaux ; à peine si elles se sont décidées à établir une contribution particulière pour chaque catégorie. Cependant *l'Etable* dit dans l'article 12 de ses statuts : « L'assurance est suspendue provisoirement, jusqu'à ce que le Directeur général en décide autrement, à l'égard des chevaux de poste, de roulage et de charretiers, de louage, de voitures publiques, de service de chemins de fer, de bouchers et minotiers, et généralement de tous chevaux employés à des services pénibles ou dangereux qui les exposent à des risques fréquents. Ces chevaux, s'ils viennent à être assurés, formeront entre eux une nouvelle catégorie qui aura sa caisse spéciale, supportant exclusivement les pertes qui lui sont propres ». Une société toute locale, *la Provençale*, à Aix, a appliqué le même principe, en créant deux caisses indépendantes.

L'assureur se réserve le droit de refuser la garantie de tout ou partie des risques qui lui sont proposés sans motiver son refus ; il n'accepte que des animaux en parfait état de santé, sans blessures ni tares. L'assurance se fait par tête ou en bloc, suivant les animaux assurés, et suivant les sociétés. L'assuré doit indiquer sur sa police qui porte ses nom, prénoms, profession, domicile, et la qualité en laquelle il agit, le signalement de ses animaux leur emploi, leur régime de nourriture et leur valeur marchande. L'Administration peut vérifier les risques proposés. Tous les animaux de la même espèce appartenant à l'adhérent doivent être garantis, pour éviter toute fraude.

Si pendant le cours de l'assurance, il survient une modification dans le risque, l'assuré doit la faire connaître à la Direction.

La grêle. — Les sociétés qui offrent la garantie de ce fléau n'assurent que contre les dommages causés aux récoltes, par l'effet du choc des grêlons, mais ne répondent pas des dégâts causés par les phénomènes atmosphériques qui accompagnent, précèdent ou suivent toute chute de grêle, comme les inondations, les trombes, coups de vent (*l'Abeille*, art. 1er ; *la Mutuelle Générale*, art. 12 ; *la Berrichonne*, art. 1er ; *l'Orage*, art. 6 ; *la Grêle*, art. 6; *la Ferme*, art. 6 ; *la Protectrice*, art. 7 ; *la Mutuelle Générale*, art. 11 ; *l'Union Nationale Agricole*, art. 39). Ce sont là des accidents particuliers et des risques différents de celui de la grêle.

Dans la réparation des dommages, il n'est tenu compte que de la diminution de la quantité des récoltes et non pas de la qualité (*l'Abeille*, art. 1er ; *la Grêle*, art. 5 ; *l'Orage*, art. 5 ; *la Berrichonne*, art. 1er ; *la Ferme*, art. 6 ; *la Protectrice*, art. 1er ; *la Mutuelle Générale-Grêle*, art. 12). *L'Union Nationale Agricole* pose le même principe, mais apporte une exception dans l'article 40 de ses statuts relativement aux arbres fruitiers « dont la qualité des produits peut être garantie par stipulation spéciale dans la police ». *L'Union Générale d'Assurances*, qui est une Compagnie anonyme à primes fixes contre les accidents, et qui a étendu ses opérations à la grêle, tient compte aussi bien de la qualité que de la quantité des récoltes détruites ; nous nous demandons comment elle arrive à éviter la fraude de la part de l'assuré, et à évaluer le montant de la dépréciation engendrée par la grêle.

L'assurance ne comprend que les récoltes pendantes par branches et par racines (*la Grêle*, art. 5 ;

l'Orage, art. 5 ; *la Berrichonne*, art. 4 ; *la Toulousaine*, art. 6). Toutefois, quelques sociétés assurent ces produits jusqu'au jour où ils sont engrangés, moyennant une surprime (*la Toulousaine*, art. 6) : c'est là, en effet, un risque nouveau qui veut être payé. On rencontre aussi certaines sociétés couvrant les dommages que la grêle peut causer aux cloches destinées au jardinage, vitres de serre, vitraux et couvertures (*la Grêle, l'Orage*, art. 5).

L'assurance d'une nature de récolte comprend nécessairement toutes les récoltes de même nature dépendant de la même exploitation (*la Mutuelle Générale*, art. 13; *la Mutuelle Générale-Grêle*, art. 13; *la Protectrice*, art. 8 ; *la Ferme*, art. 7 ; *la Berrichonne*, art. 2 ; *l'Union Nationale Agricole*, art. 41 ; *l'Abeille*, art. 2). Cette règle presque générale a pour but d'empêcher la fraude, et le calcul d'un cultivateur qui ne ferait assurer que la moitié de ses propriétés et qui, le jour du sinistre, prétendrait toujours que la parcelle atteinte était comprise dans la police.

Il est aussi posé en principe que l'assurance s'étend à toutes les parties intégrantes et utiles de la récolte (*l'Abeille*, art. 3 ; *la Berrichonne*, art. 2 ; *la Ferme*, art. 8; *la Protectrice*, art. 9 ; *la Mutuelle Générale*, art. 13; *la Mutuelle Générale-Grêle*, art. 14; *l'Union Nationale Agricole*, art. 42). Dans les céréales et les oléagineux, la partie fourragère constitue une valeur ; il est naturel qu'elle soit garantie au même titre que le grain. L'agriculteur n'aurait pas manqué, si cette règle n'avait pas été posée, de n'assurer que le grain en lui donnant son prix maximum (paille comprise) ; le jour du sinistre il aurait ainsi touché une indemnité basée sur la valeur totale de la récolte, et il aurait cependant gardé la paille qui, le plus souvent, n'aurait pas été endommagée. Du reste, dans le lin et le chanvre, la partie fourragère est la plus importante ; la pratique suivie par les Sociétés est ainsi de nature à concilier tous les intérêts. Quant à la vigne, ses fruits seuls sont assurés (*l'Abeille,* art. 3 ; *la Mutuelle Générale-Grêle,* art. 14; *la Mutuelle Générale,* art. 13 ; *la Protectrice,* art. 9 ; *la Ferme,* art. 8 ; *la Berrichonne,* art. 12) ; *l'Union Nationale Agricole* dans l'article 42 de ses statuts, étend cette règle aux arbres fruitiers. Il est évident que les dommages de la grêle atteignent surtout le raisin en voie de formation et non la souche elle-même ; il aurait été aussi bien difficile de distinguer les dommages causés par la grêle à la souche, de ceux amenés par les maladies cryptogamiques. L'application de la même règle aux arbres fruitiers est moins compréhensible.

L'assurance des prairies naturelles ou artificielles comprend toutes les coupes de l'année, à moins que l'assuré n'ait oublié de fixer le rendement de chacune d'elles ; dans ce dernier cas, la première coupe seule est garantie (*l'Abeille,* art. 3 ; *la Ferme,* art. 8 ; *la Protectrice,* art. 9 ; *la Mutuelle Générale,* art. 13 ; *la Mutuelle Générale-Grêle,* art. 14 ; *l'Union Nationale Agricole,* art. 43). Toutefois en règle générale, l'assurance pendant sa durée ne peut couvrir deux récoltes sur une même parcelle de terre (la contribution n'a trait en effet qu'à une seule récolte).

Si l'assuré omet de déclarer le rendement attendu de chaque coupe, il est absolument impossible qu'on ait au moment du sinistre, une base d'évaluation pour fixer le chiffre des dommages.

Les sociétés acceptent l'assurance des récoltes déjà assurées par d'autres compagnies, mais à la condition d'être subrogées à tous les droits résultant des assurances antérieures, avec engagement par le sociétaire de faire, le cas échéant, toutes les diligences nécessaires à la conservation de ses droits, et de payer sans compensation aucune, les cotisations dues à cause des dites assurances antérieures (*l'Abeille*, art. 4 ; *la Mutuelle Générale*, art. 14). Ces précautions sont destinées à empêcher qu'un assuré se livre à la spéculation, en obtenant deux ou trois fois la réparation du même dommage.

L'assuré peut certainement faire garantir ses propriétés par plusieurs sociétés, mais, dans ce cas, il doit en faire la déclaration, et les Sociétés ne sont jamais « tenues de contribuer à l'indemnité dans une proportion plus forte que celle qui existe entre le capital garanti par elle sur les risques sinistrés et l'ensemble des assurances réalisées sur ces mêmes risques » (*l'Abeille*, art. 5 ; *la Mutuelle Générale-Grêle*, art. 15 ; *l'Orage*, art. 10 ; *la Mutuelle Générale*, art. 15).

Toute personne intéressée à la conservation d'une récolte, peut la faire assurer à la condition expresse de déclarer en quelle qualité elle agit ; mais le contrat ne peut profiter qu'au propriétaire ou à ses ayants-droit ; les engagements entre la Société et le sociétaire sont mentionnés dans la police qui doit indiquer pour chaque parcelle dont la récolte est assurée :

1° La commune où elle est située ;

2° Le nom ou lieu dit sous lequel elle est connue ;

3° L'espèce de la récolte ;

4° La contenance en hectares et en ares ;

5° Le rendement espéré ;

6° Le prix très exact attribué à chaque nature de récoltes par unité de mesure ou de poids.

On comprend l'importance de tous ces détails au point de vue de l'estimation des dégâts, le jour du sinistre.

L'assurance peut être faite à toute époque pour l'exercice de l'année, à la condition que la récolte n'ait pas été endommagée par la grêle (*l'Abeille*, art. 7, la *Berrichonne*, art. 3, la *Protectrice*, art. 14).

Le contrat n'a effet que le lendemain à midi, du jour de sa passation (*l'Abeille*, art. 15, la *Mutuelle Générale-Grêle*, art. 19, la *Protectrice*, art. 17, la *Berrichonne*, art. 6, la *Ferme*, art. 16) ; la garantie des sociétés est limitée entre deux termes ; elle ne commence, chaque année, qu'à une certaine époque : le 1er avril, (*la Protectrice, la Mutuelle Générale-Grêle*), le 15 avril (*l'Abeille, la Berrichonne, la Ferme*, art. 16) ; et pour certains produits, qu'à une date particulière. *L'Abeille* ne se reconnaît responsable des dégâts occasionnés aux vignes qu'à partir du 1er mai ; *la Ferme* adopte le même terme pour les vignes, les chardons, les safrans, les tomates, les tabacs, houblons, oseraies pépinières et plants, fleurs et arbres fruitiers, et ne répare les dégâts causés qu'après le 31 mai, aux olives, aux prunes et à tous les arbres fruitiers. La *Mutuelle Générale-Grêle* dit dans l'art. 19 de ses statuts que l'effet de son assurance ne commencera que le 1er mai à midi pour les vignes, prunes, houblons et oseraies et tabacs, et le 31 mai pour les olives, les prunes et les arbres fruitiers.

La responsabilité des sociétés disparaît d'autre part (quelle que soit l'époque à laquelle la police ait pris effet), d'après *l'Abeille* au 15 octobre à midi

1° Pour toutes les récoltes qui ne sont pas rentrées à cette époque, et dont le développement peut se prolonger au-delà de ce terme.

2° Pour les lins et les chanvres, dès que les tiges sont arrachées ;

3° Pour toutes les autres récoltes, après leur enlèvement.

C'est la règle qu'ont adoptée presque toutes les sociétés mutuelles avec quelquefois des variantes sans importance. On n'a pas restreint arbitrairement l'effet de l'assurance entre deux dates ; en dehors de l'époque ainsi déterminée, les dégâts de la grêle sont le plus souvent nuls, toujours insifigniants. Aussi ne comprend on que difficilement les avantages qu'offre l'*Union nationale agricole* en garantissant les céréales pendant l'année entière et en laissant à chacun le soin de fixer la date, point de départ de la garantie pour les vignes (art. 44).

Les contrats qui n'ont pas une durée de cinq ans

comportent une augmentation de contribution d'un dixième (*l'Abeille*, art. 8, *la Mutuelle Générale-Grêle*, art. 19). L'assurance pour une période d'une année entraîne, en effet, des frais supplémentaires, et elle a l'inconvénient de faire courir à la société un très grand aléa qu'elle ne peut compenser par les résultats des années suivantes ; c'est le même motif qui pousse les compagnies à édicter « l'obligation de faire continuer l'assurance par les héritiers en cas de décès du contractant, ou en cas de vente par le nouvel acquéreur » (*L'Abeille* art. 10 *la Grêle*, art. 20, *l'Orage*, art. 20, *la Mutuelle Générale*, art. 20, *la Mutuelle Générale-Grêle*, art. 21, *la Berrichonne*, art. 5).

Les assurés sont tenus de faire une déclaration d'assolement, c'est-à-dire une déclaration des changements survenus dans leur exploitation ou leurs ensemencements, ainsi que dans les rendements espérés de leurs diverses cultures. Aucune nouvelle nature de récolte ne peut être comprise dans l'assurance sans le consentement exprès de la compagnie (*l'Abeille*, art. 16, *la Mutuelle Générale-Grêle*, art. 27, *la Mutuelle Générale*, art. 27). Les cultivateurs, en effet, changent chaque année la nature d'ensemencement de leurs terres; or, l'assurance doit forcément être modifiée suivant le mode de culture adopté par le propriétaire.

Une simple déclaration suffit pour briser le contrat quand le sociétaire a résilié son bail ou a cessé toute culture *l'Abeille*, art. 17, *la Grêle*, art.

21, *l'Orage,* art. 11, *la Toulousaine,* art. 23, *la Ferme,* art. 20, *la Mutuelle Générale-Grêle,* art. 22.)

L'INONDATION. — Ce risque si dangereux est resté jusqu'à ces dernières années en dehors du domaine de l'assurance ; ce n'est qu'au mois de décembre 1897 que s'est créée, pour lutter contre ce fléau, une société « *la Fluviale* » à Toulouse, qui semble devoir garder le monopole des créations d'assurances agricoles. Oui, c'est encore à Toulouse qu'est née cette généreuse et hardie initiative et que l'an dernier s'est formée une seconde société « *l'Union Nationale Agricole* » qui promet dans ses statuts la garantie du risque inondation. Les observations que nous aurons à présenter à ce sujet, seront donc assez brèves, puisque cette assurance n'a fonctionné que deux ans avec la *Fluviale,* et que l'*Union Nationale Agricole* n'a pas encore un an d'existence. La *Fluviale* n'a pas eu le temps de faire l'essai des règles qu'elle a posées, d'en connaître toute la valeur ; nous les passerons en revue, en remarquant qu'elle a toujours le mérite d'avoir innové, et de s'être lancée courageusement dans une périlleuse entreprise. On comprend qu'elle se soit souvent inspirée, comme nous aurons à le constater, des statuts des sociétés exploitant la grêle ; nous doutons que ce soit à son avantage. *La Fluviale* garantit tous objets exposés à l'inondation : récoltes sur pied, coupées, en meules ou en grange, légumes, plantes, immeubles, usines et constructions de toute espèce, bestiaux, meubles, marchandises, etc.

Cette assurance est donc à la fois agricole et industrielle. *La Fluviale* a commis la même erreur que les sociétés d'assurances contre la mortalité du bétail qui bien que se décorant du nom de sociétés d'assurances agricoles garantissent des risques de toute autre nature ; ces institutions semblent oublier leur but.

Moyennant une surprime, la Société assure aussi les dégradations de terrain, les bâteaux amarrés et constructions analogues et leur contenu, contre les bris et fractures produits par le choc des glaçons ou par les trains de bois. L'*Union Nationale Agricole*, plus audacieuse encore, couvre tous ces risques sans aucune surprime (art. 38).

« Ces garanties s'étendent exclusivement aux sinistres produits par les inondations dues aux débordements des fleuves, rivières ou cours d'eau, et à la rupture de digues, chaussées, canaux, murs et ouvrages quelconques, construits pour maintenir les eaux. Par suite, la société n'est tenue à aucune indemnité pour dégâts occasionnés par trombes, pluies et irrigations ou arrosages naturels » (*la Fluviale*, art. 2; l'*Union Nationale Agricole*, art. 38). Ce sont là, évidemment, des phénomènes bien distincts de l'inondation, et la contribution que ces Sociétés demandent n'est que pour faire face à ce dernier risque. Par une addition du 15 mars 1899, à ses statuts, *la Fluviale* a déclaré qu'elle ne garantirait les risques endigués qu'à la condition que les eaux passeraient par-dessus les digues, et non lorsqu'elles seraient amenées à inonder les dits risques par fossés, canaux d'écoulements, barrages, non entretenus en bon état de fermeture, ou rupture de digues non assurées. Cette restriction est très morale ; elle a pour but de ne pas favoriser l'incurie des riverains.

La Fluviale admet ensuite un assez grand nombre de dispositions que nous avons déjà rencontrées dans l'examen du risque grêle ; nous ne ferons que les rappeler sans les discuter.

C'est ainsi qu'elle déclare que l'assurance des prairies naturelles et artificielles comprend toutes les coupes de l'année, pourvu que l'assuré indique dans sa police le rendement qu'il affecte à chaque coupe. Faute de la part de l'assuré d'avoir fait cette déclaration, la Société ne garantit que la première coupe. Les fruits de la vigne seuls sont assurés pendant les phases de leur formation et de leur développement. Le déracinage des souches et de terrain peut aussi être garanti par stipulation spéciale, dans la police et moyennant une surprime (art. 5 *d* 2°).

Toute personne intéressée directement ou indirectement à la conservation des objets garantis a le droit d'être admise comme membre de la Société (*la Fluviale*, art. 3).

L'assuré doit énoncer dans sa demande d'admission : 1° ses nom, prénoms, profession et domicile ; 2° la qualité en laquelle il agit ; 3° un état estimatif et détaillé des objets à assurer ; 4° la déclaration déterminant le nombre de sinistres qu'a éprouvés depuis dix ans le sol sur lequel se trouve le risque proposé, et l'étiage des eaux au moment de la signature de l'adhésion.

Le contrat d'assurances produit son effet le lendemain à midi du jour de sa conclusion; mais si ce contrat a lieu pendant une période de crue, il est bien certain que la Société ne peut accepter une pareille responsabilité; aussi, renvoie-t-elle l'effet de l'assurance au jour « où la crue aura cessé et où les eaux seront revenues dans leur lit et à leur étiage normal. »

La Société fait subir à toute assurance de moins de cinq ans une augmentation d'un dixième de la contribution; elle veut que l'assurance soit continuée par les héritiers, en cas de décès du contractant, ou en cas de vente, par le nouvel acquéreur. L'assuré doit lui faire connaître par une déclaration au siège social, l'augmentation, la diminution et les changements survenus dans la nature du risque. Son engagement cesse de plein droit : 1° par la résiliation du bail de fermier ; 2° par la destruction totale des objets en vue desquels l'assurance avait été contractée.

SECTION II. — **La Prime ou Cotisation.**

Lorsqu'une société prend un risque à sa charge, elle s'engage à en supporter toutes les conséquences, s'il vient à se réaliser; mais, en échange de la sécurité qu'elle procure ainsi à l'assuré, elle exige de lui une redevance ; cette redevance, c'est la prime ou cotisation.

La prime ou cotisation est donc le prix de l'assurance; par rapport à l'assureur, c'est la valeur du risque que la Société consent à garantir; par rapport à l'assuré, c'est la contribution proportionnelle aux aléas qu'il fait courir à la Société.

Cette contribution prend le nom de prime lorsqu'elle est versée à une Société d'assurances à primes fixes; elle est alors déterminée à l'avance, et demeure immuable pour un même risque, pendant toute la durée du contrat; elle peut être comparée au prix dans le contrat de vente.

Lorsqu'elle est perçue par une Société d'assurances mutuelles, elle s'appelle cotisation. La cotisation n'est que la quote-part (le montant de la participation) de tous les associés aux dommages éprouvés par chacun d'entre eux. Elle varie donc suivant l'importance de ces dommages.

La cotisation a un caractère double; elle est pour chaque sociétaire un droit à une aide de la part de ses co-sociétaires; elle est d'autre part, le secours que chaque mutualiste prête à ses associés malheureux. La cotisation n'est donc qu'un secours. C'est ainsi que l'entendaient les sociétés mutuelles à leur enfance, qui n'étaient, en effet, que des sociétés de secours mutuels. C'est encore ainsi que la comprennent les consorces des Landes, qui répartissent, une fois l'exercice fini, entre tous leurs membres, les conséquences pécuniaires des dommages subis par chacun d'eux.

Mais ce mode d'établissement de la cotisation force la Société qui l'adopte à rester strictement locale; il faut, en effet, que les sociétaires, dont l'engagement est aléatoire et illimité, ne puissent soupçonner ni la bonne foi de la Société, ni celle de leurs co-associés. Il doit, pour cela, leur être permis de vérifier très aisément les dépenses, puisque c'est d'après elles que les recettes, c'est-à-dire les cotisations, sont fixées, et de s'opposer à l'introduction dans l'association, de gens dont la moralité est douteuse, et dont la sincérité peut être légitimement suspectée.

Mais ces conditions sont une entrave au développement de la société, qui, étant à rayon très limité, est vouée par avance à l'insuccès, à cause de l'accumulation des mauvais risques.

Aussi, nous comprenons que les associations qui ont voulu sortir de cet état précaire, et étendre le cercle de leurs opérations, pour devenir de véritables sociétés d'assurances, aient adopté un autre procédé, relativement à la manière de déterminer le taux de la cotisation.

Elles ont été obligées, leurs membres ne pouvant plus se connaître, et ne voulant par conséquent pas contracter une obligation indéfinie, de limiter l'engagement des mutualistes, soit en demandant une cotisation invariable, soit en fixant un maximum que la cotisation ne doit pas dépasser. En appliquant l'une ou l'autre de ces combinaisons, la société d'assurances mutuelles, a à établir un chiffre de cotisation correspondant le plus exactement possible à l'aléa que le sociétaire lui fait courir; dans le premier cas, en effet, il ne lui sera pas permis de demander un supplément à ses adhérents, et dans le second, ce supplément, dont le maximum est, du reste, connu d'avance, ne peut servir qu'à parer aux désastres d'une année calamiteuse, que la statistique n'a pas permis de prévoir, et peut être comparé par conséquent à la réserve légale des sociétés à primes fixes.

Et c'est pour cela, que dans les sociétés d'assurances mutuelles, à l'exception des consorces, il existe un tarif basé sur la classification des risques, c'est-à-dire une échelle de cotisations : l'assurance est devenue scientifique. La cotisation a perdu, comme on le voit, le caractère simple de son origine, pour se rapprocher de celui de la prime, à laquelle elle a emprunté et sa fixité et son mode d'établissement. La prime et la cotisation sont donc toutes les deux la représentation financière du risque, la traduction fidèle, en une expression mathématique, de son degré de probabilité.

Aussi, faut-il qu'elles soient établies, sous peine des conséquences les plus ruineuses, d'après les mêmes principes et d'après les mêmes calculs. Les tarifs sont le fruit de l'expérience raisonnée ; ils doivent être dressés d'après l'enseignement des faits passés. Supposons que la statistique nous donne comme renseignements que sur 1.000 fermes assurées, il en brûle une par an, il suffira d'établir la proportion 1/1000 pour avoir le taux de prime ; nous en concluerons qu'une ferme devra payer un franc par mille francs de valeur assurée. Semblablement, si mille individus contractent une assurance sur la vie de 10,000 francs, et si la table de mortalité nous donne pour l'âge de ces assurés un taux de mortalité de 1/1000, il faudra imposer aux contractants une prime suffisante pour trouver dans les caisses de la Compagnie, à la fin de l'année, les 10,000 francs à verser aux ayants-droit du décédé.

Dans le cas où la probabilité de réalisation du risque augmente avec les années, la contribution peut être fixée suivant une progression correspondante, ou de façon à rester dans une moyenne invariable. (1).

Pour l'établissement d'un tarif, on applique donc le principe que nous avons déjà vu et que Chaufton a formulé en disant « le risque est la qualité intrinsèque de la chose au point de vue économique, et la prime est l'évaluation de cette qualité en vue de l'assurance. » (2). Ainsi entendue, la prime ou cotisation est le prix exact du risque, et on l'appelle *pure* ou *nette*. Mais une société d'assurances a non seulement à couvrir les risques qui se réalisent, mais encore à payer les divers frais que son fonctionnement entraîne. Elle a en effet, des dépenses occasionnées par son administration, et à servir, si elle est à primes fixes, un dividende à ses actionnaires. Aussi, la contribution des assurés, dite *pure,* est pour employer le langage des assurances *chargée.* Elle subit un premier chargement destiné à solder les frais d'administration, et un deuxième chargement qui n'existe jamais dans la cotisation et qui est affecté au service des dividendes des actionnaires. Pour établir le premier chargement, l'assureur à primes fixes n'a pas à se livrer à beaucoup de calculs; il

(1) Chaufton, *op. cit.*, t. 1er, p. 116.
(2) Chaufton, *op. cit.*, t. 1, p. 113.

est libre de le déterminer suivant sa fantaisie, et ne trouve comme contre-poids à ses appétits que les exigences de la concurrence. Dans les sociétés d'assurances mutuelles, au contraire, il s'agit de répartir les frais d'administration entre tous les adhérents, et cela de la façon la plus équitable, c'est-à-dire en faisant payer à chacun la part exacte qui lui revient; on a pensé que le montant de la cotisation pure pourrait peut-être servir de mesure pour déterminer ce quantum. Pour que ce système fut équitable, il faudrait que les frais d'administration fussent proportionnels à l'importance des risques ; or, ils sont précisément en raison inverse. Aussi, le plus souvent, dans la pratique, on se borne à distribuer ces frais par têtes, ce qui, dans l'impossibilité de trouver une mesure plus exacte, est encore le procédé le meilleur.

L'établissement de la prime ou cotisation pure entraîne encore plus de difficultés.

Sans doute, il est aisé de déterminer le coût de l'assurance d'un risque parfaitement connu, dont on sait la fréquence et l'intensité; mais le tarif relatif à un risque qui n'est pas encore classé, qui n'a pas de statistique, est toujours plus ou moins arbitraire.

Aussi, on comprend que les sociétés à primes fixes, qui sont obligées, même dans les années désastreuses, de faire face à leurs engagements, n'aient pas voulu courir de pareils aléas, et n'aient pas assuré les risques dont on ne connaît pas les lois.

Les sociétés mutuelles peuvent tenter une pareille assurance, essayer d'édifier des tarifs, au moyen de quelques données dégagées par l'expérience ; leur tentative ne peut pas avoir de conséquences bien graves. Si elles s'interdisent, en effet, pour recruter des adhérents, la possibilité de demander un supplément de contribution en dehors des limites fixées à l'avance, elles ne payent les sinistres que proportionnellement à leur encaisse ; elles ne sont jamais tenues qu'*intra vires*.

Ce n'est pas là une solution bien équitable, car il n'est pas juste que ce soit le malheureux sociétaire qui supporte les conséquences du mauvais tarif appliqué par la société, mais c'est là encore le seul moyen de concilier tous les intérêts qui se trouvent en jeu. Aussi, ne faut-il pas s'étonner de trouver ce système appliqué par les sociétés mutuelles qui assurent les risques si peu connus encore, les risques agricoles, et de rencontrer en cette matière et pour la garantie d'un même fléau, des tarifs si divers.

Il sera intéressant d'examiner les divergences que présentent les sociétés au point de vue du chiffre de leurs cotisations, et de tirer de cette étude comparée quelques idées générales, quelques principes qui doivent guider l'assureur agricole dans l'établissement de ses tarifs.

Mortalité du Bétail. — Il serait utile, puisque ce risque augmente en danger avec les années, d'établir un tarif progressif, ou mieux, une cotisation moyenne, qui serait la même pendant toute la durée du contrat, et dont l'excédent des premières années servirait à constituer une réserve mathématique pour les dernières. Mais il n'existe pas et il n'existera probablement jamais de table de mortalité pour les animaux, permettant de calculer cette progression. Les sociétés ont adopté un système absolument arbitraire, et ont admis, à partir d'un certain âge, une surprime fixée, elle aussi, arbitrairement.

L'Avenir impose cette surprime après l'âge de 9 ans; *la Mutuelle Générale*, *le Bétail* ne l'exigent qu'après l'âge de 10 ans (1). *La Garantie Fédérale* ne fait pas de distinction entre les différents âges.

La cotisation doit encore varier suivant la destination et le travail des animaux assurés; nous suivrons la classification faite à ce sujet par *l'Avenir* pour les espèces chevaline et bovine, et nous verrons en quoi, elle diffère de celle adoptée par les autres sociétés.

En ce qui concerne la race chevaline, il range dans une première classe: les chevaux et juments employés exclusivement aux travaux agricoles, poulains, pouliches. Une deuxième comprend : les chevaux et juments de particuliers et chevaux uniques de cultivateurs. Dans la troisième se trouvent les chevaux et juments employés au service de commerçants et de petits industriels, juments poulinières, et la quatrième est réservée aux chevaux et juments employés au service des voitures publiques, aux roulage, halage, camionnage, charrois dans les bois ou

(1) C'est ce dernier âge, qui généralement est choisi par les sociétés, comme point de départ de la période de surprime. La raison en est simple ; après cet âge, en effet, l'animal ne *marque* plus.

carrières, gravois et tous services analogues, ainsi qu'aux étalons faisant la monte.

Première Classe. — Chevaux et juments employés exclusivement aux travaux agricoles, poulains, pouliches. Que faut-il entendre par ces mots « employés exclusivement aux travaux agricoles. » *L'Avenir* nous en donne la définition. « Ne sont réputés animaux de culture, est-il dit dans ses statuts, que ceux employé exclusivement au labour et aux travaux de la ferme. Les animaux allant au marché ou attelés pour porter des produits sont à la deuxième classe. » C'est là une définition bien étroite. Nous ne voyons pas dans quelles régions de la France, le cultivateur n'est pas obligé à certains moments, d'atteler son cheval de labour à une carriole pour transporter ses marchandises au marché ou pour aller de temps à autre à la ville. Vouloir lui imposer de ne se servir de son cheval que pour un seul usage, c'est lui interdire le bénéfice de l'assurance, car le petit agriculteur devant une règle aussi sévère n'hésitera pas à refuser la proposition de la société. Les grands cultivateurs qui peuvent spécialiser leurs chevaux ne se soucieront pas d'avantage de contracter une assurance dont les conditions sont aussi rigoureuses ; nous ne nions pas cependant que les animaux attelés sur les routes ne soient exposés à plus de dangers, que ceux qui tracent un sillon au milieu des champs, mais *l'Avenir* a, croyons-nous, créé là, au point de vue pratique, une classe inutile. Les autres sociétés ont donné aux mots « travaux agricoles » un sens plus large. *La Garantie fédérale* n'opère pas, en effet, de sélection entre les chevaux des cultivateurs, et si *le Bétail* distingue les chevaux et juments employés aux travaux agricoles seulement des chevaux et juments de cultivateurs faisant des charrois, il semble bien qu'il désigne par ces derniers mots des bêtes uniquement destinées aux transports des produits agricoles, et non pas distraites à de rares intervalles de leur occupation journalière pour véhiculer quelques denrées. Le taux de prime pour cette classe d'animaux est fixé par *l'Étable* à 2 fr. 50 pour cent, par *la Garantie Fédérale* de 2 fr. 30 à 3 fr, pour cent, par *le Bétail* à 3 fr. pour cent, par *L'Avenir* à 3 fr. 50 pour cent. La surprime d'âge est de 1 fr. °/o *(L'Avenir)*, de 50 centimes *(le Bétail)*.

Les différences entre le chiffre des cotisations peuvent être dues à des statistiques mal établies; elles peuvent être tout simplement le résultat de la concurrence.

Deuxième classe. — Chevaux et juments de particuliers et chevaux uniques de cultivateurs. Sous cette dénomination de chevaux de particuliers, *L'Avenir* nous paraît ranger d'accord en cela, avec les autres sociétés :

1° les chevaux de luxe proprement dit ;

2° les chevaux de l'armée ;

3° les chevaux de selle ou de voiture appartenant à des particuliers non commerçants ;

4° les chevaux appartenant aux médecins, vétérinaires et employés de la régie.

Cette classification nous paraît trop large, à l'inverse de la première, et son exactitude assez douteuse. Comment peut-on grouper, en effet, sous le même taux de prime des catégories si diverses d'animaux accomplissant des travaux si différents ? Les chevaux de luxe sont plus soignés et par suite sujets à moins de dangers que les chevaux des officiers de l'armée, soumis pendant les grandes manœuvres à toutes les intempéries, quand ils sont parqués. Les chevaux des médecins et des vétérinaires, obligés qu'ils sont, de sortir comme leur propriétaire à toutes les heures et par tous les temps, ont a supporter aussi un régime autrement fatigant que les chevaux de simples particuliers qui ne quittent l'écurie que les jours de beau temps et pour aller caracoler sur une promenade.

Aussi, nous comprenons que *le Bétail* n'ait pas établi pour ces diverses classes de chevaux, une cotisation uniforme.

Il est plus extraordinaire de voir *la Garantie Fédérale* les soumettre toutes à un tarif unique et faire la même confusion que *L'Avenir*. *La Garantie Fédérale* aggrave même la défectuosité de cette classification en faisant rentrer dans cette catégorie les chevaux et juments employés aux travaux agricoles.

Il est vrai que *L'Avenir* y comprend aussi les chevaux uniques de cultivateurs ; mais il ne faut pas oublier qu'il a eu tout au moins l'intention de créer une classe spéciale pour les chevaux et juments employés exclusivement aux travaux agricoles et qu'il n'a pas voulu les confondre avec les chevaux de médecins et de vétérinaires.

Pour les animaux de cette deuxième classe *L'A-*

venir demande 4,50 0/0 de prime, avec une surprime d'âge de 1 0/0) *la Garantie fédérale* comme pour la première classe 2 fr. 50 à 3 fr. pour cent. Quant au *Bétail* il distingue et adopte les tarifications suivantes :

1° chevaux de luxe proprement dit (chevaux de course et de chasse exceptés) chevaux d'officiers de l'armée, chevaux de gendarmerie 2.75 0/0.

2° chevaux de selle ou de voiture appartenant à des particuliers non commerçants, chevaux et juments à l'usage des médecins, vétérinaires, chevaux des employés de la régie, etc......... 4 fr. 0/0

La surprime d'âge est de 0.50 0/0.

Troisième classe. — Chevaux et juments employés au service de commerçants et de petits industriels, juments poulinières.

Cette classe comprend, à notre avis, des risques bien divers ; suivant le commerce ou l'industrie de leurs propriétaires, les chevaux sont exposés à plus ou moins de dangers ; ceux des meuniers accomplissent, il nous semble, un travail beaucoup plus pénible que ceux des blanchisseurs, et ceux des boulangers, bouchers, charcutiers employés surtout dans les villes nous paraissent soumis à des accidents encore plus nombreux que ceux des meuniers.

Le tarif adopté *pour cette classe* par *l'Avenir* est de 5,50 0/0, avec une surprime d'âge de 1 fr. 0/0 par *la Garantie Fédérale*, de 3,80 0/0 à 4,80 0/0, par *le Bétail* de 5 0/0.

La Garantie Fédérale comprend dans cette classe les chevaux de chasse, les chevaux employés dans les manèges d'équitation et les étalons faisant la monte ; *le Bétail* les chevaux, juments de cultivateurs faisant des charrois.

C'est dans cette classe que, logiquement, on aurait dû faire rentrer les chevaux de médecins, vétérinaires, employés de la régie. Les juments poulinières sont assurées par *la Garantie Fédérale*, au taux de 2,30 à 3 0/0.

Quatrième classe. — Chevaux de voituriers, rouliers, messagers, gravatiers, charrois dans les bois ou carrières et services analogues, étalons faisant la monte. Cette classe, par les risques qu'elle comprend, cesse d'être une classe agricole, et l'on assiste ainsi au terme d'une évolution qui conduit peu à peu, dans le désir de recruter de nombreux clients, les Sociétés d'assurances agricoles à accepter des risques n'ayant pas cette qualité et de plus en plus dangereux.

L'Avenir fixe pour cette classe d'animaux un taux de prime de 8,50 % avec une surprime d'âge de 1.50 ; *la Garantie Fédérale*, une cotisation variant de 5,30 à 6 francs 0/0. Cette classification très large n'a pas été adoptée par la Société *le Bétail* qui demande une cotisation de 8 fr. 0/0 pour la garantie des chevaux de gravatiers, plâtriers, carriers, voituriers, charroyeurs, entrepreneurs, commerçants et industriels en gros, marchands et petits commerçants ambulants, messagers-commissionnaires et autres chevaux de charrettes, chevaux employés aux canaux, chevaux employés dans les manèges d'équitation et étalons. Et, saisissant les degrés différents de risques, il a créé deux sections particulières : une première pour les chevaux de poste et de diligence, chevaux de fleuves et de rivières, chevaux d'omnibus ; et une deuxième pour les chevaux de louage, de fiacre, de toutes les voitures faisant le service de place et chevaux de roulage et de camionnage ; le prix du risque pour la première est de 10 fr. o/o et pour la seconde de 12 francs.

La Garantie Fédérale a adopté un tarif particulier pour les chevaux compris dans la dernière section du *Bétail* et leur a appliqué le tarif de 6,80 à 7,50 0/0. Les chevaux de cette catégorie rentrent forcément dans la dernière classe de *l'Avenir,* qui se trouve trop large.

Les animaux de l'espèce bovine sont assurés moyennant une cotisation qui varie aussi suivant leur destination ; ils peuvent être soignés, non-seulement comme ceux de l'espèce chevaline, en vue de fournir une aide à l'homme, mais encore en vue de servir de viande de boucherie ; dans ce dernier cas, le prix du risque est proportionné non pas au genre de travail de la bête, mais à son mode de nourriture.

Aussi distingue-t-on :

1° Les bœufs, taureaux, vaches, employés aux travaux agricoles ; ils sont assurés par *l'Avenir* au taux de 5 0/0, avec une surprime d'âge de 0,50, par *la Garantie Fédérale,* au taux de 2 à 2,50, par *le Bétail,* au taux de 2,50 avec une surprime d'âge de 0,50 ; *le Bétail* fait une classe spéciale pour le taureaux, étalons, vaches, taureaux et bœufs employés aux charrois, la prime est de 4 francs ;

2° Les bœufs et vaches à l'engrais ne consommant

pas de résidus de fabrique; la cotisation de *l'Avenir* est de 3,50 0/0 avec une surprime d'âge de 0,50 ; celle du *Bétail* est de 4 fr. ; celle de *la Garantie Fédérale*, de 2,30 à 3 fr. ;

3° Les bœufs et vaches à l'engrais consommant des résidus de fabrique sont garantis par *l'Avenir* et *le Bétail*, moyennant le prix de 5 fr. ₒ/ₒ, par la *Garantie Fédérale* avec une cotisation de 2,50 à 3,30 0/0. *La Garantie Fédérale* adopte un taux de prime spécial pour les vaches de nourrisseurs, qui est de 3,80 à 5 fr. *Le Bétail* distingue les vaches de nourrisseurs allant au pâturage et ne consommant pas de résidus de fabrique, des vaches de nourrisseurs dans Paris et dans les villes : dans le premier cas, la prime est de 5 fr. ; dans le second, de 10 fr.

Les animaux des espèces ovine, caprine et porcine, ne sont destinés qu'à la consommation ; il n'y a par conséquent pas à tenir compte de leurs travaux ; d'autre part, leur nourriture est toujours identique ; le taux de prime ne peut donc varier que par suite du danger particulier à chaque espèce. L'*Avenir* ne les assure pas, la *Garantie Fédérale* et *le Bétail* adoptent la même classification :

1re section : boucs, chèvres et chevreaux, t. de pr., *la Garantie Fédérale*, de 6,80 à 8,80 0/0 ; *le Bétail*, 8 0/0.

2me section : béliers, moutons, brebis et agneaux, t. de pr., *la Gar. Féd.*, de 4 fr. à 6,80 %; *le Bétail*, 10 fr.

3me section : porcs (par tête et par année), t. de pr., *la Gar. Fédér.*, de 4,80 à 6,80 0/0 ; *le Bétail*, 6 fr. 0/0.

Certaines sociétés, en raison de la variation dans

le cours de la même année, de la valeur de ces animaux, ont préféré adopter l'assurance par têtes; c'est ainsi que *la Provençale,* à Aix, couvre le risque de mortalité des moutons et des chèvres, au taux de un pour cent par tête.

Les tarifs sont payés généralement à terme échu, avant le 15 janvier (l'*Avenir,* art. 34), avant le 1er janvier (*le Bétail,* art 39), dans la première quinzaine de la date fixée à l'adhésion-police pour l'échéance des dites contributions sociales (*la Garantie Fédérale,* art. 46). Par exception, pour la première année d'admission dans la Société, les cotisations sont décomptées par douzièmes pour le laps de temps à parcourir du premier jour du mois de la signature du contrat, jusqu'au 31 décembre de l'année (l'*Avenir,* art. 32, *le Bétail,* art. 20 et 39, *la Garantie Fédérale,* art. 23). Ces paiements doivent être faits au siège social, soit en espèces, soit en un mandat-poste ou mandat à vue sur Paris, à l'ordre du directeur. Il est délivré, une quittance à souche, signée par le directeur (l'*Avenir,* art. 34, la *Garantie Fédérale,* art. 46). *Le Bétail* exige (art. 39) que le paiement de la cotisation soit fait entre les mains du receveur de la Société, ou par l'entremise de l'administration des postes, porteur de la quittance imprimée et signée du directeur général. A défaut du paiement de ces cotisations dans les quinze jours qui suivent leur échéance, le bénéfice de la garantie est suspendu de plein droit, sans qu'il y ait besoin d'aucune mise en demeure. Le sociétaire n'en est pas moins tenu de contribuer aux charges sociales (l'*Avenir*, art. 35, *le Bétail,* art. 40, la *Garantie Fédérale,* art. 47).

Dans la discussion des tarifs, nous nous sommes bornés à citer les statuts de l'*Avenir*, du *Bétail* et de la *Garantie Fédérale.* Cela nous a suffi pour nous convaincre qu'aucune entente n'existe entre les sociétés d'assurances agricoles, sur la classification des risques et sur leur tarification ; à peine si elles ont appliqué d'une façon unanime, quelques principes primordiaux. Il semble cependant qu'on ne devrait relever dans les diverses classifications faites par les sociétés, que des différences insignifiantes ; des divergences graves sur des points aussi importants rendent forcément l'assuré circonspect, et lui laissent entendre que si certaines sociétés appliquent les vrais principes, les autres, fatalement, sont dans l'erreur. Il est encore moins rassurant de voir ces sociétés en complet désaccord sur le taux des tarifs ; c'est ainsi que pour un même risque, la cotisation varie de cinquante pour cent. On dirait que c'est la fantaisie qui a présidé à la fixation du chiffre de la cotisation qui doit, nous le savons, être calculé avec une exactitude mathématique. La concurrence, le défaut de statistique, le manque d'entente, sont les principales causes de ces tâtonnements, de ces incertitudes, de ces erreurs, dont malheureusement, nous ne pouvons pas prévoir la fin prochaine.

La Grêle. — Les tarifs des sociétés d'assurances contre la grêle nous présentent un tableau plus rassurant. Il est vrai que ce fléau a fait l'objet d'études plus approfondies, et que l'on est arrivé à formuler les règles auxquelles il obéit ; nous savons, en effet, à cette heure que le risque grêle est un risque progressif et qu'il a un caractère à la fois spécifique et topographique.

MM. du Boucheron et Lehire ont même tenté d'établir une statistique d'après la nature des cultures exposées à ce fléau et d'après la situation de ces cultures, c'est-à-dire d'après la nature spécifique et topographique du risque, en indiquant pour chaque cas particulier le coût de l'assurance. M. du Boucheron a tout d'abord divisé le risque spécifique en cinq classes :

Dans la première se trouvent les prairies, les tuberculeux, les bois taillis au-dessus de cinq ans, et les toitures en tuiles. »

La deuxième comprend toutes les céréales, sauf celles comprises dans la troisième classe, les pépinières, les bois taillis au-dessus de cinq ans, les toitures en ardoises.

Les sarrasins et les maïs font partie de la troisième classe, dans laquelle sont rangés aussi tous les légumineux, les semis d'arbres et d'arbustes, les vitrages des habitations et autres à position verticale non exposés au sud ni au sud-est, et les plantes oléagineuses.

La quatrième classe est consacrée à tous les fruits, aux cloches de verre, et autres vitraux, non compris dans la troisième classe pour toitures et autres. »

Enfin, la cinquième classe contient les vignes, les olives, les houblons, les oseraies et les tabacs.

Le prix de l'assurance s'élève avec chaque classe ; il varie aussi dans chaque catégorie suivant l'intensité du risque topographique que M. du Boucheron divise en degrés correspondant au nombre de sinistres survenus dans une commune pendant une période de vingt années. Les communes, qui n'ont jamais été sinistrées pendant ce laps de temps forment le premier degré ; celles qui l'ont été une fois, le deuxième degré et ainsi de suite jusqu'au seizième degré qui comprend les communes sinistrées seize fois et plus.

M. du Boucheron a établi en combinant les classes du risque spécifique avec les degrés du risque topographique, le tableau suivant :

CLASSES des RÉCOLTES OU OBJETS à assurer	CATÉGORIE DES RISQUES															
	1er DEGRÉ	2e DEGRÉ	3e DEGRÉ	4e DEGRÉ	5e DEGRÉ	6e DEGRÉ	7e DEGRÉ	8e DEGRÉ	9e DEGRÉ	10e DEGRÉ	11e DEGRÉ	12e DEGRÉ	13e DEGRÉ	11e DEGRÉ	15e DEGRÉ	16e DEGRÉ
1re classe........	» 25	» 40	» 55	» 70	» 85	1 »	1.15	1.30	1.45	1.60	1.75	1.90	2.05	2.20	2.35	2.50
2e classe..........	» 50	» 75	1 »	1 25	1.50	1 75	2 »	2.25	2.50	2.75	3 »	3.25	3.50	3.75	4 »	4.25
3e classe..........	» 80	1 »	1 30	1 60	1.90	2.20	2.50	2.80	3.10	3.40	3.70	4 »	4.30	4.60	4.90	5.20
4e classe..........	1.30	1 80	2 30	2.80	3.30	3.80	4.30	4.80	5.30	5.80	6.30	6 80	7 30	7.80	8.30	8.80
5e classe..........	2 »	2.75	3 50	4.25	5 »	5.75	6 50	7.25	8 »	8.75	9.50	10.25	11 »	11.75	12.50	13.25

M. Lehir a établi une autre classification fondée sur les dégâts de grêle qu'une même commune a eu à supporter de 1826 à 1852.

Il est arrivé ainsi à distinguer vingt degrès ; le dernier comprend les communes qui ont été frappées douze fois.

Les huit premiers, comme on l'a justement fait remarquer, correspondent toujours à des communes non frappées, appartenant, il est vrai, à des arrondissements plus ou moins souvent grêlés, mais ce sont là des distinctions absolument arbitraires ; la probabilité de réalisation du risque n'est pas plus grande pour une commune appartenant à un arrondissement sinistré que pour celle appartenant à un arrondissement non visité par le fléau. Nous savons, en effet, que même dans une seule commune, la grêle a l'habitude d'épargner certains quartiers, que l'on peut considérer comme indemnes du fléau.

Les huit premiers degrés proposés par M. Lehir pourraient donc se confondre en un seul, avec une prime uniforme.

Le risque spécifique est comme dans le tableau de M. du Boucheron divisé en cinq classes et la combinaison des classes et des degrés est faite d'une façon identique.

(*Voir pages 200 et 201 le tableau de M. Lehir.*)

CLASSEMENT ET ÉCHELLE DES RISQUES DE GRÊLE. — CONTRIBUTIONS (Frais d'Administration compris)

COMMUNES frappées ou non frappées	COMMUNES non frappées de 1826 à fin 1852, situées								COMMUNES frappées de 1826 à fin 1851											
	dans un arrondissemt non frappé	dans un canton non frappé d'un arrondisst frappé			et dans un canton frappé															
		1 à 2 fois	3 à 5 fois	9 fois et plus	1 fois	2 ou 3 fois	4 à 6 fois	7 fois et plus	1 fois	2 fois	3 fois	4 fois	5 fois	6 fois	7 fois	8 fois	9 fois	10 fois	11 fois	12 fois
DEGRÉS	1er	2e	3e	4e	5e	6e	7e	8e	9e	10e	11e	12e	13e	14e	15e	16e	17e	18e	19e	20e
NOMBRE DE COMMUNES non frappées ou frappées dans chaque degré, de 1826 à fin 1851	224	382	618	854	1513	2242	3533	6665	9088	4771	2499	1501	974	660	467	308	192	117	96	53
CLASSES	*Pour 100 francs de valeurs assurées*																			
1re classe. Prairies naturelles et artificielles, plantes fourragères (autres que celles cultivées pour graines et les vesces), betteraves (autres aussi que celles pour graines), les pommes de terre, choux, navets, carottes, chicorées, maïs, pailles, si elles sont assurées séparément des grains ; les vitres et vitrages placés verticalement.	0.04	0.06	0.08	0.10	0.12	0.14	0.16	0.18	0.20	0.22	0.24	0.26	0.28	0.30	0.32	0.34	0.36	0.38	0.40	0.42
	Pour 100 francs de valeurs assurées																			
2e classe. Céréales, le froment, le seigle, le méteil, l'orge, l'avoine, l'épeautre, la paumelle, le petit millet, lentilles, poids, haricots, fèves, féverolles, vesces, garance, châtaignes, fruits à cidre, mûriers, noix, amandes.	0.14	0.21	0.28	0.35	0.42	0.49	0.56	0.63	0.70	0.77	0.84	0.91	0.98	1.05	1.12	1.19	1.26	1.33	1.40	1.47
	Pour 100 francs de valeurs assurées																			
3e classe. Plantes fourragères et betteraves cultivées pour graines, sarrasin, chanvre, colzas, navette, œuillette, sézame, autres plantes oléagineuses, la moutarde, le safran, la gaude, le pastel, les chardons à foulons, anis, coriandres, cerises, groseilles, etc., fruits à couteau.	0.20	0.30	0.40	0.50	0.60	0.70	0.80	0.90	1 »	1.10	1.20	1.30	1.40	1.50	1.60	1.70	1.80	1.90	2 »	2.10
	Pour 100 francs de valeurs assurées																			
4e classe. Lins, houblonnières, oignons, tomates, melongines, figues, prunes, abricots, bois taillis, pépinières, oseraies, vignes, vitres, vitrages placés horizontalement.	0.30	0.45	0.60	0.75	0.90	1.05	1.20	1.35	1.50	1.65	1.80	1.95	2.10	2.25	2.40	2.55	2.70	2.85	3 »	3.15
	Pour 100 francs de valeurs assurées																			
5e cl. Tabacs, olives............	0.40	0.60	0.80	1 »	1.20	1.40	1.60	1.80	2 »	2.20	2.40	2.60	2.80	3 »	3.20	3.40	3.60	3.80	4 »	4.20

Il est possible pour les sociétés avec de pareils éléments d'établir scientifiquement leurs tarifs ; le calcul de la cotisation est fort simple.

Il faut tout d'abord poser en principe que la somme des primes doit équilibrer le montant de l'indemnité à payer, ce qui peut-être exprimé par la formule mathématique.

$$x \text{ primes} = \text{indemnité}$$

d'où l'on tire

$$\text{cotisation} = \frac{\text{indemnité}}{x \text{ primes}}$$

Or, par les résultats de l'expérience, et les bases déjà établies, on peut arriver à connaître le risque topographique et le risque spécifique pour une région. Supposons qu'une commune ait eu à supporter 10,000 fr. de dégâts en 15 ans nous aurons :

$$\frac{10{,}000}{15} = \text{cotisation}$$

La cotisation à imposer à la commune s'obtiendra donc en divisant 10,000 par 15, et il suffira de diviser encore ce résultat par le nombre d'assurés de la commune pour avoir le chiffre de la cotisation individuelle. Mais puisque la chute de grêle ne doit se reproduire que tous les 15 ans dans cette commune, l'aléa augmente à mesure que l'on se rapproche du terme des 15 années, et comme il est de principe que la cotisation doit être établie en raison directe des aléas du risque, il n'est pas juste que la société réclame des cotisations égales à ceux qui s'assurent la première et la quatorzième année du cycle, par exemple. Il faut donc établir une échelle, une gradation entre ces différentes années, tenir compte dans la cotisation de cette progression du risque. C'est ce que M. Darodes de Tailly exprime dans la proposition suivante :

« Deux risques semblables, du reste, mais d'âge différent, ne peuvent pas être assurés au même tarif, » et voici comment il veut qu'on établisse le prix du risque « pour chaque assurance, le tarif s'obtient en divisant le taux supposé connu de l'indemnité, par le nombre également supposé connu des années qui doivent s'écouler, jusqu'au moment du sinistre, ou ce qui revient au même par le nombre des primes que l'assuré aura à payer. » Il nous donne lui-même un exemple. Il suppose que le montant du sinistre à venir est de 15 0/0 et que l'intervalle qui doit s'écouler entre deux orages est de dix ans ; dans ce cas le tarif sera :

Pour ceux qui s'assureront la première année après la grêle, 15/10 = 1,50 p. 100 fr. ;

Pour ceux qui s'assureront la deuxième année après la grêle, 15/9 = 1,67 p. 100 fr. ;

Pour ceux qui s'assureront la troisième année après la grêle, 15/8 = 1,87 p. 100 fr. ;

Pour ceux qui s'assureront la quatrième année après la grêle, 15/7 = 2,14 p. 100 fr., et ainsi de suite. (1).

Tel est le système de M. Darodes de Tailly, qui paraît plus exact que celui de MM. du Boucheron et

(1) Jean Perriaud, *Etude économique de l'assurance grêle.*

Lehire ; les sociétés ont cependant suivi ce dernier. C'est que l'ingénieuse et scientifique combinaison préconisée par M. Darodes de Tailly présente de sérieuses difficultés d'application.

Une société d'assurances, pour mener à bien son entreprise, doit recruter un grand nombre d'adhérents, et pour cela, satisfaire sa clientèle, en n'exigeant d'elle que des primes peu élevées. En adoptant le tarif progressif, le taux de prime croîtrait en raison inverse du désir qu'aurait le paysan de s'assurer, l'impression causée par les derniers ravages de la grêle disparaissant peu à peu de son esprit; toute assurance deviendrait impossible. D'autre part, l'assuré ne comprendrait pas que pour un même risque, il y ait ainsi des chiffres de cotisation différents, et le discrédit serait bien vite jeté sur l'assurance de la grêle. Aussi, les sociétés ont préféré adopter le système de la cotisation fixe, en établissant une moyenne pour toute la durée du contrat. C'est là un procédé qui conduit à des conséquences absolument injustes, qui favorise l'assuré de la fin du cycle, au détriment du fidèle client ; mais il faut reconnaître qu'il s'imposait aux sociétés.

Pour déterminer le chiffre de la cotisation, les sociétés d'assurances contre la grêle ont donc tenu compte de la nature spécifique et topographique du risque qu'elles garantissent ; elles ont classé les récoltes en diverses catégories, suivant les dangers inhérents à leur nature, et ont adopté un minimum et un maximum entre lesquels la contribution doit osciller, suivant la situation topographique du risque ; il ne nous sera possible, à cause de l'étendue des sociétés, que d'indiquer ces deux limites extrêmes, sans donner le taux de prime relatif à chaque région.

Elles ont suivi pour le risque spécifique à peu près la classification de M. du Boucheron ; elles ont toutefois confondu en une seule les deux premières classes de ce tableau, et l'on trouve réunis les céréales avec les prairies, les tuberculeux et toutes les couvertures de bâtiments. La classification de M. du Boucheron nous paraît plus logique, car les tuberculeux et les prairies souffrent peu des atteintes de la grêle ; les céréales en craignent davantage les effets, et par suite, il eût été logique de distinguer.

Mais on comprend que les sociétés d'assurances se plaçant à un point de vue pratique, n'aient pas fait cette distinction, car les risques contenus dans la première classe de M. du Boucheron, ne sont pas souvent couverts par l'assurance ; il était par conséquent inutile d'en faire une catégorie spéciale.

Le chiffre de la cotisation pour cette classe par 100 francs de valeurs assurées, est de 0,30 à 6 fr. (*la Mutuelle Générale-Grêle, la Ferme*), de 0,35 à 5 fr. *(la Grêle, l'Orage)*, de 0,60 à 5 fr. (*la Mutuelle Générale). L'Abeille* fixe pour le blé une prime de 28 francs par hect., dont 22,50 pour le grain, 5,60 pour la paille ; pour le maïs, une prime de 15 fr. par hect., dont 12 fr. pour le grain, 3 fr. pour la paille.

Comme on le voit, *l'Abeille* calcule d'après la mesure de la récolte : c'est un procédé moins simple que celui employé par les mutuelles ; il conduit au même résultat.

La troisième classe du travail de M. du Boucheron a été, dans la pratique, scindée en deux classes ; les Sociétés rangent dans une catégorie : les seigles, méteils, avoines, orges, riz, hivernages pour fourrages et demandent pour 100 fr. de valeurs assurées, une cotisation de 0,40 à 7 fr. (*la Mutuelle Générale-Grêle, la Grêle, l'Orage, la Ferme*) ; de 0,70 à 5,50 (*la Mutuelle Générale*). *L'Abeille* exige pour le seigle une prime de 17,50 par hect., dont 14 fr. pour le grain, 3,50 pour la paille ; pour l'avoine, une prime de 15 fr. par hect., dont 12 fr. pour le grain, 3 fr. pour la paille ; pour l'orge, une prime de 17,50 par hect., dont 14 fr. pour le grain, 3,50 pour la paille.

Une classe spéciale comprend : les sarrazins, colzas, navettes, œillettes, cameline, moutarde, lins, chanvres, betteraves à graines, fèves, lentilles, pois, haricots, et toutes les autres plantes fourragères ou légumineuses telles que vesces, gesses, lorsqu'elles sont cultivées pour graines, serres, vitres, vitraux et cloches, cultures potagères. La contribution pour 100 francs de valeurs assurées est de 1 fr. à 8 fr. (*la Mutuelle Générale-Grêle, la Ferme*) ; de 1,80 à 6 fr. (*la Mutuelle Générale*) ; de 0,50 à 8 fr. (*l'Orage, la Grêle*). *L'Abeille* assure les sarrazins au taux de 15 fr. par hect., dont 13,50 pour le grain, 1,50 pour la paille ; le colza, au taux de 25 fr. par h., dont 22,50 pour le grain, 2 fr. pour la paille ; le lin, le chanvre, au taux de 25 fr. les 100 kilog. de tiges, dont 6,25 pour le grain, 18,75 pour la filane.

La quatrième classe établie par M. du Boucheron ne comprend que les cloches de verre et vitraux, et que les fruits.

Les sociétés d'assurances divisent aussi en deux classes les risques que M. du Boucheron range indifféremment dans la cinquième.

La quatrième classe des sociétés comprend les vignes, chardons, safrans, mûriers, olives, noix, châtaignes, prunes et arbres fruitiers ; *la Mutuelle Générale et la Mutuelle Générale-Grêle* y ajoutent les houblons ; la cotisation est sur 100 fr. de valeurs assurées de 1 fr. à 25 fr. (*la Mutuelle Générale-Grêle, la Ferme*) ; de 3 fr. à 20 fr. (*la Grêle, la Mutuelle Générale*) ; de 0,50 à 20 fr. (*l'Orage*).

Quant à la cinquième classe, elle comprend les tabacs, les houblons, les oseraies, pépinières, plants et fleurs ; *la Mutuelle Générale* range les fleurs dans la troisième classe. La cotisation pour cette classe est, pour 100 fr. de valeurs assurées, de 2 fr. à 25 fr. *la Mutuelle Générale-Grêle)* ; de 4 fr. à 25 fr. (*la Mutuelle Générale)* ; de 3,50 à 25 fr. (*la Grêle*) ; de 2,50 à 25 fr. (*la Ferme*). *L'Abeille* assure le houblon à 100 fr. les 100 kilog. ou quintal métrique, et pour le tabac le prix reste à débattre.

Telle est la classification adoptée en général par les Sociétés d'assurances contre la grêle.

On voit que les tarifs augmentent en proportion des risques et suivant que la culture est considérée comme plus facilement dommageable, comme lorsqu'elle est extérieure, par exemple. Ce qu'il y a surtout à remarquer, c'est l'intelligence qui existe entre les sociétés, au point de vue de la tarification ; à part quelques exceptions que l'on rencontre, surtout dans les deux dernières classes, on peut dire que les taux de prime sont à peu près uniformes; c'est la preuve que l'assurance grêle est déjà arrivée à un état perfectionné, et qu'on peut avoir confiance en son avenir, sans craindre pour elle trop de déboires.

Pour le paiement de la contribution, les règles diffèrent peu aussi, suivant les sociétés.

Les cotisations doivent être versées à des époques diverses, suivant les sociétés, et suivant les cultures ; celles de la vigne et des tabacs jouissent généralement d'une échéance plus tardive. La première contribution est exigible immédiatement après la conclusion du contrat ; certaines sociétés accordent un délai de faveur ; l'*Abeille*, par exemple, octroie dans certains cas, un terme qui ne peut toutefois dépasser le 30 novembre.

En cas de non paiement de la contribution dans le délai convenu, l'assuré perd tout droit à l'indemnité, et la société peut, à son choix, ou résilier la police, ou la maintenir et en poursuivre l'exécution. La cotisation convenue est définitivement acquise à la société, et les héritiers et ayants cause de l'assuré sont tenus solidairement à l'exécution de toutes les clauses du contrat.

L'Inondation. — Nous avons vu que *la Fluviale* garantissait non seulement des risques agricoles, mais encore des risques industriels; les tarifs qui correspondent à chaque nature de risque sont bien différents ; l'*Union Nationale Agricole* fait aussi cette division ; le but de cet ouvrage ne nous permet pas d'entrer dans de longs développements au sujet des seconds ; nous les exposerons très brièvement.

Tarifs s'appliquant aux meubles, immeubles et marchandises. Dans l'établissement de ses tarifs, *la Fluviale* applique deux règles :

1° elle fait une classification suivant le mode de construction de l'immeuble assuré ou qui contient les meubles et marchandises garantis, et elle distingue, comme les compagnies d'assurances contre l'incendie, les :

(*a*) bâtiments construits en pierres, moëllons ou briques cuites, cailloux, avec chaux et ciment.

(*b*) bâtiments construits en mixte, briques cuites, bois, terre, torchis, pisé, tous risques situés au dehors.

2° elle établit une distinction entre les risques, suivant qu'ils se trouvent sur un sol ayant déjà été plus ou moins inondé ; il est en effet, au point de vue du fléau inondation des régions particulièrement dangereuses. *La Fluviale* adopte cinq degrés :

1° risque sur un sol non inondé ou inondé une fois depuis dix ans.

2° risque sur un sol inondé de 2 à 3 fois en dix ans.

3°	—	4 à 5	—
4°	—	6 à 7	—
5°	—	8 à 10	—

Chaque degré se trouve subdivisé d'après la nature de la construction. L'*Union Nationale Agricole* ne fait pas toutes ces distinctions ; elle se borne à établir une première catégorie pour les immeubles de toutes natures ; une deuxième pour le mobilier ordinaire et industriel et pour les animaux ; une troisième pour les marchandises de toutes natures.

Quant aux bateaux amarrés, *la Fluviale* distingue suivant la façon dont ils sont amarrés, et la place qu'ils occupent, et suivant la rapidité du cours d'eau dans lequel ils se trouvent. Elle établit, en combinant ces divers éléments, deux classes ; la première comprend les cours d'eau à courant lent et égal, ou les petits bras qui ne participent pas à la violence du courant principal ; dans la deuxième se trouvent les cours d'eau rapides et inégaux.

L'*Union Nationale Agricole* a le grand tort de ne pas imiter son aînée *la Fluviale*, et de ne pas reproduire ces classifications précises ; elle se borne à établir un tarif élastique, sans le diviser en diverses catégories.

Le calcul est fait, dans les deux sociétés, sur 1,000 francs de valeurs assurées.

La cotisation relative à l'assurance des digues est établie d'après la progression suivante :

1er degré : digues normales existant depuis dix ans au moins et n'ayant pas été endommagées : 1 à 5 0/0 de leur valeur ;

2e degré : digues normales rompues de une à deux fois en dix ans, ou construites depuis moins de dix ans : de 5 à 15 0/0 de leur valeur ;

3e degré : digues normales rompues de trois à cinq

fois, en dix ans ou existant depuis moins de cinq ans : de 10 à 50 0/0 de leur valeur.

Pour les digues de construction défectueuse, la cotisation est fixée, pour chaque cas particulier, par la Direction *(la Fluviale)*.

Tarifs s'appliquant aux récoltes et aux dégradations de terrain. Dans cette classe, purement agricole, *la Fluviale* avait encore à tenir compte, pour établir ses tarifs, de deux facteurs, tout d'abord de ce qu'on pourrait appeler « l'affinité du terrain à l'inondation », c'est-à-dire de la situation du risque par rapport à la possibilité d'inondation, et ensuite de la nature des récoltes. Elle a donc conservé la division en cinq degrés du risque topographique, et a classé les récoltes en trois catégories différentes.

Voici le tableau qu'elle a dressé, avec les différentes tarifications :

RÉCOLTES. — *Tarif par 100 francs de capitaux assurés.*

CLASSES	NATURE DES RÉCOLTES	1er DEGRÉ	2e DEGRÉ	3e DEGRÉ	4e DEGRÉ	5e DEGRÉ
1re	Pommes de terre et autres tubercules, betteraves, hivernage pour fourrages, navets, carottes non destinées pour graines, houblon, oseraies. Blés, maïs, millets, avoines, orge, prairies artificielles et naturelles, sorgho, vesces, pois, seigle, escourgeons, riz, féves, sarrazins, lentilles, haricots, colza, navette, cameline, moutarde, lin, fruits de la vigne, chanvre.	2 »	4 »	8 »	12 »	15 »
2e	Prairies naturelles longeant les cours d'eau.............	4 »	8 »	12 »	18 »	22 »
3e	Safran, plantes tinctoriales et oléagineuses, tabacs, arbres et arbustes à pépinières, semis, légumes, prairies artificielles destinées pour graines. Betteraves et plantes fourragères destinées pour graines. Plantes et arbustes destinés pour fleurs, plantes exotiques.	2.50	4.75	9.50	14 »	18 »

L'union Nationale Agricole ne divise les récoltes qu'en deux classes et fait rentrer dans la première les prairies naturelles longeant les cours d'eau ; elle ne distingue pas les degrés relatifs à la situation du risque ; elle établit seulement un minimum et un maximum.

La première classe est assurée moyennant le paiement d'une cotisation qui varie de 1,50 à 25 0/0 ; le taux de la contribution relative à la deuxième classe est de 2 fr. à 30 fr. ; pour les dégradations de terrains, digues, la cotisation est de 0,10 à 15 fr.

La tarification de la *Fluviale* est plus précise ; il est vrai que le taux de ses diverses cotisations ne représente qu'un minimum que ses Agents ont le droit (on sait ce que cela veut dire) de dépasser. Ils ont aussi, il faut le reconnaître, la faculté de baisser les tarifs de vingt pour cent, en faveur des risques solidement endigués et dont les digues offriront une réelle garantie au point de vue du débordement. La société leur recommande dans toutes ses instructions de n'user de ce dernier pouvoir qu'avec la plus grande modération. On voit par la latitude qu'elle donne à ses Agents, soit pour augmenter soit pour baisser les tarifs qu'elle ne sait trop comment concilier les moyens pour arriver au double but qu'elle se propose comme toute société : recruter le plus grand nombre d'adhérents, éviter le plus possible les sinistres.

Il nous est difficile de discuter sérieusement les tarifs de la *Fluviale* ; ils sont employés depuis trop peu de temps pour que nous puissions nous prononcer sur leur exactitude ; l'expérience seule pourra dire s'ils sont suffisants et s'ils ne sont pas trop bas pour couvrir un risque aussi important et aussi aléatoire. Nous craignons que la *Fluviale* ait eu recours à des cotisations trop faibles, poussée par le désir d'établir rapidement son portefeuille ; elle a déjà presque doublé ses tarifs malgré un exercice favorable, ce qui nous laisse prévoir de nouvelles augmentations pour les années calamiteuses. Nous espérons que cette jeune et vigoureuse société, arrivera, après quelques années d'essai, de travail et de lutte, à proportionner exactement la cotisation à l'aléa couru. On ne saurait trop la féliciter d'avoir eu le courage, le lendemain de sa naissance, de fixer un chiffre précis à chaque variation du risque. *L'Union Nationale Agricole* est restée sur une prudente réserve ; l'élasticité de sa tarification la met à l'abri de toute modification statutaire, mais l'oblige, dans ses doutes, dans ses fluctuations, à admettre de grandes variations dans la pratique.

Les deux sociétés ont établi le chiffre de leurs cotisations sur 100 francs de valeurs assurées.

Quant au paiement de la contribution, la *Fluviale* déclare qu'il est fait chaque année contre quittance, au domicile indiqué par l'assuré dans la police et par le moyen que la société jugera utile. Il est effectué :

1° pour les immeubles, mobiliers, marchandises, bâteaux amarrés, dégradation de terrain, la première année, comptant contre la remise de la police; les années suivantes, le premier septembre.

2° Pour les récoltes de toute nature, à l'exception

des vignes et tabacs, le premier octobre de chaque année.

3° pour les vignes, le quinze novembre.

4° pour les tabacs, à leur livraison.

Faute de paiement de la cotisation, le bénéfice de l'assurance se trouve suspendu sans aucune mise en demeure, et ne revit que quarante-huit heures après le versement effectué. La société a le droit, à son choix de résilier ou de continuer l'assurance.

SECTION III. — **Le Sinistre**

Le sinistre est le risque réalisé, ou plus exactement, c'est le dommage actuel alors que le risque n'est que le dommage futur. Quand un sinistre se produit, c'est le moment pour la Société d'acquitter ses obligations contractées en recevant la prime ou la cotisation. Le paiement de la prime ou cotisation fait, en effet, naître un droit pour l'assuré, à la réparation de ses pertes ; ce droit n'est qu'éventuel, puisqu'il repose sur le risque qui est, par son essence, un fait aléatoire.

La prime ou cotisation n'est pas, comme l'ont soutenu certains auteurs (1), l'équivalent de l'indemnité. Il est très rare, en effet, que l'accumulation des contributions payées par un même assuré, représente exactement le dommage subi. Or, l'indemnité est la réparation de ce dommage. Comment va-t-on évaluer l'importance des effets du sinistre ? On l'éta-

(1) Martinau Deschenez. *Réalisation du gage hypothécaire* (th. 1882, p. 223).

blit, cela est évident, d'après la valeur réelle de la chose assurée, sa valeur intrinsèque, et non pas d'après sa valeur subjective, c'est-à-dire le prix que lui attache son propriétaire ; en tenant compte de ce dernier élément toute évaluation deviendrait, en effet, très difficile, sinon impossible, et donnerait lieu à des contestations sans nombre. On fixe donc l'indemnité suivant l'étendue de la perte, en prenant pour base le prix courant de l'objet sinistré au moment où il a été frappé par le fléau.

La Société ne donne, dans aucun cas, une somme supérieure à celle qui est garantie ; l'assurance ne peut jamais être pour le sociétaire une cause de bénéfice.

Dans l'indemnité entrent donc plusieurs éléments qu'il faut combiner : 1° la valeur courante de la chose ; 2° l'importance du dommage ; 3° la somme assurée.

En matière d'assurance agricole, l'indemnité présente un caractère tout particulier ; elle correspond quelquefois à la disparition d'une simple espérance, quand, par exemple, la grêle ou l'inondation ont détruit des récoltes en germe ; on détermine alors son chiffre en établissant un rapport entre la valeur assurée dans la police et la valeur qu'aurait eue la récolte si elle était arrivée à maturité. D'autre part, il est difficile de concevoir ici le règlement en nature, qui consiste à remplacer les objets sinistrés ; aussi se fait-il le plus souvent en argent. C'est ce dernier mode de réparation qu'ont envisagé dans leurs écrits, les auteurs qui se sont occupés d'assurances.

« L'indemnité, dit Lalande (1), est la somme à payer par l'assureur en cas de sinistre. » D'après Chaufton (2) c'est aussi « la somme qui sert à compenser le dommage causé par le sinistre à tel ou tel patrimoine. »

Ce principe, auquel les compagnies d'assurances s'attachent le plus possible à demeurer fidèles, subit cependant des exceptions ; elles se réservent quelquefois, et dans des cas particuliers, la réparation en nature. *La Fluviale* se reconnaît par exemple le droit, après une inondation, de remplacer la culture détruite par une nouvelle culture. Mais les sociétés d'assurances contre la grêle et contre la mortalité des bestiaux ont adopté sans exception le réglement en argent. Ainsi, l'indemnité a un caractère purement mobilier, et peut encore, après une saisie immobilière, être valablement cédée à un tiers par le saisi (3). Le règlement du sinistre est donc un paiement ; il semble qu'il devrait, en conséquence (dans les limites du contrat), réparer l'intégralité du dommage.

Seules, les compagnies à primes fixes l'entendent ainsi ; elles prennent à leur charge, d'une façon complète, les effets du sinistre ; les sociétés mutuelles ne donnent jamais au contraire (même lorsque leur caisse est pleine), qu'un certain pour cent. Elles

(1) Lalande. *Traité théorique et pratique du contrat d'assurances contre l'incendie*, p. 99, édit. 85.

(2) Chaufton, *op. cit.*, p. 189.

(3) par analog. Colmar, 11 mars 1852. Bonneville de Marsangy, 2e part. p. 134.

déclarent, d'une façon presque unanime, que l'assuré ne pourra jamais toucher au-delà de 80 0/0 de l'indemnité allouée. Seule, la société *l'Avenir* permet à l'assuré de recevoir jusqu'à 95 0/0 de cette indemnité. Le sociétaire reste toujours son propre assureur pour une partie des valeurs mentionnées dans la police ; il est ainsi intéressé à la conservation de sa chose, et le risque subjectif se trouve par cela même considérablement diminué dans les contrats où il existe.

Nous allons étudier la procédure qu'ont adoptée les Sociétés pour arriver, une fois le sinistre consommé, au règlement de l'indemnité.

MORTALITÉ DU BÉTAIL. — L'assuré est tenu de se conformer à certaines obligations, s'il veut retirer les bénéfices de son contrat. Il doit tout d'abord, non-seulement ne pas provoquer le sinistre, mais encore employer tous les moyens nécessaires pour l'éviter ; il répond de sa négligence, comme de sa mauvaise foi.

Dès qu'un animal assuré est malade, qu'il est victime d'un accident, le propriétaire doit lui faire cesser tout travail, le faire soigner par un vétérinaire, ou par un maréchal-expert ou praticien, et avertir la Société dans les vingt-quatre heures. (*Le Bétail*, art. 29, *la Garantie Fédérale*, art. 34, l'*Avenir*, art. 37, *la Provençale*, art. 19).

Les sociétés exigent, comme on le voit, dès le début de la maladie, l'intervention de l'homme de l'art. Elles laissent à leurs assurés la faculté de recourir à un maréchal-expert ou praticien.

Le maréchal-expert n'a cependant ni diplôme, ni

brevet; son seul titre, généralement, est d'être resté dans la maréchalerie d'un vétérinaire, et de posséder un certificat de complaisance délivré par son ancien maître. Il n'a, comme le maréchal simple, que des connaissances fort vagues sur la médecine vétérinaire; leur métier à tous deux, est de ferrer les chevaux et les bœufs, et non pas de les soigner.

Il serait temps de voir ces empiriques disparaître de nos campagnes, et si les sociétés ont permis à leurs membres de recourir à eux, c'est certainement pour ne pas aller trop brutalement à l'encontre des préjugés de nos cultivateurs.

Imposer au paysan la présence du vétérinaire, c'était en même temps lui occasionner des frais supplémentaires, peut-être l'éloigner de l'assurance. Les sociétés l'ont compris, et si elles ont à se préoccuper de l'intérêt général, elles ont aussi, et c'est fort légitime, à sauvegarder leur intérêt particulier. L'*Avenir*, cependant, n'a admis que provisoirement les soins de l'empirique (art. 38); *le Bétail* se réserve le droit de faire visiter l'animal par son vétérinaire-expert ou par son inspecteur, qui constate par un procès-verbal l'état de la situation; il exige, du reste, que l'assuré lui adresse sans retard un certificat du vétérinaire ou du maréchal-expert, lequel mentionnera la gravité et les causes de la maladie ou de l'accident. Dans le cas où les consultations des vétérinaires appelés par le sociétaire et par la société sont contradictoires, il est procédé à une tierce expertise dont la décision s'impose aux parties (art. 29).

Si le médecin-vétérinaire appelé par l'assuré juge la maladie ou l'accident incurable, ou la mort inévitable, il en dresse procès-verbal, et le sociétaire transmet cette pièce à l'administration (l'*Avenir*, art. 38, la *Garantie Fédérale*, art. 34); d'après l'article 36 des statuts de la *Garantie Fédérale*, l'assuré demeure tenu, dès l'apparition d'une épidémie ou d'une maladie contagieuse quelconque, et notamment du typhus, d'en prévenir la direction et l'autorité dans le plus bref délai ; il doit également faire appeler un vétérinaire qui est chargé de dresser un rapport sur l'état sanitaire des animaux, la condition de salubrité des étables et les circonstances qui sont de nature à provoquer, maintenir ou conjurer la maladie, ainsi que sur les moyens préventifs ou curatifs à employer.

Lorsqu'un sinistre se produit, le sociétaire en fait la déclaration à la direction, par lettre recommandée, et cela, dans un délai qui varie avec les sociétés ; dans les vingt-quatre heures (l'*Avenir*, art. 37), dans les trois jours (*le Bétail* et la *Garantie Fédérale*). *Le Bétail* veut que cette déclaration soit certifiée et légalisée par le maire de la commune.

Si l'assuré ne fait pas sa déclaration dans les délais voulus, une pénalité lui est infligée; l'*Avenir* lui impose une retenue d'un dixième de l'indemnité, et si le retard dépasse huit jours, il le déclare déchu de ses droits, tout en ne le déliant d'aucune de ses obligations; la *Garantie Fédérale* lui fait subir une retenue d'un cinquième et la perte totale de l'indemnité, si le retard de la déclaration excède aussi huit jours (art. 28); *le Bétail* est encore plus catégorique et se reconnaît, dans tous les cas, délié de tout engagement (art. 23).

Dans quelle forme doit être faite cette déclaration de sinistre? Il est évident qu'elle doit contenir les énonciations permettant de retrouver la police de l'assuré, c'est-à-dire les nom, prénoms, qualité et domicile de l'assuré, le numéro d'ordre et la date de la police ; le lieu, la commune, le canton et le département où se trouve l'animal, objet du sinistre. Elle mentionne en outre: 1° la date du fléau, qui est en effet, indispensable à connaître, puisqu'elle sert de point de départ au délai imparti pour la déclaration; la date du timbre de la poste ne remplacerait pas, à notre avis, la mention de l'assuré; elle n'indiquerait pas le jour du sinistre, et ne pourrait remplacer l'affirmation du sociétaire dont il est utile de contrôler la bonne foi.

2° l'indication de la cause qui sert aussi à vérifier la sincérité de l'assuré ; la désignation « cause inconnue », est considérée comme une indication de cause.

3° le signalement de l'animal; cette désignation peut être faite par le rappel du numéro sous lequel l'animal est inscrit, ou des détails concernant sa robe, son âge, son espèce, et qui se trouvent dans la police, ou encore par l'indication de sa valeur, mais seulement si les animaux assurés ont des valeurs différentes.

4° le nom du vétérinaire qui l'a traité ou, à son défaut, du maréchal-expert ou praticien. La société pourra se renseigner auprès d'eux. Tels sont les différents termes d'une déclaration de sinistre, d'après la *Garantie Fédérale.*

Le Bétail exige en outre la mention du prix et de la date justifiés d'achat de l'animal et du nom du vendeur, pour avoir probablement une base d'évaluation susceptible d'être contrôlée pour l'indemnité.

L'*Avenir* est moins formaliste sur ce point que la *Garantie Fédérale* et *le Bétail.*

Dès que la société reçoit la déclaration, elle donne l'ordre dans le plus bref délai de procéder à l'expertise du dommage. Mais pour que l'expertise ait lieu, il est de toute évidence qu'il faut que l'on n'ait pas fait disparaître le cadavre de l'animal. L'assuré qui l'a fait enlever subit une pénalité à moins qu'il n'ait obéi à un ordre de l'autorité, du vétérinaire ou de la direction. Il ne peut pas, en effet, être rendu responsable d'un fait qui ne lui est pas personnel, et qui est du reste commandé par les lois de l'hygiène et de la police sanitaire.

Comment va se faire cette expertise ? Elle est faite par un vétérinaire ou par un expert délégué par le directeur général (*Le Bétail,* art.25) ou par un vétérinaire diplômé et s'il n'existe pas de vétérinaire sur les lieux, par un maréchal expert ou un praticien, contradictoirement avec le sociétaire ou un expert choisi par lui (*la Garantie Fédérale,* art. 30) ou par un médecin-vétérinaire, (*L'Avenir,* art. 39.)

L'expert consigne le résultat de ses observations sur un procès-verbal dans lequel il mentionne les nom, prénoms, qualité et domicile de l'assuré, la date de son engagement à l'assurance, et la qualité en laquelle il agit, la désignation exacte de l'animal, objet du sinistre, et autant que possible son âge, sa valeur réelle avant le sinistre, la cause de l'accident.

Le procès-verbal d'expertise doit être signé par l'expert, par l'assuré ou son représentant, ou par deux témoins s'il ne sait ou ne peut signer.

L'Avenir exige seulement la signature de l'expert, mais légalisée par le maire.

L'Étable adopte un sytème un peu différent ; d'après l'art. 32 de ses statuts, l'assuré est tenu de faire constater le sinistre immédiatement, et à ses frais, par un vétérinaire, maréchal-expert ou praticien en présence de deux témoins pris autant que possible parmi les sociétaires. Ces trois personnes procèdent en même temps à l'estimation de la perte et en dressent procès-verbal.

La procédure adoptée par *L'Étable* est plus expéditive, puisqu'elle confond en un seul acte la déclaration de l'assuré et le procès-verbal d'expertise. Elle paraît par conséquent préférable, mais elle n'offre pas les mêmes garanties que celle mise en pratique par les autres sociétés. L'expert choisi, en effet, par l'assuré ne présente pas toutes les qualités désirables d'impartialité. Il peut en résulter lors de la discussion de l'expertise, des difficultés par suite des mécomptes pour le sociétaire, qui en profitera pour se plaindre de la société. Ce danger se trouve atténué, il est vrai, par la présence de deux témoins, le plus souvent sociétaires eux aussi, qui semblent représenter la société absente. Mais il ne faut pas exagérer l'effet de cette mesure ; l'assuré s'adressera à des sociétaires connus, qui se prêteront mutuellement une coupable complaisance, et qui ne comprendront pas toujours l'importance de leur mission, et les principes de la mutualité ; pour eux, la société sera un être abstrait ayant un intérêt distint de celu i de ses membres. Évidemment au point de vue théorique, le système de *L'Étable* est le meilleur ; il correspond le mieux aux règles de la mutualité, mais nous craignons qu'en pratique, il n'aboutisse souvent à de fâcheuses conséquences.

Le procès-verbal d'expertise une fois dressé, l'assuré doit le faire parvenir immédiatement à la Société au plus tard dans la huitaine de sa date *(la Garantie Fédérale,* art. 32 ; *le Bétail,* art. 27 ; *l'Avenir,* art. 39), ou dans les cinq jours (*l'Etable*). Le Conseil d'administration en délibère et fixe la somme pour laquelle le sinistré sera admis à la répartition.

Mais il peut se produire des difficultés : ou bien le résultat de l'expertise n'est pas admis par l'assuré ou par la Société, ou bien encore il existe dans le procès-verbal des divergences d'appréciation ; une tierce expertise est alors obligatoire. Le tiers-expert est nommé, à défaut d'accord entre les parties, par le président du Tribunal de première instance de l'arrondissement où le sinistre a eu lieu, à la requête de l'assuré et à ses frais (*le Bétail,* art. 27).

D'aprés *l'Avenir* et *l'Etable,* l'estimation définitive du sinistre est faite par deux experts, l'un désigné par le sociétaire, l'autre par la Société ; en cas de dissidence entre les deux experts, il en est référé à un tiers-arbitre choisi par les parties ou à défaut par le président du Tribunal civil de l'arrondissement (*l'Avenir*, art 47) ou nommé (*le Bétail*, art. 33) par les deux premiers experts et, s'ils ne peuvent s'entendre, par le juge de paix du canton.

Les résultats de l'expertise fixés, on doit procéder au règlement de l'indemnité. Le Conseil d'administration examine d'abord si toutes les conditions de forme prescrites par les statuts ont été remplies soit par l'assuré, soit par les experts, et si la bonne foi du sociétaire ne peut pas être mise en doute.

Il s'agit ensuite de fixer le chiffre de l'indemnité sur les données du rapport d'expertise. Mais ce rapport peut conclure que l'animal assuré a une valeur égale, supérieure ou inférieure au chiffre de la police. Dans le premier cas, on ne rencontre aucune difficulté ; la Société paye à l'assuré la somme fixée par l'expert, puisqu'il y a concordance absolue entre les chiffres, mais dans les deux autres hypothèses que va-t-il se passer ?

Si la valeur attribuée à l'animal dans la police est supérieure à celle qui résulte de l'expertise, il est de toute évidence que l'assuré ne doit pas être indemnisé de la perte réelle qu'il a subie, et ne doit recevoir que la somme correspondant au chiffre fixé dans la police ; les obligations ont en effet pour limites les termes du contrat. Le sociétaire n'a pas à se plaindre puisqu'il a fixé lui-même le montant de la valeur qu'il a entendu faire couvrir et qu'il n'a payé la garantie que de cette valeur.

Si l'expert, au contraire, estime que l'animal avait, au jour du sinistre, une valeur inférieure à celle que son propriétaire lui a attribuée dans la police, l'assuré n'est indemnisé que de la perte réelle qu'il fait. Le contrat d'assurances, nous l'avons vu, est un contrat d'indemnité ; il ne peut jamais être une cause de bénéfices (*le Bétail*, art. 36 ; *l'Avenir*, art. 42 ; *la Garantie Fédérale*, art. 41 ; *l'Etable*, art. 35). C'est pour la même raison que les sociétés d'assurances déduisent de la somme fixée pour le règlement du sinistre, celle qui est versée à l'intéressé par l'état, le département ou la commune, à titre d'indemnité (*la Garantie Fédérale*, art. 36 ; *l'Etable*, art. 34 ; *l'Avenir*, art. 45), et celle qui est retirée de la vente ou de la dépouille des animaux (*l'Avenir*, art. 44 ; *l'Etable*, art. 34 ; *la Garantie Fédérale*, art. 40).

Le Bétail, pour éviter toute discussion au sujet de la valeur de la dépouille, en fixe d'avance le montant. Il dit dans l'art. 35 de ses statuts :

« L'animal, abattu en cas de maladie ou d'accident, et la dépouille de l'animal mort fixée à 20 fr. pour les animaux des espèces chevaline et bovine estimés à 400 fr. et au-dessous, à 25 fr. pour les dits animaux d'une valeur supérieure et à 5 fr. pour ceux des races ovine, caprine et porcine appartiennent à l'assuré. Le prix de l'animal abattu et de la dépouille est déduit de l'indemnité. »

C'est là un système qui prête fort à la critique, car souvent l'assuré ne touche pas de l'équarisseur la somme qui lui est cependant retenue par *le Bétail*. C'est encore en vertu du même principe que les sociétés déclarent dans le cas où les risques sont garantis par un ou plusieurs assureurs, qu'il ne sera dû qu'une seule indemnité et qu'elles paieront seulement leur part de contribution au centime le franc de la valeur en garantie (*l'Avenir,* art. 45 ; *le Bétail,* art. 36).

Le chiffre de l'indemnité ainsi arrêté, les sociétés lui font toutes subir une réduction ; nous avons vu, en effet, que l'assuré dans les mutuelles, ne recevait jamais le dédommagement intégral de sa perte, afin de rester intéressé à la conservation des bestiaux assurés. Cette retenue est généralement fixée à 20 0/0 ; *l'Avenir* toutefois l'a réduite à 5 0/0.

Le paiement de cette indemnité est effectué immédiatement après le recouvrement des contributions sociales et au plus tard dans les trois mois qui suivent l'expiration de chaque exercice (*la Garantie Fédérale,* art. 51 ; *le Bétail,* art. 42 ; *l'Avenir,* art. 48) ; ce n'est, en effet, que lorsque les comptes de l'année sont arrêtés, que lorsque toutes les cotisations sont rentrées qu'on peut savoir si l'encaisse sera suffisante pour payer les sinistres, et s'il n'y a pas lieu de réduire le chiffre des allocations; le système de la cotisation fixe et de l'indemnité variable conduit à cette pratique. Pour atténuer les vices de ce système, elles décident que si les fonds en caisse le permettent, elles peuvent donner aux assurés sinistrés des à-comptes sur la liquidation définitive des sinistres (*le Bétail,* art. 42 ; *l'Avenir,* art. 48 ; *la Garantie Fédérale,* art. 52).

Elles ne règlent pas les sinistres arrivés dans les quinze jours seulement du contrat (*l'Avenir,* art. 9 ;

le Bétail, art. 9) ; *la Garantie Fédérale* se déclare responsable après l'expiration de neuf jours (art. 10).

Il est évident que lorsque la Société a réglé le sinistre, elle se trouve subrogée aux droits du sociétaire, contre toutes les personnes et contre tous les garants responsables du dommage, à quelque titre que ce soit (*l'Avenir*, art. 46 ; *le Bétail*, art. 33; *la Garantie Fédérale*, art. 38). Telle est la façon d'envisager les sinistres dans les sociétés d'assurances mutuelles contre la mortalité des bestiaux. Nous avons suivi toutes les phases de la procédure qu'elles ont adoptée à ce sujet, et nous avons pu constater que les divers systèmes des sociétés diffèrent peu les uns des autres, et qu'ils ne méritent que de rares critiques.

La Grêle. — Dès qu'une récolte est frappée par la grêle, l'assuré doit faire sa déclaration de sinistre. Certaines sociétés fixent pour l'accomplissement de cette formalité le délai unique de cinq jours (la *Ferme*, art. 36, la *Berrichonne*, art. 19) ; d'autres distinguent suivant l'époque de réalisation du risque, et exigent une dénonciation dans les cinq jours pour les faits de grêle antérieurs au premier juillet, et dans les trois jours pour ceux qui sont postérieurs à cette date (la *Mutuelle Générale*, art, 29 ; la *Mutuelle Générale-Grêle*, art. 29 ; la *Protectrice*, art. 29 ; *L'Abeille*, art. 19). Avant le premier juillet, en effet, les dégâts causés par la grêle sont pendant plus longtemps appréciables, la maturation n'étant pas encore très rapide. Cependant, il eut été utile de tenir compte de la végétation particulière de quelques contrées et de faire une exception pour certaines récoltes, comme pour le blé par exemple, qui au 1er juillet, dans la Provence, est prêt à être fauché. Aussi, nous préférons le système des sociétés, qui se préoccupent non plus de la date du sinistre, mais de la nature des récoltes. Le délai de déclaration de sinistre pour les produits ordinaires est de cinq jours, et pour ceux qui comme les colzas, les plantes oléagineuses et les tabacs sont plus sensibles et plus délicats de trois jours seulement (la *Grêle,* art. 22 ; *L'Orage*, art. 22 ; la *Toulousaine*, art. 24). La déchéance est généralement la sanction de ces règles.

Le dommage est signalé à l'administration suivant les prescriptions des sociétés soit par une lettre simple ou recommandée, soit par un avis sur papier timbré ; il est quelquefois défendu au sociétaire de se servir d'enveloppe, pour que la lettre porte elle-même l'empreinte du timbre de la poste et par conséquent l'indication du jour où elle a été adressée.

Mais tout sinistre ne doit pas être dénoncé à la société ; ceux qui entraînent un dommage dépassant les deux-vingtièmes de la valeur de la récolte peuvent seuls faire l'objet d'une demande d'indemnité. L'infraction à cette règle expose l'intéressé à une pénalité qui varie avec les polices d'assurances, et qui consiste le plus souvent dans le paiement des frais que cette réclamation indûe occasionne, ou dans le versement d'une somme fixée à l'avance (*L'Abeille*, art. 18 ; la *Mutuelle Générale*, art. 29 ; la *Mutuelle Générale-Grêle*, art, 29 ; la *Ferme*, art. 35 ; la *Toulousaine*, art. 24; la *Grêle*, art. 22 ; *L'Orage*, art. 22). Cette mesure est de nature à empêcher certains abus et à mettre un frein à l'imagination du cultivateur qui exagère toujours les dommages causés par la grêle ; elle dispense les sociétés de s'occuper des dégâts minimes dont la constation serait plus coûteuse que la réparation. Mais si la somme des dégâts à la suite de plusieurs chutes successives de grêle dépasse le quantum, l'assuré peut s'adresser à la société pour se faire indemniser ; toute autre solution serait inique.

La déclaration du sinistre se fait généralement sur un imprimé remis par la société et dont l'assuré n'a qu'à remplir les blancs, pour être à l'abri d'une déchéance basée sur une omission. Elle contient les nom, prénoms, qualité et domicile du sociétaire, le numéro d'ordre et la date de la police, le lieu et la nature des récoltes sinistrées. Elle mentionne en outre : 1° le jour et l'heure du sinistre ; ce qui permet à la société de contrôler si la déclaration a été faite dans le délai voulu ; 2° l'étendue de la parcelle grêlée en hectares et en ares, et l'évaluation en vingtièmes de la perte présumée ; c'est déjà là une indication précieuse sur le montant des dégâts et un élément de contrôle de la bonne foi de l'assuré ; 3° le degré d'avancement de la végétation, et l'époque où la récolte doit être faite. Il est possible ainsi à la société de se rendre compte des effets de la grêle sur les produits frappés. Le sociétaire donne en outre, sous peine de déchéance, dans le cas où le sinistre est survenu après l'époque fixée pour le commencement de l'assurance des récoltes atteintes, sans qu'il y ait eu de déclaration d'assolement, la nomenclature de toutes les parcelles non sinistrées, dépendant de la même exploitation et portant des récoltes de même espèce, (la *Mutuelle Générale-Grêle*, art. 31 ; la *Ferme*, art. 38 ; la *Mutuelle Générale*, art. 31). Tout nouveau fait de grêle nécessite une nouvelle dénonciation et une nouvelle expertise. La société prévenue fait procéder à l'évaluation des dommages. Mais pour que l'expert puisse constater les dégâts, il faut que l'assuré laisse sur pied ses récoltes ; aussi les sociétés déclarent déchu de toute indemnité celui qui a prématurément rentré ou mis en meules ses produits et elles obligent l'assuré de donner aux récoltes sinistrées les soins habituels de culture et de veiller, en bon père de famille à leur conservation en attendant l'arrivée des experts (la *Mutuelle Générale-Grêle*, art. 32 ; la *Mutuelle Générale*, art. 32 ; la *Ferme*, art. 39 ; la *Protectrice*, art. 32 ; *L'Abeille*, art. 21). L'expertise peut avoir lieu, en effet, un certain nombre de jours après le sinistre, à cause de l'accumulation du travail, au siège de l'administration ; si elle était, du reste, faite immédiatement après la déclaration des sinistres, elle arriverait à une conclusion inexacte ; à ce moment là les récoltes couchées encore sur le sol n'auraient pas eu le temps de se relever et les dommages paraîtraient plus importants qu'ils ne le seraient en réalité.

L'estimation des dégâts est faite par deux experts, choisis par les parties. Ces deux experts peuvent, s'ils sont en désaccord s'adjoindre un tiers-expert qui est pris dans le cas où les intéressés l'exigent en dehors du canton où réside le sociétaire, et qui est désigné par les deux premiers ou en cas de faute d'entente par le président du Tribunal civil ou de commerce.

Les experts ne doivent être ni parents, alliés, employés ou salariés du sociétaire, ni membres de la société (*L'abeille*, art. 23 ; la *Mutuelle Générale-Grêle*, art. 34 ; la *Mutuelle Générale*, art. 34 ; la *Ferme*, art. 42 ; la *Protectrice*, art. 35).

Ils sont dispensés du serment ; ils ont à s'entourer avant de remplir leur mission de tous les renseignements utiles ; ils peuvent exiger de l'assuré la communication de tous les documents qu'il possède sur son exploitation, de sa police et des extraits de la matrice cadastrale (la *Ferme*, art. 43, 44; la *Mutuelle Générale-Grêle*, art. 35 ; la *Mutuelle Générale*, art. 35 : la *Protectrice*, art. 36 ; *L'Abeille*, art. 24.

Ils ont à déterminer :

1° l'étendue de la partie grêlée ;

2° quel aurait été en quantité le rendement à l'hectare du principal produit de la récolte sur la parcelle sinistrée, si elle était arrivée à maturité sans être grêlée ;

3° quel est en vingtièmes et séparément pour chacun des produits compris dans l'assurance la perte réelle occasionnée par la grêle. Ils pourront au besoin opérer par fraction de vingtièmes. (*L'Abeille*, art. 25 ; la *Ferme*, art. 45 ; la *Protectrice*, art. 38 ; la *Mutuelle Générale-Grêle*, art. 36 ; la *Mutuelle Générale*, art. 36).

Le rôle de l'expert est donc, en matière grêle

excessivement délicat ; il exige des connaissances très étendues, et très variées : des données sur la nature du terrain, le principe de culture de la contrée, la forme de la végétation ordinaire du pays, l'exposition climatérique, etc., des notions d'arpentage, sont aussi indispensables, à l'expert puisqu'il a à vérifier l'étendue de la parcelle grêlée, et des « *manques* » c'est-à-dire des places où la récolte n'a pas poussé ; il lui faut encore savoir reconnaître si la culture a eu lieu dans de bonnes où mauvaises conditions, et si la récolte n'était pas compromise par des maladies etc, déterminer la valeur des produits atteints par le fléau, pour évaluer exactement la perte réelle subie par l'assuré ; il doit encore pouvoir distinguer les dommages résultant de la grêle proprement dite de ceux qui sont la conséquence des phénomènes naturels ayant accompagné ce fléau ou des nombreuses maladies agricoles.

Pour fixer l'indemnité, les experts évaluent en vingtièmes le montant des dégâts.

Dans le cas où plusieurs sinistres se sont produits, ils sont libres d'annuler la première expertise et d'évaluer l'ensemble des dommages, ou de maintenir le premier règlement et de ne déterminer que le dommage supplémentaire, lequel ne portera que sur le rendement restant après les sinistres antérieurs. Ils peuvent, en outre, reviser les rendements constatés dans les règlements précédents (*la Ferme*, art. 49, 50 ; la *Mutuelle Générale-Grêle*, art. 38). l'*Orage*, *la Grêle* et la *Toulousaine* décident que le dernier procès-verbal annule toujours les précédents.

La société procède au règlement de l'indemnité d'après les conclusions des experts. En vertu du principe que le contrat d'assurances est un contrat d'indemnité, il est décidé que si le rendement réel résultant des constatations, est supérieur, sur une parcelle sinistrée, à celui mentionné au contrat, le sociétaire est considéré comme son propre assureur pour la différence (*la Mutuelle Générale-Grêle*, art. 40; *la Ferme*, art. 51 ; *la Protectrice*, art. 43; *la Mutuelle Générale*, art. 40; *la Grêle* et l'*Orage*, art. 25) ; il est encore spécifié que les experts doivent tenir compte, dans leur estimation, de tous les sauvetages et compensations qui viennent atténuer la perte apparente (*la Mutuelle Générale-Grêle*, art. 37 ; *la Protectrice*, art. 39; la *Mutuelle Générale*, art. 37; l'*Abeille*, art. 25), et que, si une récolte a été assurée dans plusieurs intérêts différents, l'indemnité est réglée au prorata de l'intérêt de chaque sociétaire, sans que la société puisse être tenue de payer, pour chaque parcelle sinistrée, une indemnité supérieure à celle résultant du rendement réel constaté (*la Mutuelle Générale-Grêle*, art. 40; *la Protectrice*, art. 43; *la Mutuelle Générale*, art. 40; l'*Abeille*,, art. 28).

Si un sinistre survient avant la déclaration d'assolement, « le rendement assuré l'année précédente sur une espèce de récolte, se répartit entre les parcelles de même nature, sinistrées ou non, au prorata de leurs contenances, sans report ni compensation de l'une à l'autre. Si cette répartition donne un rendement moyen à l'hectare supérieur à celui de l'année précédente, c'est ce dernier rendement qui sert de base, sous réserve de l'exception pour le cas où la valeur dépasse celle portée en la police. Le prix attribué à l'unité de rendement est appliqué. Il n'y a lieu à aucune indemnité pour toute parcelle de vigne sinistrée avant ou sans déclaration d'assolement, quand le rendement de cette parcelle a été nul l'année précédente » (l'*Abeille*, art. 29; *la Ferme*, art. 52; la *Mutuelle Générale-Grêle*, art. 41).

Le chiffre d'indemnité établi ainsi que nous venons de le voir, les Compagnies à primes fixes n'ont qu'à verser à leurs clients la somme correspondante; elles s'acquittent immédiatement de leurs obligations vis-à-vis des assurés qui ont payé leur contribution comptant, et vis-à-vis de ceux qui ont pris terme, ou qui n'ont pas fait leur déclaration d'assolement en temps utile, dans les vingt jours de l'échéance de la prime. Elles permettent quelquefois aux assurés qui en font la demande, de toucher immédiatement, diminuée d'un escompte, l'indemnité payable à terme (l'*Abeille*, art. 31).

Les sociétés mutuelles, au contraire, ne réparent les dommages que dans les limites de leur encaisse; elles n'imposent pas, comme les sociétés d'assurances contre la mortalité du bétail, une retenue statutaire; le risque subjectif n'existe pas, en effet, en matière de grêle.

Elles font subir toutefois, à titre de franchise, une réduction à l'indemnité relative aux sinistres de certaines récoltes; cette réduction est d'un dixième pour les vignes, tabacs, houblons, oseraies, pépinières et plants ; elle s'élève à trois vingtièmes pour les vignes et à quatre vingtièmes pour les tabacs, houblons, oseraies, pépinières et plants, en cas de perte totale, en raison toujours de cette franchise, et aussi, à cause de la suppression des frais de récolte (l'*Orage*, la *Grêle*, art. 25). En cas de perte totale seulement, *la Ferme* impose la franchise dans les mêmes limites que l'*Orage* et que la *Grêle;* la réduction pour les céréales est de trois vingtièmes, comme pour les vignes. C'est aussi la solution qu'adopte la *Mutuelle Générale-Grêle* (art. 42).

Dans les sociétés mutuelles, le paiement des sinistres ne peut avoir lieu effectivement qu'après le résultat de l'année entière, parce que c'est à ce moment là seulement que l'on connaît le chiffre de l'encaisse. Aussi, est-il stipulé que l'indemnité est versée dans le mois de janvier qui suit la clôture des opérations de l'année (*la Mutuelle Générale-Grêle*, art. 43; *la Ferme*, art. 55), dans la deuxième quinzaine de décembre, (*la Mutuelle Générale*, art. 43), et pour les tabacs, généralement après la livraison de la récolte aux magasins de l'Etat; quand les ressources de la société le permettent, les sinistres peuvent être payés immédiatement (la *Mutuelle Générale-Grêle*, art. 43; *la Ferme*, art. 56).

Les compagnies à primes fixes et les sociétés mutuelles ont adopté, comme nous l'avons vu, des règles à peu près identiques, en ce qui concerne la constatation des sinistres, les expertises et le règlement de l'indemnité, la différence de leur nature les empêchait d'édicter les mêmes conditions et les mêmes formalités de paiement.

L'INONDATION. — La société *la Fluviale* s'est inspirée encore des statuts des sociétés d'assurances contre la grêle, pour établir les dispositions relatives aux sinistres. *L'Union Nationale Agricole* formule aussi, à quelques exceptions prés, les mêmes règles aussi vagues les unes que les autres pour les risques grêle et inondation. Nous nous occuperons seulement de celles posées par *la Fluviale.*

Quand un sinistre se produit, il doit être dénoncé à la Direction générale dans les sept jours, sous peine de déchéance (*la Fluviale,* art. 5) ; la constatation du sinistre n'est pas urgente, comme pour la grêle et la mortalité du bétail.

L'inondation laisse en effet des traces durables de son passage, et l'expert ne peut apprécier l'importance des dégâts que lorsque les eaux se sont depuis quelques jours retirées du terrain qu'elles ont envahi. Aussi, *la Fluviale* accorde-t-elle encore trois jours supplémentaires à l'assuré pour adresser l'estimation des dommages, c'est-à-dire un état estimatif et détaillé des objets détruits, avariés ou sauvés, ainsi qu'un extrait de la matrice cadastrale, s'il y a lieu (art. 5 *c.* 1°).

L'assuré, en cas de sinistre, a donc deux déclarations à produire, 1° la dénonce du sinistre ; 2° l'estimation des pertes. Ces deux déclarations peuvent être confondues en une seule qui doit alors être faite dans les sept jours. L'assuré peut informer la société de l'arrivée du fléau par tous les moyens, par simple lettre, par télégramme et même verbalement. Mais, il agira sagement, croyons-nous, en adressant une lettre recommandée, ou en exigeant un récépissé de sa déclaration verbale, pour pouvoir prouver qu'il s'est conformé aux prescriptions de délai.

La deuxième déclaration doit être faite par écrit, puisqu'elle contient des documents, un état estimatif et un extrait de la matrice cadastrale. Les documents doivent comprendre toutes les pièces établissant la propriété des objets sinistrés, ou même le montant des dommages d'après une enquête par exemple, ouverte par l'autorité administrative. L'état estimatif ne contient pas seulement comme celui exigé par les autres sociétés, le détail des objets détruits ou avariés; il doit donner l'indication de la valeur de ces objets, et de ceux qui ont été sauvés. Cette exigence ne peut avoir pour but que d'éprouver la bonne foi de l'assuré, d'attirer son attention sur le chiffre exact du dommage, et d'éviter ainsi beaucoup de difficultés pour le jour du réglement.

L'extrait de la matrice cadastrale n'est pas exigé, dans tous les cas (argument des mots : s'il y a lieu) ; il est nécessaire quand par suite d'une avulsion ou d'une alluvion, la contenance du terrain a été modifiée et lorsqu'il s'élève des doutes sur la question de propriété. La société peut ainsi dans le premier cas se rendre compte des effets de l'inondation et dans le second, suspendre le paiement de l'indemnité, jusqu'au jour où les tribunaux se seront prononcés sur la propriété du champ sinistré.

Le sociétaire est tenu de ne faire aucun travail empêchant de reconnaître les effets du fléau. Il doit, au contraire, prendre toutes les dispositions utiles pour arrêter son invasion ; il est dans l'obligation, jusqu'au jour de l'expertise, de donner aux objets sinistrés les soins habituels et de veiller en bon père de famille à leur conservation (art. 5 *c* 3°).

La société demeure libre de fixer le jour de l'évaluation des dommages et si elle le juge convenable, elle a le droit de provoquer une estimation provisoire (art. 5, *b*. 2°).

Quelle est la nature et la valeur de cette constatation ? Elle ne remplace certainement pas l'expertise puisqu'elle est provisoire. Nous n'en comprenons dès lors pas la nécessité à moins qu'elle ne soit qu'une sorte de recolement du sinistre, qu'une nomenclature des objets sinistrés ; une double évaluation du dommage serait, en effet, inutile, si elle arrivait au même résultat, et aurait des inconvénients graves, si elle aboutissait à des conséquences différentes.

L'expertise est faite soit par un envoyé de la société soit par deux experts choisis, l'un par le sociétaire, l'autre par la société. En cas de désaccord, entre eux, ils nomment un tiers expert, qui, est désigné par le président du Tribunal civil de l'arrondissement où le sinistre a eu lieu, s'ils ne parviennent pas à s'entendre sur son choix ; les experts sont dispensés du serment ; ils ne doivent être pris ni parmi les parents, alliés, employés ou salariés du sociétaire, ni parmi les membres de la société, résidant dans la même commune que le sociétaire.

Ils s'entourent de tous les renseignements qui leur sont nécessaires, (art. 5, *b* 3°) et se livrent ensuite à l'évaluation des dommages. Si plusieurs sinistres se produisent successivement sur la même chose assurée ils sont libres d'annuler la première expertise et d'évaluer l'ensemble des dommages ou de maintenir le premier règlement et de ne déterminer que le dommage supplémentaire, lequel ne portera que sur la valeur ou le rendement restant après les sinistres antérieurs (art. 5, *c* 2°).

Le rapport des experts dressé, il s'agit de déterminer le chiffre de l'indemnité. Il est admis en règle générale que l'assuré ne doit pas s'enrichir par le fait d'un sinistre, et par conséquent si la valeur réelle des objets assurés est supérieure à celle indiquée par la police, le sociétaire est son propre assureur pour la différence (art. 5, *c* 2°). Il est d'autre part évident que l'estimation faite au moment de l'assurance ne peut servir que de renseignement pour l'appréciation du dommage (art. 5, *a* 1°).

Le règlement de l'indemnité diffère suivant la chose sinistrée.

I. *Sinistre des immeubles, meubles, marchandises.* Ce règlement ne donne lieu qu'à des remarques ordinaires que nous avons eu l'occasion de faire au sujet d'autres sinistres. Il y a à noter cependant que la société se réserve le droit, au lieu de fixer une indemnité pécuniaire de rétablir les lieux et de remplacer les objets détruits. C'est un moyen de faire disparaître les exigences d'un assuré qui voudrait fixer à ses objets détruits une valeur trop élevée ;

II. *Sinistre des récoltes,* — Il est un principe que la *Fluviale* emprunte aux sociétés d'assurances contre la grêle, et qu'il faut tout d'abord mettre en lumière, c'est que tout sinistre n'occasionnant pas sur chaque parcelle ou fraction de cinquante ares une perte de deux vingtièmes ne donne droit à aucune indemnité (art. 5, *d.* 3°).

Elle distingue ensuite si le sinistre a atteint des récoltes n'étant pas arrivées à maturité ou des récoltes déjà mûres.

1° Sinistre de récoltes n'étant pas arrivées à maturité.

Ce sinistre peut se produire à une époque qui permet de semer ou planter une autre récolte, ou à une époque où il n'est plus possible de remplacer les produits. Il est donc nécessaire d'établir une sous-distinction.

(*a*) Il est possible encore de semer ou planter une autre récolte.

Dans ce cas, la société déclare que le sinistré doit s'entendre avec la direction générale pour prendre les dispositions nécessaires, et après le travail fait par l'assuré, le compte de travaux et semences est envoyé à la société, pour être vérifié et passé au compte des sinistres de l'année.

La société use de tous les moyens pour réparer matériellement, atténuer les conséquences de l'inondation, et pour avoir à débourser la plus petite indemnité possible. Peut-elle exiger toutefois de l'assuré un nouvel ensemencement ou une nouvelle plantation ? Nous ne le pensons pas ; d'après le texte même des statuts qui dit que « l'assuré devra s'entendre à ce sujet avec la société », il semble bien que le consentement du sociétaire est nécessaire. La société s'est réservée d'autre part le droit de n'adopter ce mode de règlement que lorsqu'elle y trouve son intérêt (art. 5, *d*. 1°) et par conséquent elle ne peut pas avoir obligé le sociétaire de subir toujours sans protester ses convenances (ce serait là une clause léonine).

L'assuré qui serait contraint d'accepter ce mode de règlement, suivant le bon plaisir de la société, se trouverait, souvent frustré d'une part considérable de la réparation qui lui est due. La société se borne, en effet, à lui rembourser les frais de travaux et de semences, sans se demander si la nouvelle récolte à venir remplacera comme valeur la récolte qui aurait poussé sans l'inondation. Or, le propriétaire du champ sinistré serait le plus souvent obligé de changer la nature d'ensemencement, l'ordre d'assolement de son champ, soit à cause de l'époque soit à cause de l'effet du sinistre. Le prix de ces deux produits ensemencés l'un à la suite de l'autre peut n'être pas le même ; la société aurait dû tenir compte de ce détail important, et prendre pour elle la différence de valeur, soit à son avantage, soit à sa perte.

(*b*) Il n'est plus possible de semer ni de planter une autre récolte.

Le règlement se fait alors d'après la valeur probable qu'aurait eue la récolte arrivée à parfaite maturité, en prenant pour base la valeur des récoltes des années précédentes. On suit, pour ce règlement, les mêmes règles que celles que nous avons rencontrées dans le sinistre grêle.

2° Sinistre de récoltes arrivées à maturité.

Le règlement du sinistre se fait, dans cette hypothèse, d'une manière analogue à celle que nous avons exposée au sujet de la grêle. Dans le cas où la destruction est totale, les experts ont à établir la valeur de la récolte emportée, en tenant compte de sa quantité, d'après l'étendue des terrains qui l'ont portée, et du rendement de ce terrain dans les années antérieures.

III. *Sinistre ayant pour objet des dégradations de terrain.*

Les dégradations de terrain par suite d'inondation, peuvent être de trois sortes : l'enlèvement des digues, l'ensablement et l'engravement.

La société a adopté pour les sinistres de cette espèce, une indemnité à forfait. Elle décide qu'une indemnité de six francs par mètre cube de terrain à rétablir, dans le cas d'enlèvement des digues, ou de sable ou matériaux à enlever, en cas d'ensablement ou d'engravement, est payée à l'assuré (art. 5 *e*). Le système employé par la société, n'est pas très équitable, puisqu'il fixe un chiffre maximum qui ne peut être dépassé, sans se préoccuper du préjudice exact subi par le sociétaire.

Dans la réparation du dommage, la Société, nous l'avons vu, se réserve le droit de remplacer les objets détruits, au lieu de payer une indemnité.

Dans le cas où le règlement est fait en argent, « l'indemnité..... est payée sur les fonds disponibles dans le mois qui suit la clôture des opérations de l'exercice écoulé (art. 5, *f.* 1°), c'est-à-dire dans le mois de janvier, puisque chaque exercice commence le 1er janvier et finit le 31 décembre (art. 3, *d.*).

Du chiffre de l'indemnité est toujours retranché le montant de la subvention que l'assuré a pu recevoir de l'Etat, de la commune ou de syndicats quelconques; si la société avait déjà réglé le sinistre au moment de l'allocation des secours, le sociétaire devrait rembourser la société de la différence (art. 5, *f.* 2°).

Il résulte de la nature même de la société *la Fluviale*, qui est une mutuelle à cotisations fixes, que les sinistres ne sont payés qu'en proportion de son encaisse; elle a admis aussi, comme les sociétés d'assurances contre la grêle, une franchise d'avarie; en cas de perte totale, l'indemnité est réduite de dix-huit vingtièmes sur les vignes, céréales et fourrages, et de dix-sept vingtièmes sur les tabacs, immeubles, bâteaux amarrés, mobiliers, marchandises, houblons, oseraies, pépinières, plants ou fleurs (art. 5, *a,* 2°).

Il est, de plus, opéré une retenue de cinq pour cent sur la somme allouée au sinistré (art. 5, *g.* 1°). Cette mesure a été puisée dans les statuts de l'*Avenir ;* elle a sa raison d'être appliquée par une société d'assurances mutuelles contre la mortalité du bétail, à cause du risque subjectif; elle ne se comprend plus, pratiquée par *la Fluviale.*

Il n'est pas légitime de constituer ainsi une caisse de réserves, qui ne doit, en principe, être alimentée que par les bénéfices de la société.

L'assuré ne peut jamais être indemnisé que des

pertes réelles qu'il a éprouvées, et dans aucun cas, il ne peut toucher, dans le cours d'une même année, une somme supérieure à celle assurée (art. 5, *a*, 1° et 3°).

Le payement de l'indemnité a pour effet de subroger la société dans tous les droits de l'assuré contre tous auteurs responsables du sinistre (art. 5, *g*. 10).

Voilà de quelle façon *la Fluviale* envisage les sinistres qu'elle a pour but de couvrir; on peut lui reprocher de s'être trop inspirée, dans son règlement, des statuts des sociétés exploitant des risques autres que celui d'inondation, et d'avoir ainsi édicté quelquefois des mesures qui prêtent à la critique.

Elle saura, nous en sommes persuadés, rectifier ses statuts, dès que l'expérience lui aura fait connaître ses erreurs et montré la véritable voie. Ce jour-là, elle sera elle-même, et elle gagnera à cette transformation. Mais nous avons un doute sérieux sur la réussite complète de cette vaillante société qui a eu la hardiesse d'entreprendre la garantie d'un risque à notre avis inassurable (1).

(1) Les faits ont déjà malheureusement justifié nos appréhensions sur l'avenir de la *Fluviale*. Nous apprenons, en effet, au moment où notre ouvrage est sous presse, par une lettre de son directeur général, M. Dassieu, que cette société a cédé son portefeuille à *l'Union Nationale Agricole*, qui exploite en même temps que l'inondation, la gelée, la grêle et la mortalité du bétail. Ainsi a déjà sombré cette généreuse entreprise si intelligemment dirigée, mais qui devait fatalement échouer en cherchant à réaliser l'irréalisable.

Bien qu'enrichie des contrats de *la Fluviale*, nous craignons que l'*Union Nationale Agricole*, dont nous avons déjà critiqué les statuts, et qui semble s'être laissée conduire pour fixer les bornes de son exploitation plutôt par des sentiments humanitaires que par des règles scientifiques n'obtienne pas un succès plus grand.

CHAPITRE III

Documents Statistiques relatifs à la situation des Sociétés d'Assurances Agricoles

Nous avons cherché à faire connaître dans ce chapitre, au moyen des chiffres, et en publiant le résultat des opérations des principales sociétés, la situation exacte de l'assurance agricole. Nous avons tâché de nous procurer les documents les plus récents et relatifs à l'an dernier; mais à raison de la date d'impression de notre ouvrage, nous ne pouvons donner que les comptes-rendus approximatifs de quelques sociétés ayant trait à cette campagne.

Nous avons dû nous contenter de présenter le tableau des opérations de 1898, et nous avons pensé bien faire en y ajoutant les résultats totalisés des neuf dernières années; cette statistique, il est vrai, n'est pas d'une exactitude rigoureuse, certaines sociétés s'obstinant à rester muettes quand on leur demande des renseignements. Mais on peut quand même, par les moyennes que nous avons établies, se rendre compte de l'évolution de l'assurance agricole (1).

Statistique des Opérations de l'Année 1899

Les documents statistiques que nous possédons sur les opérations de l'an dernier, sont presque tous relatifs à l'assurance grêle ; nous n'avons que les résultats d'une seule société d'assurances contre la mortalité du Bétail, de *l'Avenir* ; les sociétés contre la grêle peuvent, il est vrai, faire plutôt leur bilan, leur campagne pouvant être considérée comme terminée avant la fin de l'année.

Sociétés d'Assurances contre la Grêle
Société à primes fixes

Abeille-Grêle

RECETTES	
Primes de l'année et accessoires. . . ,	3.290.000
Intérêts et recettes diverses	140,000
	3.430.000
DÉPENSES	
Sinistres et frais de réglement	2.235.000
Commissions, impôts, frais généraux, non-valeurs.	825.000
	3.060.000
Excédent en bénéfice. . . .	370.000
	3,430.000

(1) Nous devons à l'amabilité de M. Lagrange, directeur de l'*Argus*, journal international des assurances (rue de Châteaudun, 2, Paris), la communication de tous les chiffres que nous publions relativement à la grêle et à la mortalité du bétail.

Confiance-Grêle

RECETTES

Primes de 1899 (annulations déduites),	860.000
Boni sur polices et assolements.	10.000
Intérêts de fonds placés.	10.000
	880.000

DÉPENSES

1,610 sinistres (moyenne 342 fr.)	550.000
Frais de règlements, 8 0/0	45,000
Frais généraux.	120.000
Commissions	165.000
	880.000

L'Eternelle

Nombre de polices en cours.	7.040
Valeurs assurées.	21.804.396
Primes..	490 000
Polices et avenants.	8.000
Sinistres	342.000
Expertises	17.000
Annulation et non-valeurs.	4.000
Commissions	87.000

L'Eternelle exploitant aussi la branche *Accidents,* les frais généraux afférents à la *Grêle* ne peuvent être décomptés qu'en fin d'exercice.

La Conservatrice

Capitaux assurés.	9.600.000	»
Primes de l'année	171.000	»
Intérêts divers.	4.000	»

Sinistres et frais de règlement	106.500	»
Frais généraux et commissions . . .	44.200	»
Excédent	20.300	»

Sociétés Mutuelles

Société de Toulouse

Nombre de sociétaires	15.977	»
Valeurs assurées	56.234.552	»
Chiffres des cotisations.	585.994	60
Montant des sinistres éprouvés par 1,801 sociétaires . . . , ...	733.101	»

Bilan pour l'année 1899

1° Réserve de 1898	861.390	20
2° Cotisations à percevoir en 1899. .	585.994	60
3° Ristourne faite par la Direction de 10 c. p. 100 de frais d'administration sur les valeurs assurées excédant 20 millions	36.234	55
4° Intérêts de la portion du fonds de réserve placée en obligations de chemins de fer et rentes sur l'Etat.	19.040	80
	1.502.660	15

A déduire :

1° Sinistres de l'année 1899, payés intégralement.	733.101	»
2° Frais d'expertise de l'année. . . .	35.000	»
3° Annulation de cotisations formant double emploi et réduction de coti-		

sations, à suite de changement d'assolement ; non-valeurs et frais de poursuites; supplément de frais d'expertise de 1898 et exercices antérieurs	11.000	»
4° Rappels d'indemnité de 1898 (affaire Moquax)	10.963	25
5° Appointements du contrôleur	3.000	»
6° Impression, affranchissement et distribution du Compte-rendu	1 000	»
7° Rachat de jetons	73	60
8° Indemnité de M. Guillebert des Essars	1.700	20
	795.838	05
Reste à la Caisse de réserve (art. 31 des statuts)	706.822	10

L'Étoile

ACTIF

Cotisations de 1899 (7,432 sociétaires)	590 058	22
Rentes 3 0/0 sur l'État	907.883	91
Intérêts des valeurs et recettes diverses	23.349	75
Somme égale	1.521.291	88

PASSIF

Charges et sinistres de 1899 (1,086 indemnitaires)	516.321	06
Frais d'expertises	18.959	80
Abonnement au timbre pour les adhésions et les polices (Loi du 5 juin 1850)	1.938	84

Frais de perception des cotisations de 1899. (Art. 9 des statuts et décisions des Conseils en date des 20 décembre 1865 et 4 décembre 1895)	28.661 40
Primes de réassurances	3.904 32
Total	569.785 42
Excédent d'actif constituant le Fonds de réserve entièrement placé en Rentes sur l'Etat	951.506 46
Somme égale	1.521.291 88

Capitaux assurés : 51,746,300 francs.

La Cérès

Nombre d'assurés	7.046
Valeurs assurées	35.919.500
Polices sinistrées	1.104

RECETTES

Cotisations (déduction faite des frais d'administration)	461.632
Intérêts des fonds placés	7.928
Réserve de l'exercice précédent	357.612
	827.172

DÉPENSES

Sinistres	527.161
Frais d'expertises	32.388
Non-valeurs, frais judiciaires, droits de recettes	18.427
Frais généraux et timbres des polices	4.169
Fonds de réserve en fin d'année	245.027
	827.172

Il a dû être prélevé 112,585 fr, sur le fonds de réserve.

La Garantie Agricole

ACTIF

Cotisations sur 22,458,100 francs de valeurs assurées (1,313 sociétaires).	188.748 10
Prélèvement sur la réserve.	3.118 22
	191.866 32

PASSIF

Indemnités et rappels à payer	105.986 20
Frais d'expertises et rappels.	7.240 54
Frais divers.	7.592 51
Réserve	71.047 07
	191.866 32

La réserve totale disponible fin 1899 sera de 209,626 fr. (1).

Société d'Assurances contre la Mortalité du Bétail

L'Avenir-bétail

Assurances	18.819.964 »
Recettes	679.620 95
Sinistres	651.768 »
Contrats	8.871 »

Comme toutes les années antérieures, les sinistres de 1899 ont été remboursés à 95 0/0 de la perte éprouvée (2).

(1) Ces divers documents sont puisés dans *L'Argus*, journal international des Assurances, numéro du 15 octobre 1895.

(2) *L'Opinion*. Revue professionnelle des assurances et de jurisprudence, numéro du 15 fév. 1900.

Société d'Assurances contre l'Inondation

La Fluviale (1)

Nombre d'assurés	180
Valeurs assurées	1.800.000
Sinistres	2

(1) En 1898, c'est-à-dire la première année de son existence, la *Fluviale* comptait 162 assurés, garantissait 1.500.000 francs de valeurs, réglait 46 sinistres et payait 8.040 francs d'indemnités.

Les résultats des opérations de cette Société, nous ont été livrés par son directeur, M. Dassieu.

Voir ci-contre les résultats obtenus par les sociétés d'assurances contre la Grêle et la mortalité du Bétail, pendant le cours de l'année 1898 et des neuf dernières années.

SOCIÉTÉS D'ASSURANCES CONTRE LA GRÊLE

STATISTIQUE DES OPÉRATIONS DE L'ANNÉE 1898

NOMS DES COMPAGNIES (Par ordre d'ancienneté)	Nombre d'Assurés	VALEURS assurées	Primes ou Cotisations de 1898	Sinistres et Frais de règlement	Commissions, Frais généraux et Impôts	Bénéfice ou Excédent de l'année	Pertes ou Déficits	Fonds de réserve fin 1898	Taux de la Répartition aux sinistrés	CAPITAL social
COMPAGNIE PAR ACTIONS										
L'Abeille	50.601	218.156.219	3.499.278	798.007	789.088	1.934.615	»	3.044.181	100 °/.	8.000.000
La Confiance	16.470	64.971.842	931.476	176.373	287.729	475.431	»	»	100 °/.	2.000.000
L'Eternelle	6.919	22.830.027	506.622	197.579	87.311	221.732	»	»	100 °/.	»
La Conservatrice	2.116	8.200.000	126.259	38.315	38.704	49.240	»	»	100 °/.	1.148.700
	76.106	314.158.088	5.063.635	1.210.274	1.202.782	2.681.018	»	3.044.181		11.148.700
SOCIÉTÉS MUTUELLES										
La Cérès	7.322	39.526.800	387.824	156.988	»	209.440	»	357.612		»
La Société de Toulouse	16.836	60.506.867	661.604	230.278	»	464.424	»	861.390		»
La Mutuelle de Seine-et-Marne	3.000	48.524.126	337.679	47.301	»	290.378	»	305.444		»
L'Aisne	300	5.848.800	40.969	19.146	»	17.026	»	87.477		»
L'Etoile	7.401	55.937.500	664.277	191.347	»	455.742	»	907.883		»
La Beauceronne-Vexinoise	2.600	23.069.400	346.041	(1) 352.723	»	»	6.867	6.867		»
La Mutuelle de Seine-et-Oise	1.000	23.486.584	18.000	17.698	»	»	»	»		»
La Garantie Agricole	1.424	25.905.800	195.171	112.845	»	72.546	»	148.310		»
L'Eure	»	6.150.000	?	?	»	»	»	130.033		»
La Ruche	5.984	31.840.628	?	?	»	57.664	»	80.000		»
La Régionale du Nord	1.500	13.711.030	136.700	(2) 103.808	»	»	»	38.043		»
La Grêle	6.250	12.632.371	165.228	46.871	»	»	»	28.206		»
La Mutuelle Générale	9.655	22.920.997	309.224	111.489	»	»	»	80.000		»
La Ferme	11.100	38.354.150	819.385	153.869	»	»	»	540.000		»
La Toulousaine	623	1.190.802	17.952	9.277	»	»	»	»		»
	74.995	404.605.855	4.100.054	1.553.640	»	1.507.220	6.867	3.571.265		»
RÉCAPITULATION										
Compagnies par actions	76.106	314.158.088	5.063.685	1.210.274	1.202.782	2.681.018	»	3.044.181		11.148.700
Sociétés Mutuelles	74.995	404.605.855	4.100.054	1.553.640	»	1.507.220	6.867	3.571.265		»
Totaux	151.101	718.763.943	9.163.689	2.763.914	1.202.782	4.248.238	6.867	6.615.446		11.148.700

(1) Y compris 255,333 fr. sur sinistres 1895 et 97.
(2) Y compris 29,400 fr. de sinistres 1895.

SOCIÉTÉS D'ASSURANCES CONTRE LA GRÊLE

STATISTIQUE DES NEUF DERNIÈRES ANNÉES

ANNÉES	NOMBRE D'ASSURÉS	MONTANT DES VALEURS assurées	RECETTES	SINISTRES ET FRAIS de règlement	COMMISSIONS frais généraux et impôts	BÉNÉFICE ou excédent de l'année	PERTES ou DÉFICITS	FONDS de RÉSERVE	CAPITAL SOCIAL
				COMPAGNIES PAR ACTIONS					
1890	61.662	213.920.827	3.488.220	1.450.048	978.945	1.132.215	»	1.576.805	20.320.000
1891	54.829	173.041.717	2.973.131	1.507.688	845.960	811.597	»	1.604.157	16.000.000
1892	55.420	187.823.320	3.324.449	1.646.159	880.839	763.016	»	2.008.066	16.000.000
1893	52.653	171.880.798	3.072.194	1.389.383	827.296	808.369	»	2.238.060	16.000.000
1894	51.604	189.107.955	3.166.991	787.168	899.993	1.525.012	»	2.888.964	16.000.000
1895	49.691	179.548.597	2.952.121	3.213.538	851.399	»	892.246	2.291.916	10.000.000
1896	52.234	183.714.832	3.116.718	1.403.041	782.147	888.407	»	2.777.972	16.000.000
1897	54.013	208.786.127	3.430.683	3.859.995	960.391	»	702.822	2.075.950	16.000.000

SOCIÉTÉ D'ASSURANCES CONTRE LA GRÊLE

STATISTIQUE DES NEUF DERNIÈRES ANNÉES

ANNÉES	NOMBRE D'ASSURÉS	MONTANT DES VALEURS assurées	RECETTES	SINISTRES ET FRAIS de règlement	COMMISSIONS frais généraux et impôts	BÉNÉFICE OU EXCÉDENT de l'année	PERTES OU DÉFICITS	FONDS DE RÉSERVE
				SOCIÉTÉS MUTUELLES				
1890	69.551	388.910.305	4.556.550	4.205.336	»	1.214.170	15.554	2.055.053
1891	74.612	359.741.251	4.142.930	3.409.336	71.789	392.013	119.693	2.510.254
1892	79.396	379.605.224	4.401.809	3.382.009	4.444	773.118	245.621	2.749.776
1893	80.107	371.095.891	4.285.531	3.631.500	17.654	292.091	101.554	2.662.174
1894	81.677	402.741.940	4.782.078	2.771.285	»	1.403.901	81.142	3.969.581
1895	67.480	329.641.845	4.845.196	6.002.821	»	»	1.722.489	1.658.351
1896	62.630	308.845.510	4.452.269	2.989.996	»	403.564	»	1.996.134
1897	61.427	305.567.293	3.980.847	3.764.826	»	27.001	595.228	1.418.384
1898	74.995	404.605.855	4.100.054	1.553.640	»	1.567.220	6.867	3.571.265

SOCIÉTÉS D'ASSURANCES MUTUELLES

CONTRE LA MORTALITÉ DU BÉTAIL

STATISTIQUE DES OPÉRATIONS DE L'ANNÉE 1898

NOMS DES SOCIÉTÉS par ordre alphabétique	NOMBRE d'assurés	VALEURS assurées	RECETTES	SINISTRES		RÉSERVE fin 1898	QUOTITÉ des valeurs garanties	TAUX de la répartition aux sinistrés	REMBOURSEMENT en espèces
				NOMBRE	MONTANT des indemnités payées				
Avenir	8.036	15.505.151	601.178	1.128	548.889	189.261	100 o/o	100 o/o	95 o/o
Association agricole	796	618.969	15.963	41	8.677	2.809	80 o/o	100 o/o	80 o/o
Bétail	813	1.048.796	34.983	66	17.101	»	80 o/o	100 o/o	80 o/o
Bon Laboureur	(1)1.700	(1)1.700.000	56.425	119	56.425	?	?	?	?
Bonne Foi	213	253.340	7.810	34	5.456	607	80 o/o	65 o/o	52 o/o
Caisse des Propriétaires	1.135	1.424.812	51.076	61	30.760	?	80 o/o	73 o/o	58.40 o/o
Etable	(3)1.500	1.900.000	60.000	100	18.000	?	80 o/o	?	?
Garantie fédérale	9.112	24.114.018	(2)665.482	2.181	529.512	128.857	80 o/o	Chev. 76.47 o/o Bovine 80 o/o Ovine 86 o/o	61.17 o/o 64 o/o 68.80 o/o
Glaneuse agricole	295	251.000	10.000	36	7.026	320	95 o/o	63 o/o	60 o/o
Société des Cultivateurs	997	1.050.200	33.700	47	37.600	1.350	50 à 100 o/o 70 o/o	Bovine 100 o/o Chev. 100 o/o	50 à 100 o/o 70 o/o
Union Centrale	(1)1.500	1.444.904	28.141	69	(1)21.000	?	80 o/o	?	?
Totaux	26.097	49.311.190	1.564.758	3.882	1.280.446	323.204	»	»	»

(1) Approximativement. — (2) Frais de gestion déduits. — (3) L'*Etable* ne communiquant aucun compte-rendu, les chiffres qui lui sont attribués sont purement approximatifs.

SOCIÉTÉS D'ASSURANCES MUTUELLES
CONTRE LA MORTALITÉ DU BÉTAIL

STATISTIQUE DES NEUF DERNIÈRES ANNÉES

ANNÉES	NOMBRE D'ASSURÉS	MONTANT des VALEURS ASSURÉES	RECETTES	NOMBRE DE SINISTRES	MONTANT DES INDEMNITÉS payées	RÉSERVE EN FIN D'ANNÉE
1890	20.953	38.386.387	1.197.750	2.971	819.557	198.765
1891	20.486	38.759.857	1.293.330	3.106	830.743	214.770
1892	20.806	36.469.292	1.245.078	2.995	838.552	218.000
1893	21.062	36.843.974	1.305.061	3.282	904.805	220.588
1894	19.442	38.833.729	1.290.990	2.892	868.724	232.577
1895	18.787	37.010.695	1.259.413	2.508	804.204	242.237
1896	21.499	40.585.135	1.402.804	3.001	914.178	265.218
1897	23.568	43.787.385	1.348.555	3.480	1.086.474	298.241
1898	26.097	49.311.190	1.564.758	3.882	1.280.446	323.201

Les résultats des sociétés confirment, comme on le voit, les principes que nous avons dégagés dans le cours de ce deuxième livre.

C'est ainsi que l'on peut constater que c'est l'assurance à grand rayon qui obtient le plus de succès et qui offre le plus d'avantages.

Il est aisé de s'apercevoir aussi, à la lecture des statistiques que, malheureusement, le nombre des assurés agricoles et le chiffre des valeurs garanties par les sociétés sont encore infimes (1). Quand on songe que les pertes annuelles provenant de la grêle s'élèvent à 36 millions, et celles occasionnées par la mortalité du bétail à 47 millions (2), on est effrayé de voir combien de désastres restent à cette heure sans réparation.

L'assurance appliquée à l'agriculture est encore de nos jours celle qui est la moins pratiquée, et cependant ce n'est pas la moins utile.

(1) « Les compagnies d'assurances contre la grêle et la mortalité du bétail ne garantissent pas un centième de l'ensemble des risques. » Proposition de loi de M. Vacher, du 29 juillet 1879). — Exposé des motifs.

(2) Proposition de loi de MM. Emile Rey et Lachièze, du 6 mai 1893. — Exposé des motifs.

TROISIÈME LIVRE

L'Avenir de l'Assurance Agricole

TROISIÈME LIVRE

L'AVENIR DE L'ASSURANCE AGRICOLE

On s'est préoccupé de trouver un remède à la situation présente de l'assurance agricole; les esprits se sont donné libre cours pour découvrir le moyen de la ranimer, et de la sortir enfin du marasme qu'elle subit depuis si longtemps. Beaucoup de mesures ont été proposées; le législateur en a fait valoir plusieurs; il a montré sur cette question, à défaut de connaissances, une fécondité peu ordinaire ; les nombreux projets de loi dont il a pris l'initiative et dont aucun heureusement, n'a eu le bonheur de naître viable, en témoignent.

Leurs auteurs semblent, en les formulant, avoir obéi plutôt à leurs professions de foi rapidement rédigées, pleines d'alléchantes promesses, conçués sans méthode et sans science, qu'à une conviction résultant d'une étude profonde du sujet. Ces propositions de loi préconisent toutes un remède législatif ; elles concluent à la nécessité d'enlever à l'initiative privée l'entreprise des assurances agricoles, pour la remettre soit à l'état, soit aux syndicats agricoles ; nous allons les analyser chacune en détail et en faire la critique. Nous étudierons ensuite, les doctrines économiques sur lesquelles elles reposent, et nous ferons connaître enfin notre remède à nous.

CHAPITRE PREMIER

Discussion des Projets de Loi

Voici, dans leur ordre chronologique, les projets de loi relatifs aux assurances agricoles déposés sur le bureau de la Chambre des Députés :

Proposition Vacher, 29 juillet 1879 ;

Proposition Langlois, 14 janvier 1882 ;

1re proposition Quintaa, 17 mai 1890 ;

Proposition Rivet, 9 mars 1891 ;

2e proposition Quintaa, 19 novembre 1891 ;

Proposition Chollet, 3 décembre 1891 ;

Proposition Daynaud, de Cassagnac, 26 janvier 1893 ;

Proposition Jonnart, 28 mars 1893 ;

Proposition Emile Rey et Lachièze, 6 mai 1893 ;

Proposition Philipon et Pochon, 27 mai 1893 ;

Proposition de la Commission du Crédit agricole, 12 juillet 1893 ;

Proposition Viger, 24 avril 1894 ;

Proposition Gendre, 3 juillet 1894 ;

Proposition de la Commission des caisses d'assurances, 16 mai 1895 ;

Proposition Augé, 11 juin 1897.

Au Sénat, une seule proposition a été formulée, c'est celle de M. Calvet, en date du 12 juillet 1895; au cours de la discussion du budget, M. Darbot avait, il est vrai, dans la séance du 24 mars 1893, indiqué une solution au problème de l'assurance agricole, mais son opinion n'a pas fait l'objet d'un projet de loi.

Toutes ces propositions sont basées sur les mêmes motifs; c'est tout d'abord un sentiment de pitié pour les malheureux cultivateurs qui pousse nos représentants à vouloir légiférer en sa faveur : les moyens actuels destinés à réparer les conséquences des fléaux agricoles, c'est-à-dire les secours du gouvernement et l'assurance telle qu'elle est organisée leur paraissent insuffisants. Ils critiquent tous le système des indemnités accordées par l'Etat sous forme de subventions ou de dégrèvements d'impôts aux malheureux sinistrés. Ces allocations budgétaires ne sont, disent-ils, que de « misérables palliatifs » (1), dont le chiffre atteint à peine quatre ou cinq millions de francs, alors que le montant des pertes subies est d'environ deux cents millions (2); elles sont plus nuisibles qu'utiles, car elles entretiennent l'esprit d'imprévoyance et font naître de très vives jalousies; elles ne sont pas, en effet, toujours distribuées d'une façon équitable, et ne servent trop souvent qu'à favoriser des amis politiques (3).

(1) Deuxième proposition de M. Quintaa. Exposé des motifs.

(2) Propositions de loi de M. Jonnart et de M. Vacher. Exposé des motifs.

(3) Propositions de loi de MM. Jonnart, Emile Rey et Lachièze. — Exposé des motifs.

Ce sont là de très justes observations, mais le législateur n'a pas montré la même sagesse en faisant le procès des Sociétés d'assurances agricoles.

Emporté par une ardeur bienfaisante, laissant de côté toute règle scientifique, il leur reproche de ne pas garantir les cultivateurs contre tous les fléaux agricoles (1), et d'avoir été même impuissantes à établir d'une façon efficace les assurances contre la grêle et contre la mortalité du bétail, et de ne couvrir qu'un centième à peine de ces risques (2). Il les trouve responsables de l'état précaire de leur entreprise, et les accuse de vouloir spéculer et de fixer des taux de prime trop élevés. « L'assurance est inabordable pour la petite propriété, dit M. Vacher. Le riche propriétaire de Paris ne paye que 10 cent. pour 1000 pour son immeuble construit en mœllons et couvert en ardoises ou en zinc ; le cultivateur ou le petit propriétaire de la Corrèze, de la Creuse, de l'Aveyron ou des départements montagneux et pauvres, paie ou plutôt sera obligé de payer, s'il est assuré huit pour mille pour sa maison couverte de chaume, c'est-à-dire quatre-vingts fois plus cher que le propriétaire de Paris et dans certains départements, la Haute-Vienne, les Hautes-Alpes, les deux Savoie, la prime sur risque s'élève à quinze·pour mille, 150 fois plus cher qu'à Paris. Pour les récoltes, c'est bien pis encore, la prime d'assurance pour les bâtiments

(1) Proposition Vacher. — Exposé des motifs.
(2) *idem*.
(3) Proposition Emile Rey et Lachièze. — Exposé des motifs.

d'habitation étant de 8 pour 1,000, celle des bâtiments ruraux contenant des récoltes est de 8, 10, 15 et 16 pour 1,000. Pour les récoltes sur pied, elle est encore plus élevée; dans les départements les plus exposés à la grêle, et nous établissons plus loin que ce sont les plus pauvres, la prime d'assurance contre la grêle est de 15, 18 et 20 pour 1,000 quand il s'agit des céréales et pour la vigne, la prime s'élève jusqu'à 80 pour 1;000. » (1).

MM. Philipon et Pochon disent à leur tour « Les tarifs s'aggravent en raison de la misère des populations dont la partie la plus intéressante se trouve ainsi privée du bénéfice de l'assurance. » Et M. Chollet déclare que « les tableaux sont dressés par les Compagnies..... d'une façon assez large, pour qu'elles y trouvent non seulement une rémunération pour leurs agents, mais de quoi réaliser des bénéfices importants....» et qu' «elles abusent de la bonne foi du paysan qui signe un peu de confiance des contrats préparés, en se soumettant, les yeux fermés à tous les tarifs qui lui sont imposés. »

Voilà un réquisitoire aussi violent que peu justifié. Les sociétés à primes fixes et mutuelles sont frappées du même anathème; elles sont toutes considérées comme des sociétés de spéculation, nécessitant des dépenses énormes, offrant une large rémunération à leurs capitaux, payant un chiffre exorbitant de dividendes.

Or, nous avons encore l'illusion de croire que nos

(1) Proposition Vacher. — Exposé des motifs.

représentants savent cependant que les sociétés mutuelles se bornent à répartir entre les sinistrés les cotisations encaissées, sans jamais réaliser de bénéfices et que l'assurance agricole est presque uniquement exploitée par des sociétés de cette nature. Avant de prononcer un arrêt aussi formel et aussi grave, nous pensons qu'ils ont, d'autre part, consulté les résultats des quatre Compagnies par actions couvrant le risque grêle et qu'ils se sont aperçus, ce qui n'était pas fort difficile, de leur modeste situation.

Mais nos représentants tiennent à rester fidèles, sinon à la raison et à la justice, tout au moins à leur programme ; ils ont promis au paysan le bonheur et la fortune et ils sont étonnés que les Compagnies d'assurances n'aient pas résolu encore ce problème social.

Ils se demandent pourquoi elles ont eu *le caprice* de n'assurer que certains fléaux agricoles, et ils parlent de charger l'Etat de la mission que les sociétés n'ont pas remplie, du soin de réaliser leurs rêves chimériques.

C'est à l'Etat qu'il veulent confier la garantie des risques agricoles et des risques les plus inassurables (1) soit en laissant l'assurance facultative

(1) MM. Daynaud et de Cassagnac imposent à l'Etat le devoir de réparer les conséquences de tous les fléaux atmosphériques. MM. Quintaa et Gendre proposent de lui faire garantir l'intégralité de la récolte du paysan, sans tenir compte du fléau dévastateur.

D'autres, il est vrai, et sans plus de raison, ne comprennent pas dans leur système la mortalité du bétail (M. Augé) ou limitent l'assurance à deux risques, la gelée et la grêle (MM. Phili-

(MM. Vacher, Jonnart) soit en la rendant obligatoire (MM. Quintaa, Daynaud, Langlois).

Mais ils ont compris de diverses façons le rôle de l'Etat qui, suivant les projets, deviendrait lui-même assureur, ou qui se bornerait à administrer et à contrôler une société mutuelle. La première idée inspire les propositions Vacher, Quintaa, Rivet, Daynaud et de Cassagnac; la deuxième, se trouve soutenue dans les propositions Langlois, Chollet, Jonnart, Emile Rey et Lachièze, Viger, Augé. Nous diviserons donc ces projets en deux classes; leur étude sera ainsi plus claire et plus intéressante. Une troisième classe comprendra la proposition Gendre dont le but n'est plus de confier l'assurance agricole à l'Etat, mais de la faire exploiter par les syndicats agricoles (1).

PREMIÈRE CLASSE. — *Proposition ayant pour objet de rendre l'Etat assureur.*

Proposition Vacher. — C'est la proposition qui la première, reprend l'idée de l'assurance par l'Etat, délaissée depuis 1857. Elle a pour but « l'établissement, près du ministère de l'Agriculture et du Commerce, d'un service d'assurances immobilières et mobilières, sous le contrôle et la surveillance de

pon et Pochon) ou encore comprennent le risque incendie parmi les risques agricoles (MM. Vacher, Langlois, Chollet, Viger et Calvet).

(1) Les propositions formulées au Sénat par MM. Darbot et Calvet font partie de la deuxième classe. Celles de MM. Philpon et Pochon et des Commissions rentrent dans la même catégorie.

l'Etat ». L'incendie, la grêle, la mortalité du bétail, la gelée, l'inondation se trouvent garanties. L'assurance par l'Etat est (art. 2) facultative à deux points de vue :

1° Toute personne peut refuser le bénéfice de cette institution ;

2° Celle qui s'assure peut devenir son propre assureur pour partie de la chose assurée ; dans ce cas, il lui est accordé une réduction de prime. La prime n'est payable qu'à la fin de l'exercice « dans le courant du mois de décembre, après l'enlèvement des récoltes ». « Elle est uniforme dans chaque branche d'industrie, et la même pour tous les assurés, quelle que soit la région de la France où l'assurance soit établie. »

Ce projet pêche par sa base en donnant à l'Etat les rôles cependant inconciliables d'assureur et de contrôleur ou surveillant ; il va, en outre, à l'encontre des principes primordiaux de l'assurance, en établissant une prime uniforme pour chaque branche d'industrie ; la prime doit, en effet, être proportionnée au risque : c'est là une règle aussi morale que scientifique. En divisant par moitié la contribution entre le propriétaire et le locataire ou fermier qui ont assuré le même risque, il n'est d'autre part, tenu aucun compte de la diversité des responsabilités et des qualités.

La prime étant exigible à la fin de l'année seulement, on ne voit pas comment on pourra clore l'exercice et payer les sinistres qui se produisent pendant son cours.

La proposition adopte enfin les errements suivis sous le second empire, en rendant facultative l'assurance par l'Etat, et en créant une concurrence officielle aux sociétés actuellement existantes ; la conséquence de cette lutte est fatale : c'est l'échec du gouvernement.

Première proposition de M. Quintaa — M. Quintaa l'a bien vu, et son système tend à rendre l'assurance agricole obligatoire. La prime prend le caractère d'un impôt « vingt centimes additionnels au principal des quatre contributions directes seront perçus, dans cet objet, sur toute l'étendue de la République ». L'expertise d'un sinistre est faite par les agents du fisc qui défendent les intérêts de l'Etat, et par deux experts choisis par le Préfet dans le Conseil municipal pour soutenir probablement la cause de l'assuré. Le Maire assiste toujours à l'expertise ; la Commission est présidée par un agent du fisc.

Les frais d'expertise semblent devoir être à la charge de l'Etat ; ils sont, en effet, par une mention particulière, mis au compte du contribuable, dans le cas de fausse déclaration.

La Commission chargée d'examiner ce projet l'a rejetée ; le rapporteur, M. Mac-Adaras, lui reprochait d'imposer au cultivateur déjà surchargé d'impôts une nouvelle charge, et d'introduire dans notre législation le principe du socialisme d'état.

La proposition de M. Quintaa peut faire l'objet d'autres critiques ; elle donne par la prime-impôt un caractère onéreux et vexatoire à une institution essentiellement morale et essentiellement bienfaisante.

Le prélèvement de cette contribution ne donnerait pas, en outre, les résultats attendus de M. Quintaa ; il permettrait de réaliser, d'après l'auteur du projet une recette de 75 millions, quand la perte annuelle causée à l'agriculture par les « sinistres atmosphériques » n'est que d'environ 40 millions ; la différence serait versée dans une caisse spéciale « le trésor de l'agriculture ». Or, le chiffre des dommages agricoles d'après les statistiques officielles est un peu supérieur à celui présenté par M. Quintaa ; il est, en moyenne, de 179,661,154 fr. (1) ; de plus, les expertises nombreuses auxquelles il faudrait procéder coûteraient à l'Etat fort cher ; d'après un calcul sérieux établi par M. Jean Perriaud (2), le nombre des agents du fisc préposés à cette besogne devrait être de « 10.000 au moins, formant 5,000 couples ayant chacun 150 expertises à faire » ; la somme de 25 millions serait à peine suffisante pour les rémunérer.

« Donc, en ajoutant ces 25 millions aux sinistres réels, nous aurons par année 204 millions de pertes, pour le paiement desquelles il faudrait appliquer au principal des quatre contributions directes 56 centimes additionnels » (3). Du reste, on ne peut jamais prévoir d'une façon exacte quel sera, durant le cours d'une année à venir, le chiffre des pertes ; d'où cette conclusion à laquelle arrive M. Perriaud « les prévi-

(1) JEAN PERRIAUD. *Etude économique de l'assurance grêle*, p. 50.
(2) *Op. cit.*, p. 52.
(3) PERRIAUD, *op. cit.*, p. 52 et 53.

sions budgétaires ne sont pas possibles à établir d'une année à l'autre, lorsqu'elles ont pour objet de garantir des dépenses offrant des chiffres aléatoires. » (1).

Le nouvel impôt de M. Quintaa est, enfin, souverainement inique ; il est établi d'une façon invariable pour des risques essentiellement divers ; il frappe les propriétaires des immeubles urbains comme les propriétaires des immeubles ruraux, alors que seuls, les cultivateurs sont appelés à en bénéficier ; il enlève en somme aux uns, pour donner aux autres.

L'expertise n'est pas entourée des garanties désirables. L'assuré ne choisit pas les experts ; c'est l'administration centrale dans la personne du Préfet qui les lui impose, et qui doit les prendre dans le Conseil municipal. Il est fort douteux que ces hommes politiques, improvisés experts, procèdent avec l'impartialité voulue ; qu'ils ne récompensent pas, avec l'argent de l'Etat les services d'un électeur influent, ou qu'ils ne restreignent pas l'indemnité due à un adversaire.

Proposition Rivet. — La caisse nationale d'assurances agricoles que M. Rivet voudrait voir établir, serait alimentée aussi par le produit de centimes additionnels ajoutés au principal des quatre contributions. Ce nouvel impôt frapperait indistinctement, comme celui de M. Quintaa, tous les contribuables, et ne servirait à indemniser que les agriculteurs.

(1) Jean Perriaud, *op. cit.*, p. 54.

Mais il ne serait pas proportionnel, il suivrait une progression suivant le montant des cotes :

Pour les cotes de	1 fr.	à	50 fr.	il serait de	1 cent.
—	50	—	100	—	2 —
—	100	—	200	—	3 —
—	200	—	300	—	4 —
—	300	—	400	—	5 —
—	400	—	500	—	6 —
—	500	-	600	—	7 —

et ainsi de suite en ajoutant 1 centime par 100 fr. ou fractions de 100 fr.

Cette proposition est des plus rudimentaires; elle ne régle aucune question relative aux dommages et aux expertises; elle ne signale même pas les risques que la Caisse nationale d'assurances agricoles doit couvrir. M. Rivet se borne dans l'exposé des motifs à dire « que le seul moyen pratique de secourir efficacement les agriculteurs serait d'organiser une caisse d'assurances qui puisse indemniser tous les cultivateurs victimes des intempéries, grêle, gelées ou inondations. » On ne sait si dans l'esprit de M. Rivet, les intempéries constituent un risque particulier, le terme serait alors singulièrement vague, ou si ce n'est là qu'une expression générale comprenant la grêle, la gelée et l'inondation.

Ce projet est plus que concis ; il est obscur. La Commission chargée de l'examiner l'a écarté ; les raisons de ce rejet sont exposées dans le rapport de M. Nivert. L'extension de l'impôt à tous ceux qui ne devaient pas en bénéficier y était signalée comme absolument injuste ; la variation continuelle des sommes destinées à pourvoir aux indemnités, et l'augmentation considérable de l'impôt étaient les deux autres arguments présentés contre la prise en considération de la proposition Rivet. Il y a plus.

L'échelle progressive de l'impôt avec son apparence scientifique et équitable aggraverait encore l'iniquité d'une pareille contribution, en faisant peser quelquefois les plus lourdes charges sur ceux qui n'auraient aucun risque garanti par la caisse. Elle « ne réaliserait pas une application équitable du principe de solidarité nationale » (1). Le système de M. Rivet n'arriverait, pas plus que celui de M. Quintaa, à fournir l'argent nécessaire pour réparer les conséquences des sinistres; « bien qu'il y ait plus de cotes inférieures que supérieures à 100 francs, en prenant comme moyenne le chiffre de deux centimes additionnels pour les appliquer aux 350 millions environ, représentant les quatre contributions, nous obtenons annuellement seulement 7 millions, somme réellement trop infime pour faire face à plus de 200 millions de sinistres. » (2). Ce fait seul suffit pour faire juger de la valeur du projet.

Deuxième Proposition Quintaa. — M. Quintaa semble avoir médité les sages conclusions du rapport de M. Mac-Adaras. Il a compris ce qu'il y avait d'illogique à rendre sa mesure universelle et à élever

(1) Rapport de M. NIVERT sur la proposition de loi de M. Gustave RIVET.

(Session extraord. de 1891. — Annexe au procès-verbal de la séance du 27 octobre 1891).

(2) Jean PERRIAUD. *Le crédit et les assurances agricoles.*

l'impôt d'un propriétaire urbain pour réparer les pertes subies par un propriétaire rural. Aussi, il dépose une deuxième proposition dans laquelle il déclare que « sont affranchis de cette contribution les immeubles qui n'ont pas un caractère rural et les contribuables dont l'industrie est étrangère à l'agriculture. »

Mais en laissant son nouveau projet identique au premier sur tous les autres points, il ne s'est pas aperçu qu'il ne corrigeait qu'à moitié ses premières erreurs ; son impôt est, en effet, toujours prélevé d'une façon égale sur tous les cultivateurs sans aucune relation avec le danger, les risques que chacun d'eux fait courir à l'Etat. Toutes les autres critiques formulées à l'encontre de son premier projet peuvent donc être reproduites ici. La somme réalisée par le prélèvement de sa nouvelle contribution restreinte sera encore plus insuffisante pour réparer les pertes agricoles. Elle ne sera plus que de 23,600,000 fr. alors que les indemnités à payer s'élèveront au chiffre de 200 millions. Pour couvrir une pareille somme de dégâts ce n'est pas un impôt de 20 centimes qu'il faudrait percevoir, mais bien de 1 fr. 73 (1). On voit le peu de soin apporté par ce nouvel assureur, M. Quintaa, à la fixation du taux de la prime.

La procédure de l'expertise reste toujours la même, c'est-à-dire dépourvue de toute garantie sérieuse.

M. Quintaa osait espérer cependant que la commission traiterait avec plus de bienveillance son

(1) Jean Perriaud, *op. cit.*, p. 78.
(2) Exposé des motifs de la proposition.

nouveau projet et rendrait une décision *moins insolite* (2) que la première fois. Il avait même la prétention de croire être approuvé par l'opinion publique ; l'enquête à laquelle il prie ses collègues de se livrer auprès des populations des campagnes serait de nature à singulièrement le désillusionner. Aussi, la Commission n'a pas craint de déclarer sa deuxième proposition inapplicable et l'a rejetée comme la première.

Proposition Daynaud, de Cassagnac, etc. — Dans cette proposition, ce n'est pas la prime d'assurance qui prend la forme de l'impôt, c'est l'impôt lui-même qui devient une prime d'assurance. Aucune charge nouvelle n'est imposée aux contribuables ; on fait une véritable réforme financière et on applique les produits de l'impôt foncier au paiement des sinistres « atmosphériques. » L'Etat doit trouver une compensation, un dédommagement suffisant dans la conversion de la rente à 4 1/2, qui dès lors aurait un caractère plus juste, plus équitable ; le Trésor n'y perdrait rien ; il encaisserait une somme équivalente et l'impôt le plus inique, l'impôt foncier aurait vécu. Ce système ne devait être mis en vigueur que dans l'année qui suivrait la conversion. L'Etat joue le rôle d'une société mutuelle ; il ne paye les indemnités que jusqu'à concurrence des fonds déposés annuellement dans la caisse ; si les sommes encaissées ne sont pas suffisantes pour rembourser les pertes, elles sont distribuées proportionnellement entre tous les ayants-droit. Si d'un autre côté, dans une année heureuse, il reste un reliquat, on doit l'ajouter aux sommes ultérieurement encaissées, pour désintéresser les sinistrés. L'estimation des dommages sera faite contradictoirement avec la partie intéressée, dès que les sinistres seront signalés à l'administration ou au plus tard dans le mois de novembre, par une Commission composée : 1° du maire de la commune; 2° d'un membre désigné par le syndicat agricole du canton, ou à défaut de syndicat cantonal, par le syndicat agricole du chef-lieu d'arrondissement, et 3° par les contrôleurs des contributions directes de la région de la contrée sinistrée.

A côté de cette assurance obligatoire, il est créé une assurance facultative. Comme les indemnités ne seront payées que proportionnellement à l'encaisse, les agriculteurs pourront contracter une deuxième assurance en versant dans une caisse spéciale, toujours gérée par la Caisse des dépôts et consignations une prime de vingt centimes additionnels au principal de leur contribution foncière non bâtie ; ils auront ainsi une double sécurité : quand la distribution des fonds de l'assurance obligatoire sera insuffisante à réparer leurs pertes, ils puiseront dans la caisse de l'assurance libre, qui fonctionnera encore comme une mutuelle à cotisations fixes, entre les assurés de cette catégorie.

Les auteurs de cette proposition prêchaient en faveur de leur système qui, d'après eux, avait l'avantage sur le projet Quintaa, de ne pas créer de charge nouvelle et de ne pas faire payer à tous une assurance qui ne profitait qu'à quelques-uns. Or, précisément, ils donnent un avantage réel aux cultivateurs, en les déchargeant d'un impôt au détriment d'autres contribuables chargés de combler le vide dans le budget en supportant une réduction de leurs rentes ; l'agriculture n'a pas le droit de disposer pour elle seule de sa part d'impôts ; elle est tenue, comme toutes les autres industries, de contribuer à la confection du budget et de payer la sécurité qu'elle reçoit de l'Etat. Ils arrivent donc à une solution aussi inique que celle du projet Quintaa. « La vérité est qu'au lieu de demander 75 millions, comme avait fait M. Quintaa, vous allez plus loin, leur dit M. Perriaud (1), il vous faut le chiffre rond : 100 millions ou..... rien ; et la seule différence qui existe — quant au moyen de se procurer cette somme — entre la proposition de M. Quintaa et la vôtre, c'est qu'au lieu de vous adresser directement aux contribuables, vous chargez l'Etat de le faire pour vous. »

La cote foncière devenue subitement prime d'assurance, n'est pas, d'autre part, proportionnelle au risque ; ce sont précisément les départements les plus éprouvés par les fléaux qui payent le chiffre d'imposition le moins élevé.

MM. Daynaud et Cassagnac étendent la garantie de leur assurance à tous les effets dommageables des sinistres atmosphériques ; ils auraient sagement agi en nous énumérant les risques compris sous ce mot de sinistres atmosphériques. » Le terme était trop général pour ne pas être défini.

(1) Perriaud, *Le Crédit et les Assurances agricoles*, p. 38.

Et l'on se demande ce que vient faire le maire dans la commission d'expertise. Quel rôle a-t-il à remplir ? Quelle cause soutient-il ? L'assuré est là pour défendre ses intérêts; ceux de l'Etat sont sauvegardés par les contrôleurs. Peut-être a-t-on voulu ainsi donner un caractère officiel à l'expertise. C'est la seule explication de la présence de ce personnage ; celle du syndicataire se comprend davantage ; sa qualité nous révèle qu'il doit être, en réalité l'expert.

L'assurance facultative est, par le fait, une sorte de réassurance achetée par l'assuré lui-même, un moyen déguisé de lui faire payer une surprime en échange d'une garantie peut-être encore incomplète.

Les 100 millions provenant de l'impôt foncier ne suffisent pas, en effet, pour réparer les destructions des sinistres atmosphériques ; MM. Daynaud et Cassagnac feignent de l'oublier; avec notre projet, s'écrient-ils, pas de charge nouvelle, mais ils s'empressent d'ajouter : Si vous voulez être garantis un peu sérieusement, assurez-vous de nouveau, payez une prime spéciale.

Après la présentation d'un pareil système, nous nous étonnons quelque peu que M de Cassagnac ait osé dire que le projet Quintaa «n'a jamais été qu'une idiote réclame électorale faite pour les imbéciles.» (1)

La Commission dont M. Quintaa était précisément rapporteur, et qui était chargée d'examiner le projet Daynaud-Cassagnac, l'a repoussé en lui reprochant de diminuer «dans de grandes proportions l'élasticité du budget, les ressources provenant de la conversion

(1) Journal *L'Autorité*, numéro du 22 février 1893.

étant déjà escomptées pour compenser les moins-values constatées depuis quelque temps dans les diverses sources du revenu public. »

Deuxième classe. — *Propositions ayant pour objet la création de caisses d'assurances gérées et administrées par l'Etat.*

Proposition Langlois. — M. Langlois veut soumettre à l'assurance obligatoire tous les meubles et immeubles exposés à l'incendie, la grêle, la gelée, l'épizootie et l'inondation. Cette assurance doit être réalisée par une *Mutuelle Nationale* « dont les directeurs seront nommés dans chaque département par les Conseils généraux, et dont le directeur et contrôleur général sera nommé par l'Assemblée nationale, c'est-à-dire par les sénateurs et les députés réunis à cet effet ». La cotisation est fixe et identique pour tous les biens de même valeur ; son chiffre pour la première année est de 60 centimes par 1000 francs de valeur assurée ; il sera porté à 70 centimes si ce supplément suffit, d'après des calculs établis avant le 1er janvier 1883, à réparer les pertes causées par le phylloxéra aux récoltes des viticulteurs. Les indemnités sont payées immédiatement après la constatation des sinistres. Les sociétés actuellement existantes sont supprimées ; l'Etat leur donne un dédommagement pécuniaire en 3 0/0 amortissable, calculé sur le remboursement du capital versé et sur le rachat de la clientèle. Pour se procurer les fonds nécessaires, on procédera à une conversion de la rente du 5 au 4 1/2 0/0.

Cette proposition dénote chez son auteur une ignorance complète des conditions de l'assurance; elle ne respecte pas le principe de la concordance du risque et de la prime; elle établit un mécanisme compliqué dont tous les rouages sont mus par des fonctionnaires du gouvernement, et va jusqu'à reproduire pour la nomination du directeur général, les formalités nécessaires pour élire le président de la République. Le fonctionnement d'une pareille combinaison est absolument impossible, et le sort de cette mutuelle à rayon étendu avec une cotisation unique est plus qu'incertain.

Le paiement des indemnités aux Compagnies existantes entraînerait, d'autre part, des dépenses énormes, dont M. Langlois paraît ne pas se douter.

Aussi M. Tisserand, dans son rapport fait au nom de la Commission chargée d'examiner ce projet déclare « que la proposition Langlois donne lieu à de sérieuses objections », et, s'il conclue à la prise en considération, c'est tout simplement pour engager le législateur à se préoccuper de la question des assurances agricoles.

Proposition Chollet. — M. Chollet trouve que l'assurance est une institution éminemment morale « qu'il ne faut pas seulement encourager, mais rendre obligatoire dans certains cas » ; l'intervention de l'Etat, dans cette branche de l'activité humaine lui paraît être un progrès réalisé.

Il propose la création d'une caisse mutuelle nationale, gérée, administrée et subventionnée par l'Etat;

« l'Etat n'est pas assureur, mais c'est lui qui fait le travail ; il encaisse les primes, il paye les sinistres ; en un mot, il devient l'administrateur général des assurés, rien de plus. » (1).

La caisse nationale garantit les risques incendie, épizootie, accident, grêle, gelée et inondation. M. Chollet distingue entre ces risques ceux contre lesquels l'homme ne peut rien et ceux dont il peut provoquer la réalisation. Les premiers, la grêle, la gelée et l'inondation sont complètement couverts par l'assurance ; le propriétaire reste au contraire son propre assureur pour le cinquième de la valeur de la chose assurée en ce qui concerne l'incendie, les épizooties, les accidents. Ce système, qui a une apparence de vérité, fait peser sur tous les assurés de la dernière catégorie sans distinction une présomption de mauvaise foi, et c'est bien une accusation générale de malveillance que M. Chollet formule contre eux, quand il déclare qu'ils ne bénéficieront pas de l'assurance obligatoire.

La cotisation prend la forme d'un impôt additionnel : elle est recouvrée par les percepteurs. Mais M. Chollet, plus avisé que ses prédécesseurs, déclare qu'elle n'est point fixe, et qu'elle doit varier suivant les valeurs à assurer ; il laisse le soin de la fixer à un règlement administratif.

L'évaluation des propriétés n'est pas faite, ainsi que cela se pratique aujourd'hui par l'assuré lui-même, mais par le contrôleur des contributions directes d'accord avec l'assuré, et assisté du maire

(1) Exposé des motifs de la proposition.

de la commune, et, au besoin, d'un répartiteur de la localité. Un tableau des valeurs à assurer est dressé dans chaque commune et affiché pendant huit jours à la porte de la Mairie. Chacun a le droit de le contrôler et de réclamer pour lui ou pour les autres. En cas de contestation, le Conseil municipal statue en dernier ressort sur toutes les difficultés qui peuvent s'élever dans cet ordre d'idées (art. 5). Toutes les contestations doivent être définitivement tranchées avant l'ouverture de l'exercice (art. 6)

C'est bien là de la véritable inquisition et de l'inquisition à deux degrés.

Chaque assuré verra ainsi sa fortune mobilière et immobilière (les valeurs en portefeuille exceptées), discutée une première fois par le contrôleur des contributions directes, le maire et le répartiteur, et une seconde fois par tous ses concitoyens.

La Commission d'évaluation, d'autre part, se trouve composée de trois personnes qui n'ont aucune qualité pour établir la juste valeur des objets assurés, et la procédure suivie est d'une complexité étrange.

Quel inconvénient y aurait-il eu à laisser, comme dans le système actuel, l'assuré libre de faire lui-même l'estimation de ses biens ? il avait tout intérêt à faire une déclaration exacte, pour n'avoir pas à payer des primes trop élevées, et pour avoir, en cas de sinistre, une indemnité réparatrice. L'évaluation faite par la Commission a le grave inconvénient d'engager pour toujours la Société et de ne pouvoir être diminuée le jour du sinistre, sans soulever des plaintes bien légitimes de la part de l'assuré.

Elever le Conseil municipal en arbitre souverain, c'est introduire la politique dans un ordre de choses d'où elle devrait être à jamais bannie et imposer un délai relativement court pour la solution de questions quelquefois complexes et ardues, c'est vouloir se priver d'une bonne justice.

Le système inquisitorial se retrouve encore dans les formalités relatives au sinistre. M. Chollet veut que tout sinistré fasse à la Mairie, où elle sera immédiatement affichée, la déclaration détaillée de ses pertes et partant, de l'indemnité à laquelle il croit avoir droit. L'affichage durera quinze jours, après lesquels, s'il n'y a pas contestation, l'indemnité sera immédiatement payée au sinistré (art. 7). Sous prétexte de supprimer les difficultés d'une expertise, M. Chollet donne ainsi à chaque citoyen le droit de contredire à la déclaration du sinistre, et comme il ne fixe aucune pénalité dans le cas d'une opposition sans cause, il livre ainsi les intérêts de chacun à la haine et à la passion politique de tous. Et s'il naît une contestation, c'est la Commission d'évaluation sans l'intéressé auquel on accorde pourtant la faveur d'être entendu, qui doit la juger. Les droits de l'assuré seront ainsi appréciés par des personnes que l'intérêt du fisc ou un caprice politique pourront dominer. Ces jugements, il est vrai, ne seront pas sans appel, et on pourra les porter, suivant l'importance du dommage, soit devant le juge de paix du canton soit devant le Tribunal civil de l'arrondissement où se trouvaient les objets assurés.

L'Etat se réservera le droit, au nom de la Caisse

mutuelle nationale d'assurances, s'il s'agit de biens meubles, de les payer pour le tout et de faire vendre ce qui reste au profit de la dite caisse ; s'il s'agit d'un immeuble, il pourra le faire réparer ou reconstruire, aux frais de la caisse, au lieu de payer l'indemnité en argent (art. 9).

M. Chollet ne supprime pas les compagnies existantes ; il leur permet de vivre, mais il veut leur faire une concurrence redoutable et les obliger peu à peu à liquider, sans avoir à leur verser une indemnité. C'est une expropriation lente, injuste et hypocrite.

Le système proposé par M. Chollet est donc, à plus d'un point de vue, absolument défectueux ; il est énergiquement combattu par M. Jonnart (1) avec des arguments très sérieux. « M. Chollet a le tort, dit M. Jonnart, de demander le concours financier permanent de l'Etat et de développer ainsi le système des subventions qui conduit à l'imprévoyance et qui amène des abus dûs au favoritisme politique..... L'obligation est opposée à l'esprit de prévoyance, et au surplus, elle peut faire peser sur l'Etat de lourdes responsabilités. Si, en effet, l'obligation de s'assurer existe pour les agriculteurs, elle a une contre-partie inéluctable, l'obligation pour l'Etat de couvrir intégralement les sinistres ; l'Etat devient dès lors l'assureur ; il sort du rôle d'administrateur qu'il peut légitiment revendiquer et auquel il devait se restreindre. »

Le projet Chollet a été rejeté par la Commission chargée de l'examiner ; dans le rapport dressé par M. Quintaa, au nom de cette Commission, il est

(1) Proposition de loi de M. Jonnart — (Exposé des motifs).

dit que l'initiative privée a donné de bons résultats dans l'assurance contre l'incendie, les accidents et les épizooties, et que dès lors « l'Etat ne saurait efficacement assurer les récoltes que contre deux risques : la grêle et la gelée. »

Proposition Jonnart. — M. Jonnart veut « organiser un système d'assurances qui ait pour but l'intérêt de l'assuré et non celui de l'assureur, — contrairement à la pratique suivie par les Compagnies d'assurances, — qui présente toute sécurité au point de vue de la conservation et de la répartition des fonds versés par les intéressés, — différent en cela de celui des mutuelles existantes, — qui coûte le moins cher possible, — grâce à l'intervention administrative de l'Etat, — qui non-seulement n'étouffe pas l'esprit de prévoyance, — comme le misérable palliatif des secours des ministères ou comme l'assurance obligatoire ; — mais au contraire, le fasse naître et le développe, — qui ne soit pas onéreux pour l'Etat, enfin qui n'engage pas la reponsabilité de l'Etat, — comme l'assurance par l'Etat. »

En proposant sa combinaison, M. Jonnart est guidé par les mêmes idées, qui ont inspiré ses prédécesseurs ; il prétend que les Compagnies d'assurances actuelles ne sont pas venues sérieusement en aide aux cultivateurs et que le système des secours est non-seulement insuffisant, mais encore immoral, en ce qu'il conduit au favoritisme politique et à l'imprévoyance. Instruit toutefois par l'échec des propositions antérieures, il cherche à créer un système nouveau : il rejette délibérément le concours financier de l'Etat et ne fait intervenir la machine gouvernementale que pour diminuer les frais d'administration ; il renonce même à l'assurance obligatoire.

Il croit trouver la solution du problème dans l'extension des caisses de secours qui fonctionnent dans quelques départements comme la caisse des Ardennes, de la Marne, de la Meuse, de la Somme. Ces caisses distribuent une indemnité à leurs membres sinistrés, proportionnellement à leur encaisse, qui est le produit de collectes, de subventions et de dons (1). M. Jonnart veut répandre dans toute la France ces institutions, et, pour cela, il propose de créer une caisse de secours dans chaque département, assurant contre la grêle, la gelée, l'épizootie, les inondations. Les caisses départementales « auraient une personnalité propre et s'administreraient d'une manière autonome. Toutefois, comme il existe de grandes différences entre les départements, au point de vue de la fréquence et de la gravité des sinistres, surtout en ce qui concerne la gelée et les inondations, toutes les caisses départementales seraient rattachées à une caisse centrale par un système de mutualité. » (2).

La caisse centrale serait alimentée par un tantième prélevé sur les recettes des caisses départementales; il serait constitué ainsi un fonds de réserve dans lequel les caisses départementales puise-

(1) Chorel, *De l'Assurance par l'Etat*, p. 144.
(2) Proposition de loi de M. Jonnart (*Exposé des motifs*).

raient, en cas d'insuffisance de leurs ressources. C'est de la mutualité à deux degrés. Les secours distribués annuellement par l'Etat pourraient être versés pendant quelques années seulement dans la caisse centrale pour constituer une mise de fonds; mais leurs distributions aux victimes des sinistres « en vue desquels les caisses fonctionneraient » devraient être supprimées, afin de développer dans nos campagnes l'esprit de prévoyance, et d'aider à la prospérité des caisses d'assurances.

Dans sa proposition de loi, M. Jonnart s'occupe tout d'abord de l'organisation de la caisse centrale.

Cette caisse a son siège à Paris ; elle est alimentée :

1° Par le versement du 1/20 des recettes réalisées par les caisses départementales ;

2° Par l'apport que l'Etat effectuera pendant les dix premières années, sauf prorogation par une loi, du produit de deux centimes additionnels aux contributions foncière et personnelle-mobilière;

3° Par les dons en numéraire, qui pourront être faits à l'institution, à titre purement généreux;

4° Par les intérêts et revenus provenant du placement des fonds sans emploi. Comme toute société d'assurances, la Caisse nationale est obligée de constituer une réserve. Cette réserve est formée par :

1° Le dixième du produit des versements des caisses départementales, dont le prélèvement sera effectué chaque année avant la répartition des subventions (Comp. anal. art. 4 du décret du 22 janvier 1868); —ce sera la réserve légale;

2° Des sommes qui n'auront pas été employées sur un exercice après le payement des frais d'administration et la distribution générale des subventions — ce sera la réserve statutaire.

La caisse centrale est placée sous le patronage de l'Etat ; elle est administrée par un directeur qui est nommé par le Ministre de l'agriculture sur la présentation d'un Conseil d'administration qui peut contrôler ses actes.

Le Conseil d'administration se compose du Ministre de l'agriculture, président de droit, de cinq sénateurs élus par le Sénat, de cinq députés élus par la Chambre des députés, du directeur de l'agriculture au ministère de l'agriculture, du directeur du contrôle des administrations financières de l'inspection générale, du directeur général de la comptabilité publique au ministère des finances, de trois membres du Conseil supérieur de l'agriculture élus par leurs collègues et du directeur de la Caisse des dépôts et consignations; le directeur de la Caisse nationale de secours y remplit les fonctions de secrétaire, avec voix consultative. Les fonctions de membre du Conseil d'administration sont gratuites.

Le trésorier de la Caisse est de droit le directeur de la Caisse des dépôts et consignations.

Chaque année, le directeur, qui est dépositaire des registres, états et papiers concernant l'administration de la caisse ou les sinistres, convoque le Conseil d'administration après avoir pris l'avis du Ministre de l'Agriculture et du vice-président. Le Conseil d'administration examine les demandes de subventions formées par les caisses départementales, arrête le montant des subventions, en ordonne le paiement et en fixe la date ; il détermine le traitement du directeur, le nombre et les émoluments de ses agents, de même que les indemnités qui peuvent être dues pour frais de voyages et autres causes.

Après la clôture de la session annuelle du Conseil d'administration, le directeur distribue les allocations, au moyen de mandats de paiement sur la caisse des dépôts et consignations adressés aux caisses départementales par l'intermédiaire des préfets.

Le directeur de la caisse des dépôts et consignations, doit après la répartition des subventions aux caisses départementales, dresser un compte des recettes et des dépenses qui comprend dans des tableaux séparés:

1° le montant, par département et par nature de sinistres, des versements effectués à la caisse nationale ;

2° le montant, par département et par nature de sinistres, des pertes subies, des indemnités accordées, des subventions demandées, et des subventions allouées.

Quant aux caisses départementales, elles sont sous le patronage du Conseil général, des Conseils d'arrondissement, des sociétés et des chambres consultatives d'agriculture ; elles ont leur siége au chef-lieu du département.

Chaque caisse départementale est alimentée par le produit des cotisations individuelles, qui seront annuellement recueillies dans toutes les communes du département ; ces cotisations sont variables : elles seront au début, fixées à titre d'essai arbitrairement pour chaque département, et sans aucune relation forcée avec l'importance des valeurs agricoles auxquelles elles sont affectées, mais dans la suite et aussitôt que possible, des tarifs différenciels seront établis d'après la statistique des sinistres, en tenant compte de leur fréquence dans chaque localité ; les cotisations seront recueillies par les soins des municipalités et versées au percepteur de la région qui devra les remettre pour l'arrondissement du chef-lieu au trésorier-payeur général et pour les autres arrondissements, aux receveurs particuliers des finances.

Les ressources de la caisse se composent encore ;

1° des dons en numéraire qui pourront être faits à l'institution à titre purement généreux, soit au moment, soit en dehors de la souscription générale ;

2° des subventions qui pourront être obtenues de l'Etat, du département, des communes et des particuliers.

3° des intérêts et revenus provenant du placement des fonds sans emploi.

Le fonds de réserve est constitué par :

1° le prélèvement d'un 1/20 du produit des souscriptions annuelles, qui doit être effectué chaque année avant la répartition des secours, un autre 1/20 devant être versé à la caisse nationale de secours (ce prélèvement constitue la réserve légale) ;

2° des sommes qui n'auront pas été employées sur

un exercice après le paiement des frais d'administration et la distribution générale des secours (le montant de ces sommes forme la réserve statutaire).

La caisse départementale ne diffère guère, comme on le voit, au point de vue de son fonctionnement par rapport à l'assuré des sociétés mutuelles existantes.

Lorsqu'un sinistre se produit, il est constaté au nom de la société départementale par un bureau local particulier à chaque commune, composé du maire, président, de trois cultivateurs ou propriétaires résidant dans la commune, désignés par le Conseil municipal et choisis dans son sein ou en dehors, et du contrôleur des contributions directes de la circonscription ; dans le cas où il n'est pas possible de constituer dans une commune un bureau local, c'est le bureau d'une commune voisine désignée par le Conseil d'administration qui est chargé de constater les dommages causés par les sinistres.

La caisse départementale paye les indemnités en tenant compte non pas de l'importance des dégâts, mais du montant des cotisations payées par l'assuré. Si les ressources de la caisse départementale sont reconnues insuffisantes pour régler les sinistres, on pourra demander un secours à la caisse centrale.

L'Administration des caisses départementales comprend un conseil d'administration, un directeur nommé par le préfet sur la présentation du Conseil d'administration, un trésorier dont la fonction est remplie par le trésorier-payeur général. Le Conseil d'administration se compose du préfet, président de droit, des membres du Conseil général, de sept notables désignés pour trois ans par le préfet, sur une liste double, dressée par le Conseil général, et rééligibles, et du trésorier-payeur général. Il choisit dans son sein un vice-président.

Tous ces différents organes de l'administration fonctionnent comme ceux de la caisse centrale.

Le Conseil d'administration se réunit aussi souvent que besoin est, sur la convocation du directeur après avis du préfet et du vice-président; il prend connaissance des procès-verbaux d'évaluation des pertes, prescrit toute vérification et ordonne toute rectification quand il le juge utile, arrête le montant des indemnités, en ordonne le paiement et en fixe la date. Il détermine le traitement du directeur, le nombre et les émoluments de ses agents, de même que les indemnités qui peuvent être dues pour frais de voyages et autres causes.

Le directeur procède à la distribution des secours alloués, au moyen de mandats de payement sur la caisse, adressés aux sinistrés par l'entremise du maire de leur commune.

Le trésorier doit fournir chaque année, dans des tableaux séparés :

1° Le montant, par chaque commune, des souscriptions recueillies pour l'année;

2° Les noms et domicile des souscripteurs sinistrés, ayant droit à la répartition des secours, la somme versée et la perte essuyée par chacun d'eux, ainsi que le montant des secours alloués.

Pendant la session d'août du Conseil général, et

une fois par an, sur la convocation (transmise huit jours à l'avance) du directeur, qui prend préalablement l'avis du Préfet et du vice-président, l'assemblée générale, présidée par le Préfet et composée du Conseil d'administration, des présidents des Comices agricoles ou Sociétés d'agriculture, du donateur le plus important de chaque canton, se réunit à l'hôtel de la Préfecture. Cette assemblée générale a un contrôle moral sur la gestion de la caisse et a en outre pour mission :

1° De régulariser toutes les opérations de l'exercice expiré ;

2° D'arrêter le compte général et détaillé des recettes et des dépenses de l'exercice déjà vérifié par le Conseil d'administration ;

3° D'examiner les réclamations sur lesquelles le Conseil d'administration n'aurait pas cru devoir statuer ;

4° D'entendre le compte-rendu sur les opérations de l'exercice et la situation de la caisse ;

5° De déterminer le mode de placement de la réserve disponible ;

6° D'examiner toute proposition, qui pourrait être faite par un membre de l'assemblée.

Dans un titre III, M. Jonnart édicte certaines dispositions générales communes à la caisse centrale et aux caisses départementales.

Les directeurs des deux caisses ne peuvent remplir d'autres fonctions administratives ; ils sont révoqués : 1° dans le cas de malversation, faute lourde et perte des droits civils;

2° dans le cas de négligence ou d'incapacité notoire dans l'exercice de leurs fonctions.

Les sinistrés et lés caisses départementales ne peuvent, dans aucun cas, exercer un recours judiciaire, fondé sur la manière dont les secours et subventions auront été répartis.

Telle est, dans tous ses détails, la proposition de M. Jonnart.

La Commission chargée de l'examiner, et dont M. Quintaa était le rapporteur l'a rejetée, sous prétexte que la Caisse nationale n'a pas à distribuer des secours, mais bien à fournir à l'agriculture une assurance réelle contre deux catégories de sinistres seulement, grêle et gelée, et que les cotisations ne doivent pas être facultatives mais obligatoires. Cette dernière critique est à l'avantage, il faut le reconnaître, de M. Jonnart, qui a une fois au moins, appliqué les véritables principes.

La seule originalité de son systéme qui paraît au premier abord assez ingénieux, réside dans l'établissement de la mutualité à deux degrés.

Quant au mode d'assurance qu'il préconise, il n'est pas nouveau ; c'est celui que l'on trouve pratiqué par les caisses de secours, créées au début de ce siècle. Quelques-unes de ces caisses existent encore à cette heure, comme un vestige d'un temps passé ; elles datent d'une époque où l'assurance agricole n'était pas complètement organisée, et où « la personnalité du département était encore mal définie » ; on n'avait point encore nettement établi à ce moment que « les règles générales applicables aux établissements publics s'opposent à ce que ces établissements constituent des entreprises commerciales ou industrielles ou s'y associent d'une manière plus ou moins directe », et on laissait le département gérer lui-même ces caisses.

Aujourd'hui où ces principes sont posés, le département ne peut plus remplir de pareilles fonctions ; il a toutefois le droit de continuer à administrer celles qui existent déjà. Cette situation est expliquée dans une lettre du ministre de l'intérieur à M. le Préfet des Vosges, en date du 9 août 1897 (1). « Le Conseil d'Etat, dit le Ministre, a émis le 21 mai 1896, l'avis que la création d'assurances contre l'incendie, aux risques et périls du département, constitue une entreprise étrangère aux attributions des Conseils généraux, et que si les départements peuvent recourir aux divers modes d'assurance contre l'incendie, pour garantir leurs propriétés, ils ne sauraient organiser eux-mêmes des entreprises destinées à assurer des particuliers contre l'incendie ou contre tout autre fléau.....

L'ancienneté de ces créations (caisses départementales des Ardennes, de la Marne, de la Meuse, de la Somme), explique que les recours qui ont été récemment dirigés contre elles aient été rejetés pour forclusion. »

Ce sont ces vieilles institutions que M. Jonnart veut ressusciter et qu'il cite comme exemple ; or, ces caisses, qui peuvent fonctionner au gré de leurs clients, ne sont relatives qu'au risque incendie : il

(1) *Revue générale d'administration 1896*, chap. III, p. 408.

est fort douteux qu'appliquées aux risques agricoles, et notamment au risque grêle dont l'action est si générale dans une même région, elles obtiennent un résultat identique. En enfermant l'assurance d'un fléau comme celui de la grêle dans les limites d'une circonscription départementale, elles s'exposent, suivant leur situation topographique, à avoir presque chaque année un chiffre d'indemnités à payer beaucoup plus élevé que celui des cotisations perçues. « Il existe, dit M. Perriaud (1) trente départements, dans lesquels il sera impossible aux caisses départementales de pouvoir appliquer un tarif correspondant aux pertes, par la raison que ce tarif se trouverait supérieur de 20 à 30 0/0 à celui des sociétés privées : pour certains départements, il le serait même davantage encore ». Le rayon limité des opérations des caisses départementales les voue, on le voit, à un prompt insuccès.

Il est vrai que M. Jonnart a cherché à éviter ce vice inhérent à l'assurance agricole localisée, en créant une caisse centrale destinée à alimenter, en cas de besoin, les caisses particulières. L'idée est excellente, mais son application serait impuissante à réparer le vice d'organisation de ces caisses au rayon trop restreint.

La Caisse centrale doit, en effet, posséder des ressources pour venir en aide aux caisses départementales, et ces ressources, ce sont précisément les caisses départementales qui sont chargées de les lui fournir, sous la forme d'un tantième prélevé sur

(1) PERRIAUD. *Le crédit et les assurances agricoles*, p. 44 et 45.

leurs recettes. Or, ces caisses pourraient-elles ou voudraient-elles distraire ainsi une portion de leurs ressources ?

Dans les départements souvent éprouvés par les fléaux, où le nombre des assurés serait certainement le plus élevé, les recettes seraient plus qu'absorbées par le paiement des sinistres. Et dans les départements plus fortunés, en admettant qu'il y eut des assurés, consentiraient-ils à verser une cotisation supérieure au risque qu'ils feraient courir à la caisse, pour réparer les pertes d'un département voisin, en d'autres termes à payer pour les autres ? Nous en doutons fort.

On ne peut, d'un autre côté, compter sur des dons généreux pour remplir la caisse centrale, cette ressource est trop aléatoire.

Les caisses départementales ne verseraient donc que des indemnités insignifiantes et la caisse nationale serait souvent vide. Mieux vaut certainement le système actuel. L'échec des petites mutuelles locales dues à l'initiative privée aurait dû faire réfléchir M. Jonnart et le mettre en garde contre l'excessive limitation territoriale de ces caisses, qui font de l'assurance embryonnaire plutôt même de l'assistance.

On dirait cependant qu'il s'est rendu compte des difficultés pécuniaires qui attendaient son institution, car il en arrive, lui l'adversaire de l'intervention financière de l'Etat, à recourir aux subventions. Il espère bien n'avoir besoin de cette aide que pour faciliter les débuts de son entreprise, c'est-à-dire pendant 10 ans, mais enfin il se réserve le droit de demander perpétuellement ces secours. Le chiffre des subventions actuelles provenant d'un centime additionnel au principal de l'impôt lui paraît même trop faible pour couvrir les déficits annuels de ses caisses ; il l'augmente, en demandant le produit de deux centimes additionnels aux contributions foncière et personnelle mobilière. Ainsi, on est amené à conclure avec M. Gendre (1) qu' « évidemment, M. Jonnart cherche à remédier, dans la mesure du possible aux inconvénients de son système, mais que, partant d'un principe faux, le remède ne peut être qu'un palliatif inefficace et insuffisant ».

L'organisation des caisses de M. Jonnart est aussi défectueuse ; tous les rouages sont entre les mains des agents du gouvernement, sous le contrôle des représentants de l'Etat ou du département ; les directeurs sont nommés, les uns par le ministre de l'agriculture, les autres par le Préfet. Il est à craindre que cette immixtion de l'Etat et du département dans le domaine des assurances agricoles n'engage la responsabilité tout au moins morale de l'administration. « La population des campagnes ne comprendrait pas facilement cette distinction entre un engagement de l'Etat et un simple patronage administratif. Les cultivateurs croiraient fermement que le gouvernement s'est obligé à les indemniser. Si l'expérience les détrompait, si les ressources de la Caisse étaient insuffisantes, la déception serait complète » (2). Le

(1) Proposition de loi du 3 juillet 1894. Exposé des motifs, p. 7.
(2) Raymond Duguay, *op. cit.*, p. 86.

législateur doit réfléchir avant d'engager l'Etat dans une pareille entreprise.

La procédure d'expertise indiquée par M. Jonnart ne nous paraît pas, d'autre part, offrir toutes les garanties voulues ; nous avons un doute sur la compétence et sur l'impartialité du bureau communal chargé du réglement des indemnités. Et cependant, l'assuré ne pourra exercer aucun recours judiciaire contre « la manière dont les secours et subventions auront été répartis », il lui sera interdit de protester et d'obtenir justice.

En lisant cette disposition, on ne croirait pas qu'elle a été édictée par un de nos représentants qui cherche à améliorer notre système actuel.

Décidément, la proposition de M. Jonnart n'est pas de nature, quoiqu'en pense son auteur, à résoudre la question des assurances agricoles.

Proposition Emile Rey et Lachièze. — MM. Emile Rey et Lachièze, pénétrés de la nécessité de l'assurance agricole, veulent donner à cette institution le développement qu'elle mérite, en l'organisant sur de nouvelles bases. Ils réprouvent l'assurance directe par l'Etat qui aurait pour effet d'indemniser les agriculteurs avec les fonds du budget, et qui, par conséquent, conduirait à des conséquences injustes, mais ils pensent cependant que le concours de l'Etat est absolument indispensable « pour organiser la solidarité entre tous les propriétaires ».

Ce qu'ils rêvent, en mot, c'est une grande mutualité établie par l'Etat, dont l'intervention leur paraît être d'une efficacité absolue.

Ils édictent l'assurance obligatoire comme une nécessité inévitable pour avoir, dès le début, un grand nombre d'assurés et pour amener la réussite de leur système. Mais ils cherchent à atténuer ce qu'elle a de révoltant, en la déguisant derrière une délibération du Conseil municipal, et en adoptant un système qui allie la liberté avec la contrainte.

Les conseillers municipaux seraient les arbitres des intérêts particuliers de leurs administrés et décideraient « s'il y a lieu d'assurer les cultivateurs contre tel ou tel fléau. » Leur avis favorable à une assurance aurait pour effet de l'imposer à tous les habitants de la commune. « Facultative pour les communes, l'assurance agricole serait donc obligatoire pour l'individu. »

MM. Rey et Lachièze espèrent que les édiles de chaque pays seront moins réfractaires que la masse des propriétaires à l'idée de l'assurance.

En admettant, d'autre part, la classification des risques, ils pensent avoir enlevé à l'assurance obligatoire son caractère « le plus injuste et le plus irritant. » Dans leur système, en effet, les cotisations sont proportionnées aux risques, suivant les régions, les cultures ou l'espèce animale.

Les auteurs du projet estiment que l'Etat a le devoir de subventionner leur caisse d'assurances « en raison de l'intérêt national qui se trouve engagé » dans la question. Cette subvention devra être de 20 % et servira à soutenir un peu l'institution sur l'avenir de laquelle MM. Rey et Lachièze semblent avoir quelque doute.

D'après leur proposition, la Caisse nationale d'assurances mutuelles agricoles garantit la grêle, la gelée, l'inondation et la mortalité du bétail ; elle est gérée et administrée par l'Etat. Elle est alimentée ; 1° par des dons et legs ; 2° par des cotisations ; 3° par la subvention de l'Etat égale à 20 % du montant des cotisations ; 4° par les intérêts et revenus de ces diverses ressources.

Les cotisations sont établies pour chaque sinistre et pour chaque commune d'après les relevés faits par l'Administration sur les sinistres antérieurs, de manière à ce qu'elles soient aussi exactement que possible proportionnées aux risques (art. 5). Elles sont recouvrées par les percepteurs, versées par eux entre les mains des receveurs des finances, qui les déposent à leur tour à la Caisse des dépôts et consignations. La Caisse des dépôts et consignations fait valoir les ressources de la Caisse nationale d'assurances mutuelles agricoles. Une réserve doit être constituée au moyen du prélèvement d'un dixième sur les cotisations et les excédents des exercices antérieurs. Les cotisations particulières à chaque risque sont versées dans une caisse spéciale ; les fonds de chaque caisse ne peuvent être employés que pour réparer les pertes provenant du sinistre en vue duquel ils ont été constitués. Un règlement d'administration publique fixera le montant des cotisations afférentes à chaque commune pour chaque risque.

Dans les communes assurées, les propriétaires doivent faire la déclaration du montant de leurs valeurs garanties ; cette déclaration est consignée sur un registre spécial ; dans le cas où les assurés négligent de la faire, une Commission spéciale composée de deux membres élus par le Conseil municipal et d'un membre désigné par le préfet, supplée à leur silence.

Le registre, une fois clos, reste pendant quinze jours à la disposition du public pour recevoir les réclamations des intéressés. Après ce délai, la Commission statue en dernier ressort sur ces réclamations.

Quand les propriétaires sont atteints par un sinistre, ils sont tenus de faire, dans les quarante-huit heures, leur déclaration au maire, qui avise aussitôt le préfet, lequel doit, dans les huit jours, envoyer un agent pour évaluer les dommages à l'amiable avec l'intéressé. En cas de contestation et de désaccord, les dommages sont réglés dans un délai maximum de quinze jours, conformément aux règles édictées par la loi du 21 mai 1836 en matière d'élargissement de chemins vicinaux. Les indemnités sont calculées à la fin de chaque année d'après les fonds disponibles de la caisse (art. 9).

MM. Rey et Lachièze abandonnent à un règlement d'administration publique le soin de déterminer les conditions d'application et de fonctionnement de la loi.

Cette proposition contient, le fait mérite d'être remarqué, l'application de quelques vrais principes en matière d'assurance, comme la classification des risques, par exemple, mais elle présente aussi des erreurs et des vices sans nombre.

L'organisation du système proposé par MM. Emile Rey et Lachièze est, en effet, très défectueuse.

La participation de l'Etat à l'assurance, ainsi que nous l'avons vu en examinant les propositions antérieures, ne donne aucune garantie aux assurés, et elle offre le danger d'engager la responsabilité morale du gouvernement, sans entraîner aucune économie.

Il est fort douteux d'autre part que la combinaison originale, hybride inventée par MM. Emile Rey et Lachièze, et qui consiste à mitiger le caractère obligatoire de l'assurance par le pouvoir donné aux Conseils municipaux obtienne quelque résultat sérieux. Les auteurs de la proposition vont peut-être un peu loin en déclarant que le Conseil municipal « est le meilleur juge des intérêts de la commune au point de vue de l'opportunité d'une assurance. » C'est accorder aux municipalités beaucoup de confiance, leur supposer beaucoup de sagesse ; c'est leur donner une mission qui est contraire à leur essence et à leur but; elles sont créées pour défendre les intérêts communs à tous, et non pas ceux particuliers à chacun.

Les conseillers municipaux ne voteraient, du reste pas aussi facilement que semblent le croire MM. Émile Rey et Lachièze, le principe de l'obligation ; ils ne voudraient pas prendre une décision aussi grave sans consulter leurs administrés et alors qu'arriverait-il ?

Par l'examen de la situation actuelle il nous est permis de conclure que dans le plus grand nombre de communes, la majorité se prononcerait contre l'assurance de la gelée, de l'inondation et de la mortalité du bétail. Quant à la grêle, il faut distinguer : dans les communes non visitées ou visitées rarement par ce fléau, ou dans les communes où les productions n'ont pas à souffrir beaucoup de l'action de ce risque, évidemment la majeure partie pour ne pas dire l'unanimité des habitants ne voudrait pas payer la garantie d'un mal qui ne peut l'atteindre, ou qu'elle ne redoute pas. Les habitants des communes souvent ravagées par la grêle auraient seuls intérêt à demander l'assurance ; les conseils municipaux qui les représentent se décideraient peut-être à voter l'obligation.

La caisse nationale imaginée par MM. Reyet Lachièze ne compterait donc que des assurés dont les risques seraient très dangereux, et elle ne pourrait pas réparer les pertes qui se produiraient, n'ayant pas de clients, lui permettant, comme compensation de réaliser des bénéfices. Pour ne pas aboutir à un échec lamentable, elle serait obligée d'élever les primes à un taux encore supérieur à celui posé par les compagnies, qui ont le droit de refuser, ce qu'elles font en réalité assez souvent, la garantie de trop mauvais risques. MM. Émile Rey et Lachièze ont peut-être ainsi critiqué un peu imprudemment les sociétés actuelles sur leur cherté.

Aussi ou comprend que la Commission chargée d'examiner ce projet et dont M. Quintaa était rapporteur ait conclu « que l'application d'une loi dont le caractère est universel ne saurait être subordonnée aux décisions variables des municipalités petites et grandes, et que l'obligation de l'assurance ne peut se justifier que par la nécessité d'établir une solidarité étroite entre tous les agriculteurs sans exception. »

Le système de MM. Émile Rey et Lachièze donne lieu encore à d'autres critiques.

En accordant à la délibération d'un Conseil municipal la puissance d'imposer l'assurance, il tue l'esprit de prévoyance et confère aux édiles d'une commune un pouvoir dictatorial, abusif, leur remet le sort de la fortune privée de tous leurs commettants.

Il n'est pas tenu compte des cultivateurs trop pauvres pour payer une prime d'assurance ; leur situation n'est pas déterminée.

MM. Emile Rey et Lachièze ne se préoccupent pas non plus de ceux qui sont déjà assurés à une compagnie existante, et qui sont obligés par un contrat de payer à cette compagnie une prime pendant de nombreuses années. Le Conseil municipal ne peut les soumettre à acquitter une nouvelle cotisation, à moins qu'il ne remplisse lui-même l'engagement de l'assuré vis-à-vis de la société privée. Cette perspective d'avoir ainsi à débourser des sommes peut-être assez élevées pendant un certain nombre d'années, sera encore de nature à tempérer son zèle en faveur de l'assurance obligatoire, et à amener un vote négatif.

Quant à la subvention de l'Etat, les auteurs du projet croient la justifier en disant que dans l'assurance agricole il y a non seulement un intérêt particulier en jeu, mais un intérêt général.

La théorie est élastique. Partant d'un pareil principe, l'Etat devrait subventionner toutes les institutions utiles de notre époque : elles remplissent les conditions voulues.

Le système des déclarations de valeurs assurées est inquisitorial ; il permet à toute personne de contester l'évaluation du propriétaire, et il n'édicte aucune sanction pour le cas de fausse contestation. Si l'assuré ne fait pas de déclaration, il est inscrit d'office pour un chiffre arbitraire, par une commission toute politique, et s'il proteste contre cette fixation, c'est cette même commission qui juge les raisons qu'il fait valoir.

Voilà une garantie quelque peu illusoire, de nature à nous faire oublier que MM. Rey et Lachièze poursuivaient, en rédigeant leur projet, un but d'équité et de justice.

Proposition Philipon et Pochon. — MM. Philipon et Pochon proposent la création d'une « vaste société d'assurances mutuelles, opérant sur toute la surface du territoire, et garantissant la gelée et la grêle ».

Pour eux, la mortalité du bétail demande une réglementation spéciale et doit faire l'objet d'une proposition de loi particulière ; quant aux autres risques, ils déclarent, en invoquant les principes posés par M. de Courcy, qu'ils ne peuvent être matière à assurance ; ils semblent ne pas se douter qu'au nom des mêmes principes, la gelée est aussi un fléau inassurable.

Leur institution est placée sous le contrôle de l'Etat, car, disent-ils, l'Etat a non seulement le droit, mais encore le devoir d'intervenir « dans les services communs », là où les efforts individuels ont échoué; toutefois, la société a « une administration propre et un budget autonome ».

Pour assurer la réussite de leur institution, ils rendent l'assurance obligatoire, mais le cultivateur reste libre de choisir son assureur, de s'adresser à la société gérée par l'Etat, ou aux sociétés privées: « nous ne voulons pas, déclarent-ils, créer de monopole ni porter atteinte à la liberté des transactions. » Ce sont là de belles déclarations, mais hélas, un peu trop platoniques. L'agriculteur trouvera peut-être, quand on lui imposera de s'assurer contre des risques dont il n'a rien à craindre, que cette obligation n'est pas tout à fait conforme à la liberté des transactions.

D'autre part, si la société d'état ne jouit pas d'un monopole de droit, elle se trouve dans une situation qui lui permet de livrer bataille avec avantage aux sociétés privées ; elle est, en effet, exempte de patentes, de frais de timbre, d'enregistrement; elle bénéficie de la franchise postale et d'une subvention égale à la somme des dégrèvements et des secours accordés annuellement aux victimes de la grêle ou de la gelée, c'est-à-dire d'à peu près six millions. Dans ces conditions, la lutte n'est pas égale, et si la société d'Etat n'a pas un monopole de droit, elle est dotée d'un privilège qui semble bien constituer un véritable monopole de fait. Les sociétés privées voudraient quand même résister : il en résulterait des conflits d'intérêts dont les conséquences ne pourraient être que fâcheuses.

Le système proposé par MM. Philipon et Pochon ne mérite pas de jouir d'une faveur gouvernementale; il ne remplacerait pas avec avantage pour l'agriculture, celui de l'heure actuelle. Il comprend, comme celui de M. Jonnart, la création de caisses départementales et d'une caisse nationale; mais, tandis que dans la combinaison de M. Jonnart, les caisses départementales ont une complète autonomie, recevant seulement un secours pécuniaire de la caisse nationale, MM. Philipon et Pochon font de cette dernière caisse le véritable assureur ; la caisse nationale reçoit en effet, toutes les cotisations perçues par les caisses départementales et en répartit le montant entre les sinistrés, au prorata des valeurs assurées par eux ; les caisses départementales jouent ainsi vis-à-vis de la caisse nationale, le rôle d'agentes générales ou de directions particulières, avec, toutefois, un personnel plus nombreux et avec, par conséquent, plus de frais.

Il y a dans chacun de ces rouages une caisse distincte pour la grêle et pour la gelée; toutefois, le fonds de réserve est commun aux deux branches et est formé par le prélèvement d'un dixième des cotisations.

Les intéressés doivent adresser leur déclaration par lettre non affranchie et sous enveloppe, au directeur de la Caisse départementale, dans les trois premiers mois de l'année ; dans ce même délai, ceux qui sont assurés à une société privée, doivent, puisque l'assurance est obligatoire, prouver qu'ils sont assurés, en faisant parvenir au directeur de la Caisse départementale un extrait de leur police, certifié par le maire de la commune où ils sont domiciliés. La Caisse départementale assure d'office les parcelles non déclarées. « La déclaration énoncera la situation et la contenance des parcelles assurées, l'espèce de la récolte, le rendement en nature espéré et le prix attribué à chaque nature de récolte par unité de mesure ou de poids. Ce prix, fixé d'accord entre la Caisse départementale et l'assuré, servira de base à l'établissement du capital assuré et de la cotisation, ainsi qu'au calcul de l'indemnité en cas de sinistre » (art. 19).

L'assuré est tenu de faire des déclarations d'assolement avant le 1er juin ; passé ce délai, la cotisation totale de l'année précédente est due sans que, en aucun cas, l'assuré puisse prétendre, en cas de sinistre, à une indemnité supérieure à celle à laquelle il aurait eu droit l'année précédente, quelle que soit la nature des récoltes de l'année courante ; il doit toucher une indemnité moindre, dans le cas où il a substitué à la culture de l'année précédente une culture moins rémunératrice, l'assurance ne pouvant pas donner de bénéfice.

L'assuré est obligé de faire aussi une déclaration en cas de sinistre, dans les cinq jours pour la grêle, dans les quinze jours pour les gelées du printemps, du 1er avril au 15 mai pour les gelées d'hiver. La différence des dommages et la plus ou moins grande facilité avec laquelle on les reconnaît dans les divers cas, expliquent ces délais. Cette déclaration doit contenir les énonciations d'usage; elle est suivie d'une expertise ; l'évaluation des pertes est faite par deux experts choisis, l'un par la Caisse départementale, l'autre par l'assuré ; si les experts ne sont pas d'accord, ils s'adjoignent un troisième expert qu'ils nomment eux-mêmes.

Les dommages dépassant les 2/10 de la valeur de la récolte, sont seuls réparés ; c'est là une mesure bien rigoureuse, destinée à priver d'une indemnité la moitié et plus des sinistrés ; les compagnies d'assurances actuelles, que l'on accuse de trop ménager leurs intérêts, n'auraient jamais osé aller jusque-là.

L'administration des caisses nationale et communales, comporte une armée de fonctionnaires ; l'ingérence de l'Etat est encore plus complète que celle rêvée par M. Jonnart.

Proposition de la Commission du Crédit agricole. — La Commission du Crédit agricole dont M. Méline était président et M. Quintaa rapporteur, a déposé une proposition contenant des dispositions prises dans les divers projets qu'elle était chargée d'examiner, et qui étaient ceux de MM. Quintaa, Chollet, Daynaud, Jonnart, Emile Rey et Lachièze, Philipon et Pochon.

Elle veut l'assurance obligatoire réalisée par une caisse nationale d'assurances mutuelles, ne garantissant, comme dans le projet Philipon et Pochon, que les risques de grêle et de gelée. Cette caisse est administrée et gérée par l'Etat qui doit y verser annuellement une subvention équivalente aux secours qu'il accorde aux victimes des sinistres agricoles. Elle assure toutes les récoltes contre la grêle jusqu'à concurrence des 18/20 de leur valeur et contre la gelée, jusqu'à concurrence des 8/20.

La Commission établit un système inquisitorial en ce qui concerne les déclarations des valeurs à assurer et des sinistres. Le chiffre indiqué par l'intéressé est livré à la publicité et peut être contesté par n'importe qui et sans raison ; le tableau des récoltes garanties est dressé, en effet, dans chaque commune et affiché pendant quinze jours à la porte de la mairie ; chacun a le droit de le contrôler et de consigner ses réclamations. En cas de contestation, une Commission composée du maire, d'un expert désigné par le préfet et du contrôleur des Contributions directes, statue sur les difficultés soulevées par les réclamants. Cette Commission est chargée aussi d'évaluer les dommages qu'aura signalés l'assuré dans une déclaration ; cette déclaration reste affichée pendant quinze jours à la porte de la mairie. La Commission d'expertise ne présente pas pour l'assuré beaucoup de garanties ; les intéressés peuvent discuter cependant sa solution et la porter devant le juge de paix, en premier ressort et en dernier ressort devant le tribunal de première instance de l'arrondissement.

La cotisation devra être établie « d'après la valeur variable de la matière assurée et les risques non moins variables suivant les régions ; les tarifs paraîtront dans un règlement d'administration publique. Une Commission de contrôle et un Conseil supérieur d'administration pourront être aussi créés.

Proposition Viger.— C'est la proposition de loi qui a trouvé jusqu'ici l'accueil le plus favorable ; elle a été présentée par M. Viger, alors ministre de l'agriculture, au nom de M. Carnot, président de la République. Le gouvernement, en prenant l'initiative de ce projet, a voulu montrer qu'il s'intéressait à une question qui passionnait à un si haut point l'opinion publique.

Son système n'est pas nouveau ; il ressemble étrangement à celui de M. Jonnart ; on y retrouve la même structure et des dispositions absolument identiques, reproduites même littéralement.

Le projet de M. Viger semble plus libéral que ceux que nous avons examinés jusqu'à présent. Le gouvernement s'est déclaré l'adversaire de l'assurance par l'Etat et de l'assurance obligatoire. Il a eu l'honneur et le courage de reconnaître que l'Etat ne pouvait être assureur en raison de son rôle même et en raison de son incapacité en pareille matière. « L'Etat ne doit pas intervenir, est-il dit dans l'exposé des motifs de la proposition, dans les affaires concernant les intérêts particuliers des individus ni s'exposer aux contestations sans nombre résultant de l'évaluation et du règlement des sinistres.

« L'Etat est trop impersonnel pour entreprendre des opérations de cette nature. Ses agents n'ont pas les qualités voulues pour défendre ses intérêts, surtout lorsqu'ils risquent de se trouver en présence d'influences étrangères dont ils peuvent redouter d'irriter les susceptibilités. Sa mission est plus haute : elle consiste à s'occuper des intérêts généraux du pays, et comme le développement des institutions de prévoyance revêt ce caractère d'une façon indiscutable, l'Etat doit évidemment intervenir pour les favoriser, mais non pour les faire fonctionner lui-même.»

Ce sont là des idées fort justes, et des déclarations à retenir, tombant de la bouche d'un ministre, inspirées par un président de la République.

L'Etat doit se borner à surveiller et à encourager, en la subventionnant, l'institution projetée. L'assurance est facultative et non obligatoire. « Si on voulait imposer, dit M. Viger, dans l'exposé des motifs, l'assurance au cultivateur en l'obligeant à payer chez le percepteur sa prime d'assurance, on ruinerait l'institution en se faisant des ennemis de tous les habitants des campagnes, qui ne manqueraient pas, vu la forme qu'affecterait le paiement des primes, de la considérer comme un impôt nouveau. »

Ce que l'auteur du projet veut, c'est un mécanisme plus simple et moins coûteux que celui de l'heure actuelle, tout en reconnaissant avec beaucoup de franchise que la situation des Compagnies à primes fixes est très prospère, et que celle des petites sociétés locales d'assurances contre la mortalité du bétail est extrêmement satisfaisante.

Avant de combiner son système, il a fait procéder par la direction de l'Agriculture, à une enquête en France et à l'étranger, sur l'existence et le fonctionnement des assurances agricoles et il a tenu compte de la pratique suivie par les sociétés dues à l'initiative privée.

C'est ainsi que pour garantir la mort et les accidents du bétail, il crée des caisses ayant une trés petite étendue, celle d'une commune au plus d'un canton, parce que la limitation territoriale lui paraît être une condition de succès pour cette assurance : les frais d'administration sont alors, dit-il, presque nuls, et les associés se connaissant peuvent se surveiller et empêcher des fraudes. Ce sont les caisses communales ou cantonales.

Il donne, d'autre part, un périmètre plus étendu, le terrain moins circonscrit du département à l'assurance de la grêle « parce que les risques divisés et répartis de tous côtés, égalisent et nivellent les pertes » ; ce risque est assuré par des caisses départementales, auxquelles il confie aussi la garantie de la gelée, mais, à titre d'expérience seulement; il est loin, en effet, d'être convaincu de l'assurabilité de ce fléau. « Nous avons cru néanmoins, dit-il, devoir la (cette assurance) comprendre dans le projet, attendant que l'expérience prononce sur la possibilité de son maintien dans la loi. »

Les assurances contre l'incendie des bâtiments ruraux et des récoltes pourront être aussi ajoutées aux opérations des caisses départementales auxquelles les caisses communales ou cantonales ont la faculté de venir se lier en participant à la formation de leur fond de réserve. Par cette affiliation, les caisses cantonales ou communales obtiennent dans les années calamiteuses des secours des caisses départementales, et participent au bénéfice des secours alloués aux caisses départementales par la caisse nationale. Il est créé, en effet, une caisse nationale qui « au moyen d'un prélèvement fourni par les caisses départementales et les subsides du gouvernement, *doit servir* de régulateur, en venant au secours des caisses départementales, lorsqu'elles seraient trop éprouvées par les sinistres. »

Ces caisses, étant toutes des mutuelles, ne peuvent pas payer les indemnités immédiatement après les sinistres ; cependant, il est versé aux assurés un à-compte qui sera complété s'il y a lieu.

M. Viger, dans son projet de loi, nous donne tout d'abord les dispositions relatives aux caisses départementales ; il y consacre le titre I.

L'organisation de ces caisses est presque identique à celles des caisses départementales de M. Jonnart ; leurs ressources sont les mêmes, elles se composent :

1° Du produit des cotisations individuelles ;

2° Des dons et legs qui pourront être faits à l'institution ;

3° Des subventions qui pourront être obtenues de l'Etat, des départements, des communes ou des particuliers ;

4° Des intérêts et revenus provenant du placement des fonds sans emploi.

Le fonds de réserve est aussi formé par :

1° Le 1/20 du produit des souscriptions dont le prélèvement sera effectué chaque année avant la répartition des secours ;

2° Les sommes qui n'auront pas été employées chaque année après le payement des frais d'administration, et la distribution des indemnités aux sinistrés.

Les cotisations à verser par les assurés sont proportionnelles au risque et au capital assuré ; elles sont fixées chaque année par le Conseil d'administration. Leur produit est recueilli par les percepteurs et versé immédiatement dans la caisse du trésorier-payeur général du département. Les caisses départementales assurent contre la grêle, les orages, la gelée, la mortalité des bestiaux.

Les demandes d'inscription pour assurances sont faites à la Mairie du domicile de l'assuré et transmises au Préfet, qui les envoie au directeur de la Caisse.

Les formalités d'administration sont les mêmes que celles que nous avons rencontrées en étudiant le projet Jonnart.

Chaque caisse est administrée par un directeur nommé par le Préfet, sur la présentation du Conseil d'administration et après avis du Conseil général ; le Conseil d'administration se compose du Préfet, président, du trésorier-payeur général, de membres du Conseil général désignés par le Conseil général et de notabilités agricoles nommées par le Préfet. Les membres du Conseil sont nommés pour trois ans et rééligibles.

A propos des fonctions du directeur, du Conseil d'administration, M. Viger reproduit textuellement les dispositions du projet Jonnard; nous n'y reviendrons pas.

Lorsqu'un sinistre se produit, c'est le bureau local que nous connaissons déjà, composé du Maire, président, de trois cultivateurs ou propriétaires résidant dans la commune, désignés par le Conseil municipal et choisis dans son sein ou en dehors, et du contrôleur des contributions directes de la circonscription, qui est chargé de constater les dommages; l'assuré sinistré doit avoir le soin de faire sa déclaration au Maire dans les vingt-quatre heures; celui-ci en avise sans retard, le directeur de la Caisse.

Le titre II est consacré aux caisses communales et cantonales garantissant la mortalité des animaux de ferme.

Ces caisses peuvent assurer tous les animaux de ferme ou certaines espèces seulement.

Quant aux cotisations et aux réserves, elles sont établies sur les mêmes bases que dans les caisses départementales; le percepteur remplace seulement le trésorier-payeur général.

Le Conseil d'administration est composé du maire de la localité où se trouve la direction de la caisse, de deux conseillers municipaux et de trois agriculteurs élus par les cultivateurs assurés. Les membres du Conseil sont désignés pour trois ans et rééligibles.

Le sinistré, sous peine de déchéance de son droit à une indemnité, doit faire à la Mairie de sa commune et au directeur de la caisse, dans les vingt-quatre heures au plus tard, et avant tout enlèvement de l'animal, la déclaration de la perte ou des pertes qu'il a subies ; il ne peut jamais être remboursé que des quatre cinquièmes de la valeur de l'animal avant la maladie ou l'accident qui a entraîné le sinistre. Une indemnité peut être accordée à l'assuré pour les frais de vétérinaire et de médicaments qu'il aura supportés pour sauver de la mort un animal assuré.

Dans le titre III se trouvent les dispositions relatives à la caisse nationale, qui ressemble encore beaucoup à la caisse nationale de M. Jonnart.

Cette caisse ne viendra en aide qu'aux seules caisses départementales, qui lui seront affiliées et lui verseront une cotisation égale au 1/20 du montant de leurs recettes annuelles.

Elle est alimentée :

1° Par le versement du 1/20 des recettes réalisées par les caisses départementales qui s'affilieront à elle ;

2° Par les subventions de l'Etat ;

3° Par les dons et legs qui lui seront faits ;

4° Par les intérêts et revenus provenant du placement des fonds sans emploi et des dons et legs faits à titre de dotation.

Le fonds de réserve destiné à subvenir à la caisse dans les années calamiteuses est constitué par :

1° Le prélèvement de 1/10 du produit des versements effectués par les caisses départementales, avant la répartition des subventions ;

2° Les dons et legs faits à la caisse à titre de dotation ;

3° Les sommes qui n'auront pas été employées sur

un exercice après le payement des frais d'administration et la distribution générale des subventions.

Tous les fonds de la caisse sont versés dans la caisse des dépôts et consignations.

Le directeur est nommé par le ministre, sur la présentation du Conseil d'administration ; le trésorier est le directeur de la caisse des dépôts et consignations.

Le Conseil d'administration se compose du Ministre de l'Agriculture, président de droit, de deux sénateurs élus par le Sénat, de deux députés élus par la Chambre des députés, de trois membres du Conseil Supérieur de l'Agriculture, élus par leurs collègues, du directeur de la Caisse des dépôts et consignations, de deux délégués du ministère de l'agriculture et de deux délégués du ministère des finances. Les membres élus sont nommés pour trois ans et sont rééligibles. Les fonctions du Directeur et du Conseil d'administration nous sont déjà connues; on n'a qu'à se reporter au projet Jonnart; toutefois le Conseil d'administration doit en plus, présenter chaque année, après la clôture de la session, au Président de la République, un rapport général sur le fonctionnement de la Caisse nationale de secours et sur les résultats constatés.

M. Viger ajoute à son projet de loi un titre IV dans lequel il édicte quelques dispositions générales.

Il prescrit la gratuité des fonctions de membre du Conseil d'administration de chaque espèce de caisse, et interdit aux directeurs des caisses nationale et départementales de remplir d'autres fonctions administratives.

Ces directeurs ne peuvent être révoqués de leurs fonctions qu'après avis du Conseil d'administration :

1° dans le cas de malversation, faute lourde, et perte des droits civils ;

2° dans le cas de négligence, ou d'incapacité notoire dans l'exercice de leurs fonctions.

Les fonds annuels provenant d'un centime additionnel aux contributions foncière, personnelle et mobilière, et inscrits au budget sous le titre de « secours spéciaux pour pertes matérielles et évènement malheureux » seront désormais affectés à la caisse nationale de secours.

Pour favoriser la création des caisses cantonales et communales et le développement des caisses départementales, ainsi que l'affiliation de ces dernières à la caisse nationale, M. Viger dispense les caisses qui se seront conformées à ces conditions des droits de timbre et d'enregistrement pour leurs actes et pour leurs polices d'assurances.

Tel est dans tous ses détails, ce mécanisme qui d'après les dires de son auteur devait être plus simple et moins coûteux que celui des sociétés actuelles. C'est là une supériorité qu'il est difficile de lui reconnaître, quand on vient de l'étudier.

M. Viger s'est inspiré, ainsi que nous l'avons plusieurs fois constaté, de la proposition Jonnart à laquelle il a emprunté la plupart des dispositions de son projet. Il s'en est écarté cependant sur quelques points ; il a fait des subventions du gouvernement une des ressources permanentes de la caisse nationale ; il n'en a pas doublé le chiffre comme M. Jonnart, qui d'un autre côté ne demandait que pendant les premières années l'aide pécuniaire de l'État.

Les caisses cantonales et communales sont bien de l'invention de M. Viger ; les cotisations sont fixées non plus, comme le voulait M. Jonnart sans aucune relation forcée avec l'importance des valeurs agricoles, mais à raison des risques courus et du capital assuré, et les sinistres réglés non pas d'après les cotisations mais d'après les pertes subies.

Quant à l'administration, on peut dire que le système Viger est la reproduction littérale, avec quelques variantes sans importance du système Jonnart. L'économie générale des deux projets est dont la même — ; nos critiques ne peuvent différer ; on les connaît déjà. Toutefois, nous aurons à adresser quelques reproches particuliers au projet de M. Viger. Après avoir reconnu dans l'exposé des motifs de sa proposition que, l'incendie des bâtiments et maisons et les accidents des employés ou ouvriers attachés à l'exploitation n'étaient pas des risques immédiatement agricoles, l'ancien ministre semble, en formulant sa proposition, oublier les principes qu'il a posés et donne aux caisses départementales la faculté de couvrir le risque d'incendie, mais chose bizarre leur refuse l'assurance des accidents des ouvriers agricoles. Voilà une logique qui nous échappe.

Beaucoup de personnes ont vu dans cette disposition permettant aux caisses départementales de faire concurrence aux sociétés actuelles pour la garantie du risque incendie alors qu'on ne peut reprocher à l'initiative privée d'avoir été insuffisante dans cette branche d'assurances, une brèche ouverte aux empiétements successifs de l'État. Aussi la Commission chargée d'examiner le projet et dont M. Bertrand était le rapporteur a écarté les dispositions relatives à l'assurance de ce fléau.

M. Viger semble bien connaître les vrais principes de l'assurabilité des risques agricoles, et ne faire rentrer qu'à regret la gelée dans son système de garantie ; ce qui nous étonne, c'est qu'il n'exprime pas les mêmes doutes et les mêmes craintes sur les orages, et qu'il finisse par assurer très franchement ces deux risques.

D'autre part l'application de son système à la mortalité des bestiaux et à la grêle n'est pas pratique. Il prétend qu'une condition de prospérité pour les sociétés couvrant ces fléaux, est d'avoir un rayon d'affaires excessivement restreint quand il s'agit de la mortalité du bétail et très étendu pour la grêle. Et, cependant il classe ces deux risques dans la garantie que pourront offrir les caisses départementales. Il est vrai qu'il crée des caisses cantonales et communales dont le but est de préserver les cultivateurs des conséquences des accidents et de la mortalité du bétail, mais alors il était inutile de donner le même rôle aux caisses départementales, et dangereux de leur permettre de faire ainsi concurrence aux caisses communales et cantonales; cette mesure est de nature à discréditer l'assurance agricole et à aller à l'encontre du but poursuivi par le législateur.

M. Viger, a eu tort, d'ailleurs, de fixer aux opérations de ses caisses des limites administratives ; il aurait dû leur donner des circonscriptions, d'après la nature et le danger du risque même. Il y a, en effet, des départements dangereux, sur l'étendue desquels la grêle s'abat d'une façon assez générale et assez constante ; une société ne réalisant des contrats que dans leur périmètre est fatalement vouée à la ruine ; on ne peut songer, dans ces conditions, à opérer la division des risques, ni songer à équilibrer le montant des pertes par des bénéfices réalisés sur des propriétaires non atteints. La prime devra être excessivement élevée, et dépassera de beaucoup celle exigée par nos sociétés qui rayonnent sur de vastes étendues ; la conséquence, c'est que l'assurance sera plus chère, moins rémunératrice qu'elle ne l'est aujourd'hui.

Puisque M. Viger avait reconnu pour l'assurance grêle, la nécessité d'une grande extension territoriale, il aurait dû établir en France trois ou quatre zones, et non pas créer 86 caisses de secours. Mais il a préféré adopter une division qui, à défaut d'être scientifique, est bien administrative.

Il a fini même par solidariser les deux fléaux la mortalité du bétail et la grêle, qu'il avait reconnus si dissemblables ; les caisses départementales n'ont pas, en effet, de comptabilité particulière à l'assurance de chaque risque, et d'autre part, les caisses d'assurances communales et cantonales peuvent, en s'affiliant aux caisses départementales, obtenir de ces dernières, la participation à leurs sinistres. Il semble bien, par conséquent, que les cotisations provenant des assurances contre la grêle pourront être affectées au paiement des indemnités relatives aux pertes de bestiaux et vice versa ; c'est là un vice fondamental, et la violation du principe qui veut que les cotisations ne servent qu'à payer les sinistres en vue desquels elles ont été perçues.

Il établit toutefois une distinction entre les deux risques, au point de vue du règlement de l'indemnité; mais elle est injuste. Elle a pour effet de donner une situation moins avantageuse aux assurés contre la mortalité du bétail, et de les priver, le jour du sinistre, d'un cinquième de la valeur de leurs pertes ; les propriétaires d'animaux ont ainsi un intérêt, dit-il, à la conservation de leur bétail, et on n'a pas à craindre d'eux un acte de malveillance. En faisant ce raisonnement, on oublie trop souvent que si la mauvaise foi peut engendrer un sinistre, la bonne foi est souvent impuissante à l'empêcher de se produire, et que, du reste, on va à l'encontre de nos Codes, qui déclarent que la mauvaise foi ne se présume pas.

Le système de M. Viger est donc une combinaison téméraire, incertaine, qui ne peut offrir pour l'agriculture les avantages que son auteur en attend. Il a, de plus, le défaut d'engager la responsabilité morale et financière de l'Etat.

Tous les rouages de son mécanisme sont, en effet, entre les mains des agents de l'administration, et une partie des fonctionnaires du gouvernement est mobilisée pour les mettre en mouvement. L'assurance est constituée en service public et remise aux employés du gouvernement, ou à des personnages politiques. Ce n'est donc pas un rôle de contrôleur et de surveillant qui est donné à l'Etat, mais bien un rôle d'administrateur.

La proposition est du reste toute empreinte du formalisme administratif; on se demande pourquoi, par exemple, les déclarations d'assurances sont soumises à tant de lenteur, et pourquoi, elles doivent suivre une hiérarchie, avant d'arriver à leur destination; on s'étonne quelque peu aussi de trouver dans la procédure du sinistre, qui devrait être très rapide, de nouvelles formalités.

Pourquoi la demande d'inscription doit-elle passer par le Maire, par le Préfet, avant d'arriver au directeur, et pourquoi aussi la déclaration de sinistre doit-elle parvenir à la direction par l'intermédiaire du maire, si ces caisses sont réellement autonomes? Cette formalité est une nouvelle preuve de l'ingérence de l'Etat dans la sphère des assurances, et nous savons maintenant comment, d'après son auteur même, on doit juger le projet, puisque M. Viger a reconnu que l'Etat ne pouvait pas être assureur, et que les fonctionnaires du gouvernement n'avaient pas les qualités suffisantes pour faire des agents d'assurance.

Proposition de la Commission des caisses d'assurances agricoles. — Le rapport de M. Bertrand, fait au nom de la Commission chargée d'examiner les projets de loi de MM. Viger, Philipon et Emile Rey, est suivi d'une proposition de loi.

Cette proposition reproduit presque intégralement le vœu de M. Viger. « La Commission, dit l'exposé des motifs, est d'accord avec M. Viger sur les deux grandes lignes de son projet, savoir : la non intervention directe de l'Etat, et la faculté et non l'obligation de l'assurance. » Elle admet également la création de caisses départementales, considérant que c'est un pas fait dans le sens de la décentralisation, l'Etat se bornant, comme l'indique l'auteur du projet, à les avoir sous sa surveillance et à leur accorder des allocations dans des conditions déterminées. « Les modifications proposées n'altèrent pas d'une façon sensible l'économie du projet de loi. »

Ces modifications, en effet, ne sont ni nombreuses ni très importantes.

La Commission supprime pour les caisses départementales la faculté de garantir le fléau incendie ; elle déclare que l'assurance incendie, sans être générale, est suffisamment organisée par les Compagnies existantes. Mais, d'autre part, elle autorise ces caisses à assurer les récoltes contre tous les risques agricoles, sans donner la nomenclature de ces risques ; il lui a paru, d'un autre côté, nécessaire de préciser au sujet de la mortalité du bétail et de dire que les sinistres résultant de l'abattage d'animaux, en exécution de la loi du 21 juillet 1881, étaient couverts par les caisses d'assurances.

Elle entend que les caisses départementales aient autant de caisses particulières qu'il y a de risques assurés par elles.

Enfin, la Commission ne se préoccupe pas autant

que M. Viger de provoquer l'adhésion des cultivateurs à son système ; elle laisse, en effet, complètement libres et soumises au régime de la législation antérieure à leur création, les caisses départementales qui fonctionnent déjà ; elle ne dispense pas, en outre, les caisses départementales cantonales et communales affiliées à la caisse nationale, des droits de timbre et d'enregistrement.

Proposition Augé. — M. Augé rêve, comme ses collègues, l'amélioration de la situation de l'agriculture et l'écrasement des Compagnies d'assurances; mais en déposant son projet, il poursuit un autre but, qui est la condamnation de tout son système : c'est l'avantage pécuniaire de l'Etat. Avec son procédé, « certaines propriétés, dit-il, qui ont échappé jusqu'ici à l'impôt, entreraient dans le nombre des propriétés imposables par suite de la nécessité pour les exploitants de déclarer désormais la valeur agricole de ses terrains. En conséquence, il y aurait là pour l'Etat, ontre la prime d'assurance à percevoir, une source nouvelle d'impôts parfaitement justifiés. »

M. Augé arrive ainsi habilement à faire payer au cultivateur de nouveaux impôts, sous prétexte de lui venir en aide; c'est un moyen peu franc d'enrichir le Trésor public.

La proposition de loi a pour objet l'établissement d'une caisse d'assurances agricoles contre la gelée, la grêle, les inondations, les trombes, les cyclones et ouragans. Se trouvent donc garantis cinq risques sur six que le système le plus ingénieux ne peut rendre assurables ; la mortalité du bétail qui, par contre, est un risque pouvant faire l'objet d'une assurance, est complètement négligée.

La caisse d'assurances agricoles est une caisse mutuelle ; elle ne règle ses sinistres que suivant son encaisse ; les assurés ne sont indemnisés de leurs pertes qu'au marc le franc. Un fonds de réserve doit être constitué avec les bénéfices annuels ; lorsque ce fonds aura atteint la somme de 200 millions (l'atteindra-t-il jamais ?) il ne pourra plus s'accroître ; les excédents annuels seront appliqués aux dégrèvements des cotisations de l'année suivante. Il est prélevé aussi 3 °/₀ sur chaque annuité pour constituer, au profit des cultivateurs, une caisse de secours destinée à leur venir en aide, en cas de chômage, à la suite des sinistres.

L'assurance est obligatoire. Chaque année, les intéressés doivent déclarer, du 1er au 15 janvier, les changements de culture qu'ils apportent à leur exploitation. Si cette déclaration n'est point faite dans le délai de ces quinze jours, ils sont considérés comme n'ayant pas de modification à faire subir à leur assurance qui sera maintenue sur les bases des années précédentes.

L'époque fixée pour cette déclaration aurait dû varier suivant le genre et la nature des cultures ; elle est, en effet, trop tardive pour les récoltes qui sont ensemencées en automne, c'est-à-dire pour les céréales ; elle est prématurée pour celles que l'on n'ensemence qu'en mars, pour les pommes de terre et les légumes ; le délai de quinze jours est trop court et la pénalité trop rigoureuse en cas de non déclaration ; l'assuré qui n'aura pas dans cet espace de temps satisfait aux obligations de la loi, et qui se verra ainsi imposer l'assurance de l'année antérieure, pourra, en cas de sinistre, être déchu de toute indemnité sous le prétexte de non conformité des risques et de la cotisation. Ce n'est pas là une mesure que l'on puisse louer.

La cotisation n'est point uniforme ; elle varie suivant les classes de risques ; les classes sont établies non pas d'après la nature des récoltes, mais d'après la nature des terrains, d'après la division du plan cadastral. La cotisation prend absolument l'allure d'un impôt ; la base de ces deux contributions est la même.

M. Augé divise la propriété foncière en trois catégories : la première comprend les parcelles énumérées au n° 1 du plan cadastral de la commune, et comporte un taux de prime de 5 à 6 francs par hectare ; dans la deuxième, se trouvent celles qui sont rangées sous le n° 2 du plan cadastral ; elles sont frappées d'une cotisation variant de 3 à 4 francs par hectare ; la troisième classe est affectée aux parcelles mentionnées aux nos 3, 4 et 5 du plan cadastral ; son tarif est de 2 à 3 francs par hectare.

Quant aux jardins potagers et aux terrains affectés à la culture maraîchère, il leur applique une prime uniforme de 8 fr. par hectare.

Une pareille classification ne se comprend que par le désir de trouver dans l'assurance, un moyen de percevoir plus aisément l'impôt foncier. Elle est en contradiction avec toutes les données scientifiques de l'heure actuelle et viole le principe qui veut que toutes les cotisations soient proportionnelles au risque ; dans les terrains de la première catégorie se trouvent souvent, en effet, des cultures qui n'ont rien ou presque rien à craindre de la gelée et de la grêle, et qui, cependant, vont payer le taux de prime le plus élevé. Il est, d'autre part, des plantations comme les bois qui ne peuvent subir les atteintes des fléaux agricoles, et pour lesquelles leur propriétaire sera cependant obligé de verser une cotisation variant suivant la classification dans le plan cadastral de son terrain.

Voilà les conséquences auxquelles arrive l'originale découverte de M. Augé.

Lorsqu'un sinistre se produit, l'assuré doit en faire la déclaration au maire dans les quatre jours; faisant allusion, probablement, au cas d'un sinistre total, atteignant le territoire de toute une commune, il dit dans l'art. 11 du projet que «le maire peut faire la déclaration pour tous ses sinistrés». Il eût été cependant utile d'avoir des explications sur cette disposition un peu obscure.

Le sinistré n'a droit à une indemnité que si la parcelle de terrain atteinte par le fléau dépasse 50 ares, et que si la perte est au moins de 2/20.

L'expertise des dommages est faite amiablement dans le plus bref délai, à la date fixée par le contrôleur des contributions directes; le sinistré a le droit d'y assister ou de s'y faire représenter. L'évaluation des pertes est faite par deux experts, désignés, l'un par le réclamant, l'autre, par le sous-préfet ou le préfet; ce dernier expert doit être choisi de préférence parmi les professeurs d'agriculture, les élèves diplômés de l'Ecole supérieure d'agriculture, et les membres des sociétés agricoles. Assistent encore à l'expertise, deux répartiteurs convoqués par le maire, auquel le contrôleur des contributions directes notifie le jour de l'expertise, et le contrôleur lui-même. Cette opération nécessite donc l'intervention d'au moins huit personnes; elle pourrait, semble-t-il, donner lieu à moins de complications; elle gagnerait à être plus simple. Les experts doivent estimer les dommages d'après le cours moyen fixé par arrêté préfectoral. En cas de dissentiment entre eux, le contrôleur des contributions directes, joint au procès-verbal d'expertise son avis personnel, et le Conseil de préfecture statue.

Ce sont encore les fonctionnaires du gouvernement qui mettent en mouvement le système d'assurances de M. Augé. Il est à présumer que le Conseil d'administration de la Caisse dont la composition ne nous a pas été donnée, comprendrait encore des agents de l'Etat, dont l'ingérence semble cependant déjà suffisamment exagérée.

Proposition Darbot. — Dans la séance du 27 mars 1893, au Sénat, M. Darbot a fait, au moment où se discutait le budget de l'agriculture, un discours dans lequel il a indiqué un système relatif aux assurances agricoles. Après s'être apitoyé sur le sort du paysan, il trouve que l'Etat ne ferait «qu'un acte de justice et d'équité en prenant sur son budget, la somme de 215 millions, qui représente à peu près les dommages de gelée, de grêle, d'inondation et de mortalité du bétail, pour la distribuer aux cultivateurs sinistrés. Cependant il se rend compte que c'est là une question délicate et importante, et il n'espère pas de sitôt la voir solutionner.

Il propose, comme mesure intermédiaire, de fonder une caisse d'assurances agricoles obligatoires, sous le contrôle de l'Etat, qui garantirait les risques grêle, gelée, orage, inondation et mortalité du bétail. La prime unique pour tous ces risques pourrait être proportionnelle, soit aux surfaces cultivées, soit aux revenus des terres. Dans le premier cas, elle serait de 4 fr. 50 par hectare de terre, de toute nature.

Ce système avait déjà été présenté par M. Guenin, inspecteur principal au Crédit Foncier et membre de la Société nationale d'encouragement à l'agriculture (1) ; il est absolument contraire aux idées de justice et aux principes d'assurance.

Il n'y est pas tenu compte de la diversité des risques ; en frappant tous les cultivateurs d'une prime uniforme ne variant qu'avec l'étendue de leurs exploitations, on arrive aux conséquences les plus iniques ; le propriétaire d'une terre inculte ou d'un terrain montagneux sans rapport, et par conséquent sans risques, doit payer autant que celui qui possède le champ le plus fertile.

Mais, dit-on, il y aura toujours compensation, car celui qui ne tire pas de la terre de gros revenus, peut

(1) Henri Guenin. *Le crédit agricole par l'assurance.*

se livrer à l'élève du bétail, dont la garantie lui est acquise sans verser de nouvelle prime. Ce qu'on ne dit pas, c'est qu'il n'en restera pas moins imposé pour cinq risques, alors qu'il n'en possède qu'un seul; avec la même somme, d'autres plus fortunés seront assurés contre les cinq fléaux.

D'autre part, avec la prime proportionnelle au revenu, on n'envisage pour l'établissement des tarifs que la fortune de chacun, et non le danger que court cette fortune ; en un mot, on laisse de côté le seul élément qui doit servir de base d'appréciation en pareille circonstance. On fait bon marché, comme on le voit dans cette combinaison, des principes primordiaux de l'assurance et de l'équité ; aussi, M. Viger, ministre de l'Agriculture, n'a-t-il pas hésité à la repousser, quand M. Darbot l'a présentée au Sénat. Du reste, elle n'a pas même fait l'objet d'un projet de loi.

Proposition Calvet. — M. Calvet, sénateur du département de la Charente-Inférieure a poursuivi en déposant son projet de loi un double but. Il a voulu « constituer une caisse nationale d'assurances agricoles par le groupement de sociétés départementales solidarisées et organiser en faveur des seuls agriculteurs assurés un crédit rural effectif, pratique et immédiat à l'aide des bénéfices réalisés par l'assurance. »

Les risques garantis sont très nombreux ; ils ne sont même pas tous énumérés ; M. Calvet les divise en trois classes.

1° Risques périodiques annuels et s'étendant à

tout le territoire (incendie, mortalité et accidents du travail) ;

2° Risques périodiques annuels et limités par zône (grêle, gelée) ;

3° Risques éventuels sans périodicité et sans aire de manifestation déterminée (dommages des eaux, cyclones, insectes, etc.)

Comme M. Calvet a l'illusion de croire que « la statistique fournit aujourd'hui avec précision les éléments nécessaires pour le calcul des risques de chaque nature de sinistres en période annuelle, dans une région déterminée », il établit le principe de la prime fixe dans les assurances des fléaux appartenant aux deux premières catégories ; pour les autres risques « les primes, dit-il, seront provisoirement établies sur la base de la mutualité. »

En lisant toutes ces dispositions, il semble bien que leur auteur n'avait pas, avant de les formuler, fait une étude sérieuse de la question ; sa classification des risques pourrait faire croire, par son apparence spécieuse, le contraire, mais le mot *et cœtera* de la fin suffit à démontrer que la fantaisie remplace la science pour M. Calvet, sur un point cependant où la rigueur est indispensable.

D'après la proposition, l'assurance est facultative pour les agriculteurs ; elle est pratiquée par des caisses départementales, dont toutes les opérations sont centralisées dans la caisse nationale qui applique ainsi le principe de la divisibilité des risques. Les caisses départementales sont secondées par un bureau local qui se trouve dans chaque commune, et qui fait la propagande en faveur de l'assurance, tout en recueillant les primes.

Le fonctionnement de ce mécanisme ressemble fort à celui que nous avons examiné en étudiant le projet Viger ; les mesures d'administration sont presque identiques.

La caisse nationale est alimentée ;

1° par les primes d'assurances sur tous risques agricoles, recueillies par les sociétés départementales ;

2° par les legs et dons et les revenus des dotations ;

3° par les versements de l'Etat qui seront prélevés sur les fonds des secours spéciaux pour pertes matérielles et évènements malheureux, fonds inscrits au budget annuel ;

4° par les intérêts des fonds disponibles, affectés au crédit rural en faveur des seuls assurés.

« Il y aura autant de comptes distincts que de natures de risques assurés.

« La caisse nationale fera entre les sociétés départementales, la répartition des indemnités dues pour sinistres, selon les états justificatifs à fournir par chaque département et dans la limite des versements de primes ou ressources effectués par lui, déduction faite d'un dixième ; ce dixième ainsi prélevé constituera un fonds de réserve à l'aide duquel la caisse nationale comblera les déficits qui pourraient se produire pour le règlement intégral des indemnités de sinistres dans certains départements » (art. 5).

Les formalités de nomination du directeur, la composition du Conseil d'administration, les fonctions respectives de ces deux organes sont absolument les mêmes que celles du projet Viger; les dispositions sont littéralement reproduites (1).

La société départementale opère :

1° le recouvrement des primes annuelles sur les divers risques agricoles et leur centralisation à la caisse nationale, par l'intermédiaire du trésorier-payeur général ;

2° l'estimation des indemnités et leur payement ;

3° le service du crédit rural départemental.

La direction et l'administration de cette caisse sont encore comprises de la même façon que celles des caisses départementales de M. Viger (2).

Le bureau local a une organisation plus complexe que celui de M. Viger.

Il est composé :

1° du juge de paix du canton ;

2° du ou des conseillers d'arrondissement ;

3° du maire de la commune ;

4° de l'adjoint ;

5° des trois premiers conseillers élus ;

6° de l'instituteur public, secrétaire ;

7° de trois agriculteurs notables désignés par le Conseil municipal.

Sa mission est :

1° de provoquer les engagements d'assurances et

(1) Comp. art. 6, 7, 8, 9, 10 du projet de loi de M. Calvet avec art. 29-35 du projet Viger.

(2) Comp. art. 14-19, du projet de loi de M. Calvet, et art. 8-13 pu projet Viger.

de contribuer à la perception des primes annuelles souscrites ;

2° de procéder, au premier degré, à l'évaluation des pertes pour sinistres, sauf décision définitive du Conseil départemental ;

3° de recueillir et d'instruire les demandes de crédit faites par les agriculteurs assurés. Dans ce but, le bureau communal ou ses délégués, au nombre de trois au moins par hameau ou par section visiteront chaque année, dans les mois de novembre et de décembre les habitants de la commune. Ils verseront à la caisse du percepteur de la commune les primes recueillies par eux, et lui remettront l'état des engagements dont un duplicata restera à la mairie ; les primes non versées au bureau communal seront recouvrées par le percepteur dans le courant de janvier de l'année d'assurances, sur rôle exécutoire par le préfet (art. 22).

Telle est la combinaison qui, d'après M. Calvet doit offrir l'assurance à bon marché et réduire les primes actuelles de 20 °/₀. Un pareil résultat semble fort douteux, quand on vient d'examiner ce système : toutes sortes de risques se trouvent, en effet, garantis, même ceux, qui sont de l'avis de toutes les personnes compétentes radicalement inassurables, et qui n'ont à leur base aucune statistique permettant d'établir leur fréquence et leur intensité, quoiqu'en pense M. Calvet. Les caisses départementales ne sont pas libres de limiter leur garantie, et de refuser certains risques, trop dangereux, en d'autres termes d'appliquer la règle des pleins ou maximum. Dans ces conditions, « il est certain, écrit M. Perriaud, que pour payer les sinistres agricoles, non seulement la réduction du taux de la prime n'est pas possible, mais qu'il faudrait en outre recourir aux subventions de l'Etat.

« M. Calvet s'est basé sur la dernière période décennale accusant, pour les compagnies à primes fixes, une proportion de sinistres de 35 °/o des primes encaissées, pour tirer cette conclusion qu'il sera facile à la caisse nationale projetée de réduire la prime de 20 °/o.

« Mais dans son calcul, il oublie que le résultat est obtenu par la fusion des primes des risques urbains, avec celles des risques ruraux, et nul n'ignore que l'importance des sinistres dans les villes est notablement inférieure à celle des campagnes, grâce à la promptitude des secours apportés et aux puissants moyens dont les premières disposent pour combattre le feu, moyens dont sont dépourvues les secondes.

« Par cette fusion des primes, les sociétés libres réalisent, non la solidarité inter-départementale, applicable seulement à une partie de la population (comme voudrait l'inaugurer l'auteur du projet), mais la grande solidarité nationale, comprenant tous les Français, la seule capable de donner satisfaction aux justes besoins de chacun et de tous.

« C'est pourquoi nous estimons que l'appui des villes manquant aux campagnes, en la circonstance, une société d'assurances créée spécialement en vue de garantir les risques agricoles serait bien plus dans le vrai en majorant les tarifs de 20 % qu'en les abaissant d'une fraction si minime soit elle » (1).

La propagande du bureau local sur l'efficacité de laquelle, M. Calvet compte tant, n'amènerait à *l'Assurance Nationale* que les mauvais risques dont les sociétés privées n'auraient pas voulu et ruinerait ainsi la nouvelle institution. Les habitants des départements peu éprouvés ne consentiraient jamais à alimenter sans cesse les fonds de secours destinés aux cultivateurs des régions dangereuses.

Du reste la circonscription départementale comme rayon d'action de l'assurance est absolument arbitraire ; c'est là une zône toujours trop restreinte, et dont la détermination toute administrative ne se concilie pas avec les données expérimentales des assureurs.

De plus, au point de vue pratique, le système de M. Calvet aurait beaucoup d'inconvénients.

Il est difficile de croire que dans les cantons qui comptent un grand nombre de communes, les juges de paix et les conseillers d'arrondissement pourraient assister à toutes les réunions des bureaux locaux; ces bureaux n'auraient peut-être pas toute la compétence voulue pour se livrer à l'estimation des dommages, et ils auraient une tendance trop accentuée à négliger dans leur appréciation les intérêts de la Société.

Nous ne voyons pas comment d'autre part, les assurés pourraient compter en toute confiance sur une

(1) Jean Perriaud. L'assurance devant les Chambres. *L'Economiste rural*, V. Chorel *op. cit.* p, 155 et 156.

indemnité réparatrice, car si le Conseil d'administration d'une Société départementale a le droit d'arrêter le montant des indemnités et d'en ordonner le paiement « ce pouvoir est subordonné à une condition indépendante de l'action de la Société départementale, à l'existence d'un fonds de réserve suffisant pour combler les déficits qui pourraient se produire dans tous les départements. Si dans une année calamiteuse, le taux des primes annuelles s'étant trouvé trop faible, le fonds de réserve est inférieur aux besoins de la caisse nationale, on ne voit pas comment la décision du Conseil d'administration d'une Société départementale arrêtant le montant des indemnités et en ordonnant le paiement pourrait recevoir son exécution, puisque les sommes nécessaires ne seraient pas mises à sa disposition. Dans ce cas qui mérite d'être prévu, on n'aura le choix qu'entre deux alternatives : distribuer des indemnités partielles, ce qui ruinera l'influence morale de la Société départementale et des bureaux communaux, ou faire appel au budget de l'Etat, c'est-à-dire faire supporter par les contribuables les frais de l'assurance. » (1)

Le règlement des sinistres ne présente pas toutes les garanties désirables ; l'assuré ne peut pas, en effet, protester contre la décision du bureau local, juge souverain ; aucun recours ne lui est ouvert.

Quant à l'administration de la caisse nationale et des caisses départementales, elle est semblable,

(1) L'*Argus*. 4 août 1896. Analyse de la proposition Calvet.

avons-nous dit à celle de M. Viger ; elle consacre le triomphe du fonctionnarisme.

Le système de M. Calvet aboutirait donc à des conséquences diamétralement opposées à celles que son auteur en attend ; il est, comme tant d'autres, le fruit d'une imagination généreuse et non d'un travail sérieux.

Cependant, après avoir fait l'objet d'un rapport de la part de M. Poirier, il a été pris en considération par le Sénat, dans sa séance du 28 janvier 1896, et renvoyé à l'examen d'une Commission spéciale.

TROISIÈME CLASSE. — *Proposition ayant pour objet la création de caisses syndicales d'assurances.*

Proposition Gendre. — M. Gendre, frappé de la connexité qui existe entre le crédit et l'assurance agricoles, veut solidariser ces deux institutions et les organiser d'une façon parallèle.

Dans son système, l'assurance est obligatoire pour les seuls agriculteurs qui ont recours au crédit agricole. « Nous pensons, dit-il, que l'assurance pour être juste et efficace, doit être obligatoire seulement pour quiconque voudra recourir au crédit.....

« C'est là, en réalité, le seul moyen équitable et pratique de rendre l'assurance juste, efficace et vraiment facultative. »

En limitant le crédit aux assurés, il pense arriver à donner un gage certain de vitalité et d'avenir à cette institution, et à rendre prospère l'assurance agricole. Cette combinaison doit, d'après son auteur, permettre à l'agriculteur de se libérer à l'échéance et doit, en étendant la pratique de l'assurance, diviser excessivement les risques et combler les pertes par les bénéfices réalisés.

M. Gendre comprend que l'assurance agricole ne peut plus être exploitée par des sociétés locales qui sont forcément vouées à l'insuccès, à cause de l'accumulation des pertes. Il faut la généraliser, dit-il, pour éviter tous ces inconvénients et l'étendre à toute la France et non pas seulement à un seul département ou même à une région. Et pour arriver à ce but, il propose de confier l'assurance à l'*Union des Syndicats. La Chambre fédérale* constituerait des sociétés d'assurances agricoles « fonctionnant à côté des syndicats, et remplissant toutes les conditions requises. »

Dans une mesure de prudence et pour qu'une Société agricole ne soit pas exposée à être ruinée par l'extension trop grande de ses affaires, il décide que la Chambre syndicale pourra s'adjoindre « des sociétés privées ». Ces dernières n'auront plus, du reste, que la ressource de s'affilier à l'*Union des Syndicats.* M. Gendre, avec son système, amène leur lente expropriation. Elles ne pourront pas lutter, en effet, contre une institution à laquelle seront obligés de recourir tous ceux qui voudront bénéficier du crédit, et qui jouira de bien d'autres privilèges encore ; les caisses syndicales d'assurances mutuelles et les caisses assimilées sont affranchies du droit de timbre et d'enregistrement, et reçoivent de l'Etat comme subvention annuelle l'équivalent des dégrèvements et secours qui sont accordés aux victimes de la grêle, de la gelée et autres accidents atmosphériques.

Dans ces conditions, la concurrence de la nouvelle caisse est déloyale ; on arrive, comme dans le projet Philipon et Pochon à la spoliation lente et inique des Compagnies existantes, non plus, il est vrai, en faveur d'une caisse d'état, mais en faveur d'une institution, formée par l'*Union des Syndicats*, et par conséquent entourée de moins de garanties.

M. Gendre consent cependant à allouer des indemnités aux sociétés privées, dans le cas où leurs assurés voudraient résilier leurs polices non encore expirées pour recourir au Crédit agricole et aux Sociétés syndicales. Cela s'appelle tout simplement payer son créancier.

D'après ce projet, les caisses d'assurances agricoles peuvent assurer l'intégralité du montant des récoltes, sans se préoccuper de l'assurabilité du fléau qui peut les détruire. La prime n'est pas uniforme pour tout le pays ; elle doit être établie « en tenant compte du danger de telle ou telle région et de la fragilité plus ou moins grande des diverses récoltes soumises à l'assurance » ; elle sera fixée par un règlement d'administration publique. Dans le cas de sinistre, l'expertise est faite par les agents des sociétés syndicales et les experts choisis par les intéressés sous la présidence du maire de chaque commune. L'indemnité est payée d'après la valeur réelle de l'objet sinistré, et non pas d'après la valeur déclarée par l'assuré, et ne doit être basée que sur la perte occasionnée par les accidents purement atmosphériques ; elle est toujours due proportionnellement au dommage, quelle que soit la quotité de ce dommage. Telle est l'économie de la proposition de M. Gendre. On n'y relève aucune idée destinée à faire progresser l'assurance agricole.

CHAPITRE II

L'Intervention de l'Etat dans les Assurances Agricoles

On peut concevoir de diverses façons l'intervention de l'Etat dans les assurances agricoles, et en fait, nous avons vu, en examinant les divers projets de loi, qu'elle n'a pas été comprise sous une formule unique. Il s'agit de déterminer les limites dans lesquelles doit s'exercer son action et de déterminer quel doit être son rôle. Nous allons essayer de trouver la solution de ce délicat problème, et de voir à quelles conditions l'Etat peut aider au développement de l'assurance agricole.

SECTION I. — **L'Etat Assureur**

La théorie de l'Etat assureur est le produit des doctrines socialistes; elle fait partie du programme plus général qui veut étendre les fonctions de l'Etat jusqu'à en faire un Etat-providence « chargé du rôle non seulement d'administrateur, de gendarme, de ménagère de la société, mais de tuteur des hautes études et..... de gardien de l'idéal ». (1). Elle a été formulée d'une façon saisissante, et qui montre bien sa relation avec l'idée socialiste, par M. Wagner (2), professeur à l'Université de Berlin.

Pour lui, l'assurance ne doit pas être une institution privée, mais un service public, au même titre que la fabrication de la monnaie, l'industrie des postes et télégraphes, etc., et pour les mêmes motifs. Voici comment il raisonne : l'assurance étant toujours une mutualité, l'assureur n'est qu'un intermédiaire entre les assurés ; or, l'Etat peut remplir ce rôle mieux que les sociétés, qui manquent d'unité, quand elles sont mutuelles, et qui spéculent, quand elles sont à primes fixes ; il est tout naturellement désigné pour servir de lien entre les citoyens et pour arriver à donner à l'institution « une unité de direction et d'organisation, le minimum de dépense de force et le maximum d'effet ». L'Etat, avec les fonctionnaires dont il dispose, les locaux qu'il peut avoir à des conditions peu onéreuses, fournirait l'assurance à bon marché, et aurait l'avantage de donner aux assurés plus de garantie. Qu'on ne croit pas, dit-il, que les fonctionnaires n'auraient pas les qualités suffisantes pour remplir cette nouvelle charge ; ils y sont préparés déjà par les divers travaux qu'on leur a confiés et qui ont une grande analogie avec l'assurance ; leur zèle pourrait être stimulé par une allocation sur les bénéfices.

(1) Jules Ferry, discours à la Sorbonne, le 31 mars 1884. *Journal Officiel* du 1er avril 1884.

(1) Adolphe Wagner. Der Staat und das Versicherungswesen. Tubingue, 1881.

Pourtant, ce qui est à remarquer, M. Wagner émet un doute sur la nécessité de l'intervention de l'Etat dans les assurances agricoles. Il reconnaît que les sociétés mutuelles privées qui exploitent cette branche « offrent des avantages pour le contrôle des assurés et pour le règlement des dommages ». Mais, après avoir constaté qu'il était possible toutefois de constituer un service public pour les assurances agricoles, il les enrégimente comme les autres dans son système d'Etat, afin d'arriver à l'égalisation des risques. C'est là, en effet, son but.

Il veut pouvoir, grâce à l'autorité de l'assureur, imposer une prime égale à tous les assurés, sans tenir compte du risque garanti, afin que celui qui est peu exposé aux fléaux, paye pour celui qui l'est davantage. C'est de la vraie justice, d'après le professeur de Berlin, car, dit-il, dans un Etat, tous les membres sont solidaires les uns des autres, et les assurés ne sont pas responsables de la gravité de leurs risques, de la situation de leurs terres, par exemple ; la constitution des patrimoines n'est que le résultat de faits historiques. L'égalisation des primes nivelera ces inégalités sociales, en faisant contribuer ainsi chaque citoyen à la réparation des pertes de la collectivité ; elle ne pourra être imposée que par l'Etat, qui est le « représentant de la solidarité sociale. »

M. Wagner arrive ainsi à l'égale répartition des richesses, qui est au fond, le rêve de tout socialiste, et le but inavoué de beaucoup de partisans de l'assurance par l'Etat.

Sans examiner si cette conception généreuse de la société est réalisable, nous croyons pouvoir dire en tous les cas, que la voie indiquée par le professeur allemand, pour atteindre son idéal, n'est pas la bonne. Il s'est trompé, à notre avis, quand il a vu « dans le mécanisme de l'assurance un moyen de niveler dans une félicité commune, les inégalités sociales ». L'assurance ne peut pas être l'instrument niveleur ; elle a un caractère absolument individuel et la classification des risques est sa base fondamentale ; elle repose toute entière sur l'exacte appréciation de l'aléa couru, et sur le calcul de son prix. Il ne faut pas oublier, en effet, que l'assurance donne lieu à un contrat synallagmatique par lequel une des parties achète la garantie d'une valeur déterminée et dont le prix est à débattre avec son co-contractant. Le chiffre de l''indemnité, après un sinistre partiel, doit être fixé aussi entre les parties intéressées.

« L'assurance est la forme la plus parfaite du *sef help* et de l'assistance par soi-même ; c'est le plus bel effort de l'individualisme multipliant ses forces par l'association, mais sans s'y perdre ». (1).

C'est là précisément ce que M. Wagner lui reproche ; il la trouve trop en harmonie avec les principes individualistes ; sans doute, dit-il, elle est constituée d'après « la logique absolue, la justice, un principe salutaire de perfectionnement social », mais elle a le tort de ne pas venir en aide aux malheureux.

Ce dont M. Wagner ne s'aperçoit pas c'est que si

(1) Chaufton, *op. cit.*, p. 666.

l'assurance tenait compte des inégalités sociales, sa nature serait complètement changée; il n'y aurait plus de contrat basé sur une réciprocité d'intérêts, plus d'assurance ; il resterait une institution d'assistance et de charité.

« Les socialistes ne voient pas, dit M. Chaufton, que faire disparaître de l'assurance cette éclatante justice qui résulte d'un calcul exact, est en même temps anéantir l'assurance elle-même dont cette justice est l'essence. L'assureur, patient analyste, met dans les plateaux de sa fine balance, d'un côté, le risque, de l'autre, la prime, et il s'efforce de les mettre en équilibre. Il répète cette opération un nombre incalculable de fois. Tous ces rapports, exacts de valeurs, rapprochés par l'association, constituent cette force dont nous admirons les développements. Le socialiste, par une conception synthétique, jette dans les plateaux de sa vaste balance, d'un côté, tout le poids des misères humaines, de l'autre, toutes les valeurs accumulées par la civilisation, ou du moins la portion de ces valeurs, nécessaire pour établir l'équilibre. C'est là une opération d'assistance publique, ce n'est pas une opération d'assurance. » (1).

Certains partisans de l'assurance par l'Etat admettent cependant la classification des risques ; mais ils ne corrigent pas pour cela le vice du système qui pêche par la base. L'Etat n'a pas le droit, en effet, de remplacer l'initiative privée dans cette branche d'industrie.

(1) Chaufton, *op. cit.*, p. 666.

« Il n'est fait, a dit M. Lavollé, à la *Société des Agriculteurs de France*, ni pour le rôle de policier à outrance, ni pour celui d'assureur..... Le rôle essentiel de l'Etat est d'assurer le maintien de l'ordre, la liberté et l'égalité des citoyens et de faire, dans l'intérêt commun tout ce que l'initiative individuelle ne saurait accomplir (1). M. Lavollé pose ainsi les limites dans lesquelles l'Etat a le droit d'exercer son action.

La même opinion se trouve exprimée dans un discours de M. Paul Deschanel, à l'Office central des institutions charitables. « L'État, dit l'orateur, ne doit intervenir que là où l'initiative privée ne suffit pas, là où elle est absente ou trop faible. Mais quand l'association libre est en plein développement, en plein succès, l'intervention de l'Etat au-delà de son droit de contrôle est un nouveau péril. Qu'il surveille les associations privées, c'est son droit; qu'il les aide, c'est son devoir, mais qu'il prétende les régenter ou les remplacer, cela est absurde. » (2). M. de Courcy édicte, à son tour, la même règle. « L'Etat doit entreprendre, écrit-il, les choses utiles que l'industrie privée est impuissante à faire sans lui ; il doit aider de son concours quand il est nécessaire, de sa protection toujours, celles que peut entreprendre l'industrie privée; et, respectueux de la liberté, il doit s'abstenir de toute usurpation, de toute immixtion dans celle que l'industrie privée ferait sans lui et mieux que lui. »(3)

(1) Hamon, *op. cit.* p. 139.
(2) Hamon, *op. cit.* p. 138.
(3) De Courcy, *op. cit.* p. 7.

Voilà la théorie qui rallie la presque unanimité des politiciens et des économistes, et qui semblebien résoudre le problème de l'intervention de l'Etat dans l'ordre économique. Il est donc reconnu que l'Etat ne doit s'emparer d'une branche de l'activité humaine que dans le cas où les individus n'ont pas pu ou n'ont pas voulu l'entreprendre.

Le débat se réduit par conséquent à une question de fait. Il s'agit de savoir si l'initiative privée s'est montrée tellement impuissante dans l'exploitation de l'assurance, qu'il y ait une nécessité d'ordre public à la voir remplacée pa l' Etat.

Les partisans de l'Etat assureur s'empressent de répondre : si les forces individuelles ont pu organiser l'assurance contre l'incendie et sur la vie, elles ne sont pas arrivées à établir le bon fonctionnement de l'assurance agricole. Nous avouons que cette dernière branche n'est pas très florissante ; nous avons constaté, nous-mêmes, plusieurs fois déjà, qu'elle n'avait acquis, dans un siècle d'existence, qu'un bien faible développement. Mais ce n'est pas là une raison suffisante pour légitimer l'intervention de l'État. Il ne s'ensuit pas, en effet, que les individus n'aient pas voulu ou n'aient pas pu mener à bien une pareille industrie, et soient responsables d'un pareil état de choses.

L'initiative privée est arrivée à un résultat tel que satisfaisant, de l'avis même des partisans de l'assurance par l'Etat dans les autres branches d'assurance ; pourquoi se trouverait-elle radicalement impuissante dans l'assurance agricole ?

« S'il en était ainsi, dit M. Thomereau, elle ressemblerait beaucoup à ce fameux remède, de légendaire mémoire, qui était excellent pour les maçons et pernicieux pour les serruriers. Parlons donc sérieusement. Ne voyez-vous pas que l'initiative privée ne saurait perdre, en aucun cas, sa vertu propre ; que, par conséquent, ce n'est pas à elle qu'il faut imputer soit l'absence complète, soit le peu de développement de l'assurance appliquée aux risques agricoles ? » (1); c'est à des causes nombreuses dont elle n'est pas responsable, et dont elle a subi les pernicieux effets. L'assurance agricole a rencontré, dès ses débuts, une opposition systématique en France, et son histoire nous a révélé les longues tribulations auxquelles elle a été soumise. C'est l'Etat lui-même qui a semé des obstacles sur sa route et qui en a plusieurs fois arrêté l'essor. D'autre part, les risques agricoles sont complexes, et leur assurance présente des difficultés toutes particulières et qui « tiennent à la nature des choses. » Il était difficile de les étudier, de les classer, d'établir enfin une statistique sérieuse sur la probabilité de leur réalisation. La grêle obéit à des lois que l'on ne connaît pas, et la mortalité des bestiaux présente un risque spécifique d'une intensité toute particulière. Les sociétés qui les ont exploités jusqu'à ce jour, ayant pris la forme mutuelle, devaient, d'après l'erreur longtemps accréditée, avoir une petite extension territoriale ;

(1) THOMEREAU, *Les Assurances agricoles, état actuel de la question*, p. 24.

ce qui les condamnait à la misère, à cause de l'agglomération des mauvais risques.

« Les pionniers de l'assurance agricole ont dû frayer la voie, dit M. Chorel ; il leur a fallu commencer par recueillir, sur des risques essentiellement variables selon les régions et très difficiles à évaluer, un ensemble de données statistiques qui permit de baser des tarifs proportionnels. Après les tâtonnements du début, lorsque la clientèle a commencé à s'accroître, il est devenu possible de reviser les premières tarifications et d'abaisser le taux de primes. Ce lent développement est la loi commune de toutes les branches d'assurances, et le rôle de l'Etat, s'il veut favoriser les progrès de la prévoyance, consiste à encourager l'action des initiatives individuelles, bien loin de chercher à leur faire concurrence. » (1).

Quand on songe, en effet, à tous les obstacles qu'avait à surmonter l'initiative privée dans l'exploitation de l'assurance agricole, on trouve que sa condamnation serait absolument injuste, et qu'on doit, au contraire, la seconder par tous les moyens. Elle a fait preuve, en soutenant la lutte contre les difficultés qui se dressaient devant elle, d'une vitalité courageuse et a montré qu'une pareille tâche n'excédait pas ses forces ; l'Etat n'a donc pas le droit de se substituer à elle.

Mais, dit-on, l'assurance est une institution d'intérêt général ; elle est utile à la collectivité et par conséquent, l'Etat doit en avoir le monopole, comme

(1) CHOREL, *De l'Assurance par l'Etat*, p. 151.

il a celui du service des postes et télégraphes, de la voirie, etc.

Avec de pareilles raisons toutes les grandes branches de l'activité humaine devraient être exploitées par le gouvernement. L'alimentation, par exemple, intéresse au premier chef la collectivité, pourquoi ne pas donner à l'Etat le monopole de la boulangerie et de la boucherie? « Pourquoi enfin l'Etat, dit M. de Courcy, ne serait-il pas le seul propriétaire et le seul cultivateur du sol ? Il n'y aurait plus besoin d'assurances, et ce serait infiniment plus simple et *plus complet* que de s'évertuer à garantir les cultivateurs contre une partie des fléaux qui menacent leurs intérêts » (1). Une fois le principe admis, il est, on le voit, impossible de ne pas adhérer à toutes ses conséquences au grand dommage de la liberté, car « supprimer la liberté du travail, du commerce, de l'industrie, c'est supprimer la liberté même. » (2).

L'assurance par l'Etat aurait, du reste, des conséquences dangereuses, et présenterait des difficultés sans nombre.

Elle aurait pour effet d'arrêter l'éducation des classes agricoles que se chargent de faire les nombreux agents qui vont prêchant à travers les campagnes les bienfaits de la prévoyance ; les fonctionnaires se borneraient à faire la partie matérielle du travail et n'auraient pas intérêt à instruire nos paysans.

Et quel sort serait réservé à nos compagnies exis-

(1) De Courcy, *op. cit.*, p. 7.

(2) Eugène Rigaut. Journal l'*Assurance Moderne*. N° du 15 janvier 1895.

tantes ? On ne pourrait pas décemment, semble-t-il, prononcer leur liquidation sans leur donner une indemnité, dont le payement entraînerait pour le Trésor des dépenses considérables et nécessiterait un emprunt ; si on se bornait, d'autre part, à créer une assurance d'Etat à côté des Sociétés de l'heure actuelle, ce serait leur faire une concurrence odieuse destinée « à préparer plus sûrement un monopole » (1) acheté à bon marché. Dans tous les cas, l'intervention de l'Etat désorganiserait l'industrie, la découragerait et léserait des droits acquis.

L'Etat ne retirerait pas un grand avantage de cette spoliation ; obligé d'accepter tous les risques, il prendrait une lourde charge et serait obligé d'élever les primes, s'il ne voulait pas rapidement et aveuglément aboutir à la débâcle ; l'assurance, dans ces conditions, ne serait pas moins chère que celle d'aujourd'hui ; elle pourrait même l'être davantage, car c'est une étrange illusion de croire à une économie par suite de la substitution au mécanisme des sociétés des procédés de l'administration. « Tous ceux qui ont eu à étudier, dit M. Magnin, la question si complexe et si délicate des assurances, ont prévu que les règles de notre régime administratif et financier se prêteraient mal aux facilités et aux nombreuses combinaisons que la variété des risques à courir impose aux sociétés privées, dont le zèle se trouve encore stimulé par la concurrence, et, dès lors, il y aurait à craindre, au contraire, que confiées aux agents du Trésor, les expertises ne devinssent plus

(1) De Courcy, *op. cit.* p. 58.

coûteuses, les frais d'administration plus considérables, les délais pour le paiement de l'indemnité plus prolongés..... Il faut toujours se demander s'il conviendrait que l'Etat se mît à la place de l'industrie privée pour prendre la responsabilité de risques s'élevant à des milliards, pour payer annuellement des indemnités se soldant par des millions, pour constituer des réserves,les faire valoir, et s'exposer par ce mouvement de fonds, à des pertes peut-être considérables» (1).

L'intérêt fiscal n'expliquerait donc pas la prise de possession des assurances par l'Etat, dont la responsabilité financière se trouverait, au contraire, témérairement engagée du fait de ce monopole.

Ce système se heurterait aussi à des difficultés d'application considérables : qu'on s'imagine, en effet, la situation de l'Etat, étant obligé de discuter les indemnités, de résister aux prétentions exagérées des uns, de répondre aux sollicitations des autres, de débattre des questions d'intérêt purement personnel. Les protestations des assurés mécontents se traduiraient en de violentes récriminations et à des critiques contre le gouvernement, qui laisserait dans ses nouvelles fonctions tout son prestige !

Il y aurait, encore, à craindre, avec l'assurance d'Etat, l'intervention néfaste de la politique dans le domaine des choses absolument privées ; les intéressés ne manqueraient pas, en tous les cas, de soupçonner les hommes en place de partialité en fa-

(1) Extraits de la lettre de M. Magnin, ministre des finances, à M. le président du Sénat, 24 fév. 1881.

veur de leurs amis, et d'injustice au détriment de leurs adversaires. « L'acharnement des partis politiques, dit à ce sujet, la Chambre de Commerce d'Abbeville, est devenu tel dans certaines campagnes, qu'on croit le gouvernement capable de toutes les concessions ou capable de toutes les injustices. » (1).

M. Gendre dit aussi dans l'exposé des motifs de son projet de loi, déposé le 3 juillet 1894 : « L'assurance par l'Etat..... offre, elle aussi, un très grave inconvénient, c'est d'augmenter le fonctionnarisme, cette plaie de nos sociétés modernes, et de soulever contre les agents du gouvernement les colères, les récriminations et les plaintes des sinistrés, se prétendant lésés à tort ou à raison dans le calcul des indemnités, et qui naissent fatalement de la compétition d'intérêts en jeu et des jalousies locales. »

En résumé, dit M. Alfred Naquet : « Difficultés considérables d'application ; bénéfices nuls et même déficit probable ; le pain enlevé à un nombre énorme de familles. Voilà à quels résultats nous arriverions, si nous décrétions cette nouvelle édition considérablement aggravée du monopole des allumettes (2).

L'assurance par l'Etat présente encore des inconvénients particuliers à la forme qu'elle affecte, c'est-à-dire à son caractère obligatoire ou facultatif.

L'obligation n'est pas morale ; elle favorise la paresse, l'incurie et la fraude ; le cultivateur qui se saurait garanti contrairement même à sa volonté contre les fléaux agricoles, ne ferait plus rien pour

(1) Délibération du 17 mai 1895.
(2) HAMON, *op. cit.*, p. 142.

les prévenir, ne lutterait plus pour les écarter, et il n'aurait pas de scrupule à commettre des fraudes, de l'instant que l'assureur serait l'Etat; dans nos campagnes on croit en effet encore qu'il n'y a pas d'indélicatesse à voler une institution administrative.

Avec l'assurance obligatoire, il n'y a plus de place à la prévoyance ; c'est là une vertu subitement devenue impraticable, pour les particuliers. L'Etat se substitue à chacun et agit pour lui, comme si l'homme n'était pas le meilleur juge de ses intérêts. Il fait disparaître ainsi le sentiment de la responsabilité qui est le grand ressort de l'activité humaine, il annihile l'effort qui engendre le mérite et qui est la condition de tout progrès, de toute civilisation.

Mais, dit-on, l'assurance obligatoire est le seul moyen de triompher de l'insouciance des gens de la campagne, et de les mettre à l'abri des dangers qu'ils courent.

« Les motifs de l'inquisition, déclare M. Thomereau, n'étaient pas différents : c'était la faiblesse intellectuelle des hérétiques, leur tiédeur en matière de foi, mais comme il ne s'agissait pas encore du « salut de l'agriculture »..... mais du « salut des âmes », objet, qui — dans ce temps-là — paraissait plus important, on brûlait les dits hérétiques pour les mieux sauver. Le bûcher était une assurance obligatoire contre l'enfer. » (1).

Qu'on ne cherche donc pas d'excuse ! C'est l'at-

(1) Thomereau. *Les assurances agricoles.* Etat actuel de la question, p. 23.

teinte la plus manifeste et la moins justifiée portée au principe de la liberté.

Avec un caractère obligatoire, l'assurance perd, du reste, sa nature, et devient tout simplement une forme de l'assistance (1).

Elle contient, en effet, un élément de charité qui est contraire à son essence; en contraignant une partie de la population à payer une garantie pour des risques illusoires, on lui demande tout simplement de venir en aide aux citoyens moins heureux et moins favorisés. Pourquoi prendre tous ces détours ? et pourquoi ne pas proposer tout simplement l'augmentation des secours ou des dégrèvements que l'Etat accorde annuellement aux contribuables malheureux ? Ce serait plus logique.

La forme obligatoire répugne donc à l'assurance, comme elle répugne à la raison.

Si, au contraire, l'assurance par l'Etat prend la forme facultative, elle est vouée par avance à un prompt insuccès. Ne viendront à elle que les risques les plus dangereux, et dont les sociétés actuelles ne veulent pas. La bonne clientèle s'abstiendra généralement : la menace du danger ne sera pas assez imminente, et la propagande des fonctionnaires de l'Etat pas assez constante pour la décider. Il ne pourra donc y avoir compensation entre les pertes

(1) L'assistance, dit M. de Cluveaux, a son domaine ; l'assurance a le sien et le progrès consiste, sans contredit, à étendre le plus possible le domaine de l'assurance, et à restreindre d'autant celui de l'assistance. (DE CLUVEAUX, art. du 9 octobre 1897. Le *Monde Economique*).

subies et les bénéfices réalisés, et il est fort probable que si l'Etat veut payer les indemnités, c'est encore dans la poche des contribuables qu'il puisera.

Ainsi, sous quelque forme qu'elle se présente, qu'elle soit obligatoire ou facultative, l'assurance par l'Etat doit être énergiquement repoussée. Elle a, du reste, été expérimentée, et les diverses tentatives qui ont été dirigées dans ce sens n'ont donné aucun résultat.

Les caisses d'assurances, en cas de décès et en cas d'accidents créées par l'Etat, nous fournissent un exemple bien actuel ; malgré les avantages de toutes sortes qu'elles font à leurs clients, elles comptent un chiffre infime d'assurés, et sont dans une situation très précaire. La caisse d'assurances en cas d'accidents, a payé en 1891, 23,000 fr. d'indemnités et n'a reçu que 12,000 fr. de cotisations (1). Des 9 millions d'ouvriers, 28,000 seulement versent à la caisse des retraites pour la vieillesse, qui a déjà coûté plus de 100 millions (2).

Voilà des échantillons de l'assurance par l'Etat.

Il est vrai que les partisans de cette doctrine ont une réponse. « Regardez-donc cependant, disent-ils, au-delà de nos frontières, voyez comme elle réussit en Allemagne ». En d'autres termes à des exemples pris en France, ils opposent des exemples précieusement recueillis en Allemagne, c'est-à-dire dans un pays si différent du nôtre, où les habitants n'ont ni notre

(1) Exposé des motifs de la proposition de loi de MM. Philipon et Pochon.

(2) Exposé des motifs de la proposition de loi de M. Quintaa.

tempérament, ni nos habitudes, ni le même degré de liberté. C'est l'aveu de leur faiblesse.

Les questions sociales doivent trouver, en effet, suivant les pays une solution différente ; là où il n'y a pas de liberté d'association, par exemple, comme en Allemagne, on comprend que l'Etat puisse avoir des droits assez étendus dans l'ordre économique, d'après le principe même que nous avons posé, puisque l'individu isolé ne peut pas ou ne veut pas le plus souvent entreprendre une industrie vaste et périlleuse. C'est ainsi que M. Léon Say a pu dire : « Le socialisme d'Etat est une philosophie allemande, qui n'est faite ni pour les Anglo-Saxons, ni pour les Italiens. Il ne peut s'épanouir complètement qu'au Nord des Alpes et à l'Orient du Rhin. Légitime en Allemagne, il est bâtard partout ailleurs. Il est né chez nos voisins d'outre-Rhin de leur histoire et de leurs mœurs. Il est tout à la fois impérial et féodal, c'est-à-dire qu'il est le Benjamin de la centralisation, sans pour cela que le particularisme lui soit hostile. »

Et encore en Allemagne, la théorie de l'obligation ne produit pas de bien merveilleux résultats. La question des assurances est loin, en effet, d'être résolue. On a constaté depuis l'application de ce nouveau régime de plus nombreux accidents que par le passé, comme si pour le patron et l'ouvrier, l'assurance était devenue un « oreiller de paresse. » (1). Ainsi même en Allemagne, le berceau du socialisme, on peut aller chercher les raisons pour combattre l'intervention de l'Etat dans le domaine des assu-

(1) PERRIAUD. *Etude économique de l'assurance grêle*, p. 67.

rances, et notre étude nous conduit à dire avec M. Paul Gauvin que « l'assurance par l'Etat ne peut germer que dans l'esprit des gens intéressés à créer quand même, quoi qu'il en puisse advenir, de nouveaux emplois, de grasses sinécures pour des électeurs influents ou quelques victimes du suffrage universel » (1). On comprend que la Société des Agriculteurs de France, ait adopté dans une de ses sessions, les conclusions suivantes rédigées par M. Cucheval-Clarigny :

« Considérant qu'il n'existe aucune connexité entre l'organisation des assurances en faveur de l'agriculture et le bon fonctionnement si désirable du Crédit agricole ;

« Qu'il y a lieu d'attendre de l'initiative et du progrès incessant de l'industrie privée, le développement et le perfectionnement des institutions favorables à l'Agriculture ;

« La Société des Agriculteurs de France émet le vœu que le gouvernement s'abstienne absolument de créer, sous prétexte d'assurance, aucune administration nouvelle, aucune institution de nature à accroître les charges actuelles de l'agriculture ; qu'il s'abstienne également d'imposer aux agriculteurs aucun mode particulier d'assurance. »

Dans le 8e Congrès du Crédit populaire et agricole, tenu à Caen le 12 mai 1896, la même opinion a été soutenue :

« Le Congrès renouvelle, est-il dit dans une de ses

(1) Paul GAUVIN. *L'Etat assureur.*
Voir AMON, *op. cit.*, p. 137.

résolutions, ses protestations antérieures contre toute organisation de crédit ou d'assurances agricoles par l'Etat, le rôle de banquier ou d'assureur universel dépassant les interventions de l'Etat..... »

Mais si l'Etat n'a pas le droit, à notre avis, de se substituer à l'initiative privée pour réparer les effets des fléaux soumis à l'assurance, il lui appartient, au contraire, comme ayant la garde des intérêts de la collectivité, de prendre les mesures nécessaires pour les prévenir et en arrêter le développement. Ces mesures qui constituent, ce qu'on appelle l'assurance préventive, sont de son domaine. Sur ce point, l'initiative privée ne peut s'exercer que dans un rayon fort restreint ; seul l'Etat peut arriver, en raison de la force publique dont il est dépositaire, à ordonner des dispositions efficaces, en matière d'hygiène par exemple. Il est, en effet « producteur d'ordre, de sécurité, de bien-être. » (1).

L'action de l'Etat pour prévenir les risques agricoles doit être d'autant plus grande que ces risques, sont pour la plupart, nous l'avons démontré, inassurables. Elle est cependant radicalement impuissante à empêcher la grêle de tomber, et n'a pu s'exercer encore contre la gelée, les moyens pour lutter contre ce fléau étant toujours imparfaits. Mais l'état a le devoir de faire disparaître dans la mesure du possible le danger de l'inondation. Depuis longtemps déjà des mesures ont été prises pour le combattre. La loi du 16 septembre 1807 déclare que « lorsqu'il s'agit de construire des digues à la mer ou contre les fleuves,

(1) Chaufton, *op. cit.*, p. 482.

rivières et torrents navigables ou non navigables, la nécessité en sera constatée par le gouvernement et la dépense supportée par les propriétaires protégés dans la proportion de leur intérêt aux travaux. » La loi du 14 floréal an XI, des lois spéciales à chaque fleuve, édictent aussi des règles relatives aux endiguements. C'est dans le même sens qu'est conçue la loi du 28 mai 1858. Le législateur s'est occupé aussi du reboisement des montagnes, qui est un remède sérieux à l'inondation. La loi du 28 juillet 1860, complétée par le règlement d'administration publique du 27 avril 1861 et suivie d'une circulaire du 1er juin 1861, la loi du 8 juin 1864, le règlement d'administration publique du 10 novembre 1864, la loi du 4 avril 1882 et le décret du 11 juillet 1882, renferment des dispositions très nombreuses sur cette question.

Il existe d'autre part depuis 1869 au budget un chapitre intitulé : « Travaux de défense contre les inondations. »

Pour écarter ce fléau il y aurait aussi à changer le régime actuel des eaux et à veiller à ce que les cours d'eau secondaires, les affluents aient des dérivations nombreuses, et qu'il soit établi de grands canaux d'arrosage, qui opèrent sur tout le territoire la répartition des eaux. Mais nous ne pouvons pas nous attendre à voir édicter cette mesure à cause des interêts contraires qui demandent satisfaction ; les usiniers, les industriels veulent en effet que le volume des eaux ne soit pas diminué et d'autre part bien que la navigation fluviale soit moins importante qu'autrefois, on continue à lui sacrifier les intérêts des cultivateurs ; il est toujours défendu, en effet, aux riverains des cours d'eau navigables ou flottables, voies d'eau assimilées aux grandes routes, d'y faire des prises d'eau pour l'irrigation de leurs propriétés. Les travaux de dérivation ne sont donc pas sur le point d'être accomplis.

L'Etat peut encore intervenir d'une façon efficace pour prévenir la mortalité des bestiaux. Il a le devoir de prendre les mesures nécessaires pour empêcher la contagion des maladies, et pour préserver ainsi les étables du fléau des épizooties. Il sauvegarde ainsi, en même temps que la richesse nationale, la santé publique « sur laquelle le contact ou l'usage alimentaire ou industriel des animaux malades, de leur viande ou de leurs produits » (1), peuvent avoir l'effet le plus désastreux. Des dispositions législatives et administratives ont déjà été édictées pour réglementer la police sanitaire des animaux, et la loi du 21 juin 1898 sur le Code rural établit de nombreuses règles sur cette question.

Il est encore bien d'autres fléaux agricoles auxquels l'Etat peut s'adresser pour en empêcher l'arrivée; qu'il s'attaque à ces calamités pour en arrêter les fâcheux effets ; voilà son œuvre.

(1) Traité de la police sanitaire des animaux domestiques par J. Reynal, directeur de *l'Echo vétérinaire* d'Alfort, Paris, 1873. Dictionnaire d'hygiène publique et de salubrité.

SECTION II. — **L'État contrôleur, administrateur et subventionneur des sociétés privées**

On reconnaît, en principe, d'une façon presque unanime, que l'Etat a le droit, même le devoir, comme gardien de la fortune publique, de surveiller et d'aider les sociétés particulières d'assurances, qui sont des institutions d'intérêt commun ; l'initiative privée ne saurait accomplir cette tâche.

Mais on est loin d'être d'accord pour délimiter la zône dans laquelle doit se circonscrire l'action de l'Etat, et de s'entendre sur la nature, l'étendue, la forme de son contrôle et de sa protection.

Le contrôle de l'Etat peut être préventif ou repressif. La première forme a comme partisans tous ceux qui rêvent une assurance d'Etat, et qui pensent arriver à leur but en adoptant tout d'abord ce moyen terme ; elle se traduit par la nécessité de faire précéder toute constitution de société d'une autorisation gouvernementale : l'Etat aurait ainsi la faculté de créer aux sociétés des difficultés insurmontables, de les empêcher même de naître; il pourrait leur déterminer les risques à assurer, leur imposer des taux de prime, les enfermer dans une circonscription territoriale déterminée, les soumettre enfin à des règles contraires même aux vrais principes de l'assurance.

Ce serait là, pour le gouvernement, un pouvoir excessif, odieux, contraire à la liberté, et à la justice. L'arbitraire le plus révoltant serait, en effet, la conséquence d'un pareil système. « L'exemple le plus saillant que nous puissions citer en ce sens, dit M. Chaufton est celui de cette compagnie autorisée à distribuer ses excédents annuels aux assurés par voie de tirage au sort, c'est-à-dire à annexer une loterie à ses opérations d'assurances, alors que cette autorisation est refusée aux autres. L'Etat a créé ainsi au bénéfice d'une compagnie, un privilège exorbitant dans un pays où la loterie est interdite par la loi ; cette intervention de l'Etat dans les conditions de la concurrence entre les différents représentant de l'industrie des assurances est des plus fâcheuses (1). »

En élaborant lui-même les statuts des sociétés le gouvernement engagerait sa responsabilité morale dans toutes ces entreprises ; en les constituant lui-même, il semblerait les couvrir de sa garantie. Certains réformateurs trouvent peut-être que le prestige de l'Etat ne serait pas ainsi, suffisamment atteint et voudraient faire du gouvernement l'administrateur des sociétés d'assurances. Ce serait complet !

Le contrôle préventif doit avoir vécu ; il a eu déjà en France une existence trop longue ; ses effets ont été assez pernicieux pour qu'on se garde de recommencer une nouvelle expérience. Il a retardé, en effet, pendant près de cinquante ans l'essor des assurances et particulièrement des assurances agricoles. De 1809 à 1867 l'autorisation gouvernementale était obligatoire, et nous avons vu quelles conséquences néfastes a eu ce système. Le gouvernement n'approuvait que la constitution de petites sociétés à

(1) Chaufton *op. cit*, p. 773.

rayon très restreint, en leur imposant encore un tarif uniforme pour toutes sorte de risques : double erreur qui devait conduire toutes ces créations à une prompte ruine, ou tout au moins les condamner à une perpétuelle misère (1).

C'est la loi du 24 juillet 1867, qui a fait cesser cet état de choses en émancipant de la tutelle administratives toutes les sociétés, à l'exception cependant des sociétés d'assurances sur la vie qui restent soumises encore à l'ancien régime, à cause de la gravité des intérêts qu'elles mettent en jeu. C'était enfin l'ère de la liberté et de la justice ouverte ; il s'agit de ne pas la clore. L'assurance agricole vivifiée par cette mesure libérale a pris, cela est incontestable plus de développement, et elle est sur la voie du succès définitif ; qu'on ne l'arrête pas à nouveau.

On doit la soumettre toutefois au contrôle répressif, c'est-à-dire à la surveillance de l'Etat. C'est dans ce but que l'article 23 du décret du 22 janvier 1868, prescrit aux sociétés mutuelles d'adresser au ministre « leur inventaire annuel ainsi qu'un compte détaillé des recettes et dépenses de l'année précédente et du montant des sinistres. » Mais cette disposition est un peu platonique en l'absence d'une sanction.

Il serait peut-être utile d'organiser un contrôle plus sérieux et plus effectif ; quelques personnes craignent, il est vrai, d'engager la responsabilité de l'Etat en lui donnant une surveillance plus active. C'est là une conséquence que l'on pourrait très aisément éviter en faisant le public lui-même contrôleur

(1) Voir notre premier livre.

des sociétés ; l'Etat se bornerait à user de son autorité pour faire connaître tous les résultats des exercices de chaque compagnie, en les livrant à la publicité. Dès lors, il ne pourrait exister de responsabilité pour le gouvernement.

Le vicomte d'Avenel résume bien nos conclusions quand il dit :

« Je demande la suppression de la tutelle préventive de l'Etat. Le public doit savoir que la seule garantie réelle, c'est actuellement l'honorabilité et l'intelligence des administrateurs..... Le seul rôle qui incombe à l'Etat, c'est, par une surveillance purement répressive, d'obliger les Compagnies d'assurances à maintenir toujours en lumière une situation que l'opinion se chargera d'apprécier ». (1).

Les limites de la protection que l'Etat doit aux sociétés d'assurances, donnent lieu aussi à de nombreuses difficultés. Jusqu'où doit s'étendre l'aide gouvernementale ? Jusqu'à un sacrifice pécuniaire, répondent certains législateurs et économistes. C'est l'opinion de M. Méline qui, au cours de la discussion du budget de l'agriculture a, dans la séance du 26 février 1898, proposé d'affecter les fonds de secours aux sociétés d'assurances, et non pas aux particuliers. Cette mesure, aurait, d'après l'ancien ministre, les plus heureuses conséquences; elle mettrait fin aux abus, aux injustices et à l'immoralité qui sont les conséquences fâcheuses de notre système actuel ; les allocations, telles qu'elles sont accordées, dit-on, annuellement aux malheureux et aux

(1) *Revue des Deux Mondes*, V°, HAMON, *op. cit.*, p. 147.

déshérités sont, en effet, insuffisantes ; elles ne représentent le plus souvent que 3 ou 4 % des pertes subies (1) ; leur répartition n'est pas toujours faite d'une façon équitable ; l'habitude de distribuer ces secours a, du reste, l'inconvénient grave de laisser croire aux individus qu'ils n'ont pas à faire d'efforts pour se garantir eux-mêmes.

Un pareil état de choses, ajoutent MM. Emile Rey et Lachièze, n'est pas digne de notre civilisation. Il jure avec les principes de fraternité et de solidarité qui doivent régner dans une démocratie (2).

Privé de ces allocations, le paysan serait obligé de recourir à l'assurance ; il serait tenu de devenir prévoyant ; on aurait atteint un but excessivement moral.

Voilà le procès du système des subventions : malheureusement, la condamnation n'est pas complète.

Après ce réquisitoire contre le principe même des allocations gouvernementales, M. Méline ne se décide pas à les immoler ; il ne fait qu'en changer l'affectation. Il continue à les laisser vivre au profit des sociétés mutuelles d'assurances, en particulier de celles récemment créées. Il ne s'est pas aperçu que bien que changeant de destination, les secours de l'Etat demeuraient néfastes; ils portent, en effet, des vices inhérents à leur nature.

Leurs inconvénients restent les mêmes : les socié-

(1) Proposition de MM. Emile Rey et Lachièze, exposé des motifs.

(2) *ibid.*

tés doivent avoir, en effet, la pleine responsabilité de leurs actes, et il ne serait pas moral d'arrêter peut-être leurs efforts, en venant chaque année, réparer une partie de leurs pertes. Les allocations budgétaires appliquées aux sociétés seraient encore inutiles ; elles ne grossiraient pas de beaucoup leur encaisse. Leur répartition se ferait aussi d'une façon très défectueuse et fort injuste. Ainsi, dans son projet, M. Méline exclue des bienfaits pécuniaires les compagnies à primes fixes, comme étant indignes, probablement, en tant que sociétés de spéculation, de jouir de cette faveur, et ne fait même bénéficier de sa mesure que certaines sociétés mutuelles : les plus pauvres et les plus jeunes. Dans la distribution des deniers, c'est par conséquent encore l'arbitraire et l'injustice qui présideraient. D'après les règles posées par l'ancien président du Conseil, se trouveraient subventionnées les sociétés qui seraient les moins dignes de la sollicitude des pouvoirs publics, et dont les résultats seraient négatifs, à cause d'une organisation défectueuse et d'une mauvaise administration. Ce sont précisément ces sociétés qui devraient disparaître, car elles découragent les cultivateurs de l'assurance.

On lit, à ce sujet, dans une proclamation des agents généraux de Seine-et-Marne : «Supprimer ou réduire, au profit de certaines des compagnies qui pourront se créer, les frais de premier établissement que les autres ont dû payer intégralement ; mettre dans la caisse d'une société, pour lui permettre de payer ses dettes, l'argent qu'une autre société, pour arriver au même résultat, devra prendre dans sa caisse, c'est évidemment favoriser l'une au détriment de l'autre ; c'est violer le principe d'égalité, violer le principe de la libre concurrence (1).

Au moment des débats à la Chambre, M. Jaurès a combattu le projet de M. Méline avec les mêmes arguments, auxquels il a donné une forme saisissante. « Il est vrai, dit-il, M. le président du Conseil, qu'il y a dans le système actuel de graves défauts. Il y a de l'arbitraire ; il y a souvent, par le choix des préfets, obéissant à des considérations diverses, une répartition injuste des fonds votés sur le budget. Mais cet arbitraire, bien loin de le supprimer, vous allez le doubler. En effet, vous laissez subsister l'arbitraire gouvernemental, puisque vous vous réservez de distribuer les fonds aux diverses sociétés agricoles, non en vertu d'une règle, d'une formule légale, mais en vertu de votre propre souveraineté gouvernementale. L'arbitraire gouvernemental subsiste donc tout entier ». (2).

M. Mougeot a fait remarquer, en outre, qu'il est difficile à un ministre d'être renseigné sur la situation exacte des sociétés d'assurances mutuelles.

« M. le ministre de l'Agriculture, dit-il, n'a pas le droit de demander le moindre renseignement. Il y a au ministère du Commerce un carton dans lequel, chaque année, après de nombreuses lettres de rappel, un chef de bureau du ministère du Commerce, renferme des statistiques, des états de situation, qui

(1) Protestation du Syndicat des agents généraux de Seine-et-Marne, 5 mars 1898.

(2) Séance du 25 février 1898. *Journal Officiel*, p. 859, 3e col.

sont envoyés par des sociétés mutuelles, mais M. le ministre n'a pas le droit d'exercer son contrôle, de savoir ce que renferment ces statistiques; au jour de leur arrivée, elles sont enfermées dans ce carton, et on n'en parle plus. Le ministre ne peut ni ne doit exercer aucune surveillance; un arrêt du Conseil d'Etat le lui interdit ».

A cette objection, M. Méline a eu sa réponse. Dans une circulaire adressée aux préfets, en date du 15 avril 1898, il indique que la subvention ne sera accordée qu'aux sociétés d'assurances mutuelles qui en feront la demande, et sur la présentation des comptes financiers, suivant un modèle de situation joint à ladite circulaire. Cette situation doit indiquer, outre le nom, le siège de la société, le nombre des sociétaires, le montant des cotisations, le montant des pertes subies et des indemnités payées, et le rapport pour cent entre les indemnités et les pertes.

Mais, M. Méline ne signale pas le moyen d'éviter les fraudes, qui pourraient être nombreuses de l'instant que le ministre n'a pas le droit de contrôler les résultats des sociétés d'assurances mutuelles ; l'arbitraire subsisterait toujours ; c'est le ministre qui resterait seul juge et juge en dernier ressort de l'opportunité des subventions.

Aussi, on comprend que MM. Emile Rey et Lachièze aient, dans leur projet de loi, déterminé le chiffre des allocations d'après le montant des cotisations de chaque société. « De cette manière, disent-ils, on éviterait l'arbitraire ; toutes les sociétés seraient traitées sur le même pied, et il n'y aurait pas moyen de favoriser les unes et de ruiner les autres; elles ne seraient pas classées en sociétés amies et ennemies du pouvoir ; toutes, indistinctement, auraient droit à la même subvention ».

On arriverait aussi, en appliquant la proposition de M. Méline, à attribuer à la minorité des cultivateurs un fonds de secours qui appartient à toute la classe agricole, et à priver d'une subvention celui qui n'est pas assez riche pour acheter la garantie d'un risque. M. Méline laissait, il est vrai, pour secourir les malheureux, une certaine somme disponible, dont le chiffre devait être fixé par le ministre de l'Agriculture, mais la suppression totale des subventions aux non-assurés, était le but de son système; il ne se demandait pas comment certains agriculteurs pourraient payer leur prime d'assurance.

Le Parlement a sagement fait, croyons-nous, de ne pas consacrer les idées de l'ancien président du Conseil. Certes, vouloir amener tous les agriculteurs à l'assurance, chercher à développer dans nos populations rurales l'esprit de prévoyance, est là un bien louable désir, mais encore faut-il que le moyen préconisé pour atteindre ce résultat soit bon.

A notre sens, l'Etat ne doit pas, pour encourager les institutions d'assurances, les aider de ses deniers, les protéger, en leur faisant l'aumône ; car toute idée de charité et d'assistance par autrui est contraire même au principe de l'assurance. Il peut, toutefois, croyons-nous, faire bénéficier les sociétés de quelques faveurs, de la suppression de l'impôt, par exemple, qui, en diminuant seulement leurs frais généraux, n'aurait pas les inconvénients d'une subvention; en somme, l'aide de l'Etat doit être plutôt négative que positive.

CHAPITRE III

Intervention des Syndicats dans les Assurances agricoles

Ne serait-ce pas dans les bienfaisants syndicats que résiderait la solution du problème des assurances agricoles ?

Ces associations professionnelles, dont le but est la défense des intérêts des cultivateurs, ne sont-elles pas destinées à apporter un remède à la situation actuelle et à contribuer au développement de l'assurance dans nos populations rurales ? Assurément, leur puissante action dirigée dans ce sens doit avoir un salutaire résultat. Toutefois, pour être efficace, il faut qu'elle s'exerce sagement dans certaines limites et sous certaines conditions.

Les syndicats agricoles peuvent être pour l'assurance un précieux levier ; il s'agit de savoir le manœuvrer.

Le meilleur moyen de se servir, a-t-on dit assez souvent des syndicats, pour arriver au but désigné, c'est de les rendre tout simplement assureurs. Les frais inhérents au fonctionnement des sociétés existantes seraient ainsi considérablement réduits ; il n'y aurait pas de dépenses relatives à la direction et à l'administration, pas de rémunération de capitaux, et les agents qui seraient pris parmi les syndicataires se contenteraient d'une faible commission. L'assurance serait donc moins chère.

C'est sous l'influence de ces idées que l'on a créé dans certains syndicats des caisses d'assurances mutuelles contre la grêle et contre la mortalité des bestiaux. Mais ces essais n'ont eu aucun résultat, si ce n'est celui d'enlever leurs illusions aux partisans des syndicats assureurs. Ils ont prouvé, une fois de plus, que le désir de bien faire ne suffit pas pour réussir ; la prudence et le respect de certaines règles sont encore nécessaires.

Limitée aux seuls syndicataires, l'assurance doit être, en effet, inefficace ; elle est fatalement impuissante devant l'accumulation des risques ; peu de personnes, du reste, recourraient à ses bienfaits ; la propagande en sa faveur ne serait pas assez active. Et dans le cas où, pour remédier à cet inconvénient, on la rendrait obligatoire pour tous les syndicataires, on n'aurait pas pour cela, amélioré sa situation. Sans doute, à la suite de cette mesure, la somme des cotisations s'élèverait aussitôt, mais les sinistres croîtraient dans une proportion au moins égale, à cause de l'étroite circonscription territoriale du syndicat. D'ailleurs, cette disposition serait très injuste ; elle aurait pour résultat d'écarter des associations professionnelles qui se proposent la défense des intérêts agricoles, toutes les personnes qui n'ont pas besoin de l'assurance, ou qui ne peuvent pas la payer. Le syndicat, vu son but, n'aurait pas la faculté, comme une simple société, de refuser la garantie des trop mauvais risques, ; en résumé donc, et dans tous les cas, il arriverait à ne payer qu'une indemnité insignifiante en cas de sinistre, ou à percevoir une prime très élevée, supérieure à celle que réclament les Compagnies qui évitent les dangers en étendant au loin leurs opérations.

Mais, dit-on, il suffira pour voir disparaître ces fâcheuses conséquences, de « réunir les syndicats entre eux par un lien commun qui, en rattachant les groupes agricoles intéressés, parviendrait ainsi à réaliser la division et la diversité des risques, grâce au nombre, à l'étendue et à la position géographique des propriétés. » (1).

Cette combinaison ne fait pas disparaître les vices du système; si l'on demande, en effet, une prime uniforme pour tous les syndicataires, il est fort douteux que ceux qui appartiennent aux régions peu souvent éprouvées consentent, quelque grand que soit leur sentiment de solidarité, à payer pour leurs camarades, et qu'ils n'abandonnent pas le syndicat si l'assurance est obligatoire ; dans le cas au contraire où la prime varierait avec le risque, la contribution serait souvent trop élevée et son prix découragerait beaucoup de personnes. D'autre part, l'organisation de cette assurance générale *par l'Union des Syndicats* est « une opération difficile, car elle réclame des

(1) Emile Salle, *Rapport sur l'intervention des Syndicats dans l'assurance grêle*. Paris 1894.
Duguay, *op. cit.* p. 96.

connaissances spéciales, opération pleine de périls, car, en cas d'insuccès, la bonne renommée des syndicats serait atteinte et leur influence singulièrement diminuée. Trouverait-on parmi les adhérents des syndicats agricoles un personnel assez expérimenté pour administrer leurs affaires d'assurances ? Trop souvent c'est le personnel qui fait défaut à l'organisation des œuvres syndicales, et c'est au moment où on les engage à créer des sociétés coopératives, des caisses de crédit mutuel, des institutions d'assistance, etc., qu'ils assumeraient par surcroit la lourde tâche d'administrer des sociétés d'assurances mutuelles... De grandes responsabilités incomberaient aux fondateurs de ces mutuelles. » (1).

En somme, la combinaison du syndicat assureur présente pour l'assurance et pour les associations professionnelles les plus graves dangers.

Est-elle du reste possible ? Et est-il permis aux syndicats, en dehors de la faculté qui leur est accordée de créer des caisses de secours, de constituer une véritable entreprise d'assurances ?

Sans doute, l'article 3 de la loi du 21 mars 1884 semble bien, en disant qu'ils ont pour objet la défense des intérêts agricoles, leur permettre, sous cette formule vague et générale, de garantir les cultivateurs contre les fléaux qui détruisent leurs richesses ; mais le décret du 22 janvier 1868 impose, d'autre part, une certaine réglementation à toutes les opérations d'assurance. Il s'agit de savoir si le législateur de 1884 a eu l'intention de créer un privilège en faveur des syn-

(1) Emile Salle, *ibid.*

dicats, et les a autorisés à organiser l'assurance entre leurs membres sans avoir à respecter les règles du décret de 1868.

M. Waldeck-Rousseau, consulté en même temps que M. Lyon-Caen, sur ce point, par M. de Rocquigny (1) a plaidé la cause des syndicats. « Je n'hésite pas à penser, dit-il, que les syndicats agricoles peuvent faire entrer l'assurance mutuelle des bestiaux parmi les objets de leur constitution, et que de même un syndicat d'agriculteurs peut se former dans le but spécial d'établir entre ses membres ce même mode d'assurance. »

M. Lyon-Caen a été d'un avis opposé. Pour lui, la loi de 1884 ne donne pas aux syndicats la faculté de déroger aux prescriptions du décret du 22 janvier 1868, et en dehors d'une disposition formelle, on ne doit pas accorder une pareille faveur aux associations professionnelles. Si le législateur, déclare-t-il, avait voulu leur conférer ce privilège, il l'aurait dit expressément, comme il l'a fait quand il s'est agi de leur permettre de constituer, sans autorisation, des caisses de secours mutuels et de retraites.

M. Lyon-Caen nous semble avoir raison ; on ne saurait, en effet, même en interprétant la loi du 21 mars 1884 dans un sens libéral, créer ainsi, en l'absence d'un texte, une exception aussi grave aux prescriptions du décret du 22 janvier 1868 ; car, ainsi que le dit M. Thomereau, « en fait comme en droit,

(1) De Rocquigny, *L'Assurance mutuelle du bétail.* (Circulaire 19, série B, du Musée social). — *La République française*, n° du 22 août 1898.

un syndicat est une chose, une société d'assurances mutuelles en est une autre essentiellement différente et il n'y a qu'à relire, pour s'en rendre compte, le décret du 22 janvier 1868, qui a édicté une réglementation toute spéciale, et qui est certainement inconciliable avec la loi relative aux syndicats professionnels. » (1). Et c'est aussi l'opinion de M. Méline qui, étant président du Conseil, a indiqué aux préfets, dans une circulaire en date du 15 avril 1898 « que les syndicats devaient observer, pour le fonctionnement de ces institutions (les assurances) les dispositions organiques édictées par le décret du 22 janvier 1868 sur les assurances mutuelles. »

Mais le Syndicat ne peut-il pas tout au moins être utile à l'assurance agricole, en servant d'intermédiaire entre les sociétés et les sociétaires ? On a compris de diverses façons le rôle nouveau qu'il peut ainsi jouer, et il est utile de distinguer.

D'après M. de Rocquigny, le Syndicat doit centraliser toutes les propositions d'assurances et les adresser directement au bureau central : il écarte les services de l'agent local et touche lui-même la commission de courtage ; en apportant une collection nombreuse de contrats à une société, il peut, d'autre part, obtenir des avantages particuliers et la réduction du taux de prime. « Si le délégué d'un syndicat agricole, s'écrie M. de Rocquigny, vient dire à une compagnie d'assurances : « Je vous apporte d'un seul coup la clientèle de 2,000 ou 3,000 agriculteurs, dé-

(1) THOMEREAU, *Le Moniteur des Assurances* du 15 septembre 1890.

sireux de s'assurer contre la grêle, la gelée, quelles conditions spéciales me faites-vous ? » Il est bien évident que la Compagnie sera obligée de lui faire des conditions qu'elle ne ferait pas à un client isolé..... » (1).

Ainsi le Syndicat traiterait de puissance à puissance, et pourrait poser ses conditions.

Son rôle d'intermédiaire ne doit pas aller jusque-là, à notre avis. Ce serait inutile. M. de Rocquigny se fait, en effet, quelques illusions sur la réussite de son système ; il ne serait pas aussi aisé que ce qu'il semble le croire pour un Syndicat d'apporter à une Société d'assurances la clientèle de 2 à 3,000 cultivateurs ; c'est là un espoir chimérique auquel il faut absolument renoncer. Le Syndicat, quels que soient ses moyens d'action, n'arrivera pas de sitôt à vaincre l'apathie des gens de la campagne ; toutes les conférences qui seront organisées dans ce but ne vaudront encore pas les sollicitations particulières des agents. Combien mettra-t-on de temps à réunir ainsi ces 2 à 3,000 polices qu'on doit proposer d'un seul coup ? Quel travail et quelles difficultés comportera cette opération ?

En admettant même, que l'hypothèse posée par M. de Rocquigny soit réalisable, croit-on que les sociétés seront bien aises d'accepter la garantie d'une quantité de risques accumulés, dont la réalisation

(1) De Rocquigny. Rapport sur l'assurance contre la mortalité du bétail et sur l'intervention des syndicats dans les assurances agricoles.

Duguay, *op. cit.*, p. 99 et 100.

générale, par suite d'une chute de grêle, par exemple, serait pour elles la ruine complète. Il leur faudrait renoncer à leur prudence, en abandonnant les règles des pleins ou maximum et de la division des risques. Gageons que plus d'une préfèrera encaisser une somme moins grande de primes et ne pas courir un pareil aléa.

Du reste, l'application de ce système conduirait à des conséquences contraires à la justice et à l'équité ; il aurait pour effet de créer une classe privilégiée et de rendre non pas l'assurance, mais le syndicat obligatoire. La réduction des primes, consentie à certains assurés, en raison de leur groupement, est contraire au principe de la mutualité qui se trouve à la base de toute assurance ; l'assureur n'est jamais que le gérant de l'entreprise ; or, la mutualité implique l'égalité des membres qui la composent ; les obligations doivent donc être les mêmes pour tous les assurés, eu égard à la nature de leurs risques. Consentir une faveur à ceux qui, en raison de leur cohésion veulent l'exiger, c'est faire passer du domaine de la politique dans celui des affaires privées, l'adage trop célèbre « la force prime le droit ».

Et « si ce marchandage se réalisait, dit M. Duguay, quelles seraient les conditions réservées aux assurés non syndiqués ? A un abaissement de tarifs, à un traitement de faveur pour les uns, correspondrait une élévation proportionnelle du taux de l'assurance pour les autres » (1). Ce serait la plus odieuse des in-

(1) Duguay, *op. cit.*, p. 100 et 101.

justices, et cependant elle serait souvent commise si l'idée de M. de Rocquigny était appliquée. Non, l'intervention du syndicat ne peut être comprise de cette façon.

On a pensé dans un autre système que le Syndicat devait se borner à désigner à ses membres la Compagnie offrant le plus de garanties (1). C'est bien là une tâche conforme au but des associations professionnelles, qui doivent sauvegarder les intérêts des agriculteurs. Mais nous doutons au point de vue du développement de l'assurance de l'efficacité de ce procédé ; la simple recommandation d'une Société dont le nom se trouvera inscrit à la suite du tableau des maisons patronnées, ne constituera pas une bien active propagande, et ne sera pas de nature à faire pénétrer dans nos campagnes l'esprit de prévoyance.

Aussi, croyons-nous qu'il serait plus utile de faire du Syndicat un courtier, ou mieux encore un agent d'assurances, car il serait ainsi intéressé au succès de l'entreprise, au choix d'une bonne clientèle, à cause de la ristourne de commission. Il transmettrait aux Sociétés les propositions de ses membres, et il chercherait à recruter de nouveaux adhérents, en faisant ressortir les bienfaits de l'assurance. Le Syndicat serait un excellent intermédiaire ; il pourrait, grâce à ses moyens d'action, réaliser beaucoup d'affaires, et offrir de nombreux avantages aux assurés et aux sociétés.

Une fois agents d'assurance, les Syndicats, en

(1) Alfred Rieu. *Etudes sur les assurances agricoles*, Avignon 1898.

contact direct avec les Sociétés, s'apercevraient que l'accusation de mauvaise foi et d'incapacité portée contre les compagnies est souvent injuste, et contribueraient peut-être à faire rapporter ce jugement rendu bien à la légère.

En somme, l'assurance gagnerait ainsi, croyons-nous, d'excellents avocats, qui sauraient faire triompher sa cause pour le grand bien de l'agriculture.

CONCLUSION

CONCLUSION

Que faut-il donc faire pour mettre un terme à la longue enfance de l'assurance agricole, pour la voir enfin grandir pleine de force et de vigueur ?

Comme le mal dont elle souffre, et dont nous avons essayé au cours de cette étude, de déterminer la nature, le remède, croyons-nous, doit être complexe et interne. Les diverses mesures qui consistent dans le fait unique, de changer tout simplement sa forme, d'en confier l'exploitation à d'autres agents, à l'Etat ou aux Syndicats agricoles, agiraient en sens contraire.

Si l'assurance agricole ne s'est pas développée plus rapidement, cela tient, en effet, ainsi que nous l'avons vu, à sa nature même. Il s'agit donc de l'étudier sérieusement, d'en faire connaître les principes, d'en dégager les véritables lois. Les esprits sérieux ont là un champ d'exploration très fertile; ils ne doivent pas dédaigner de le travailler; de grandes satisfactions personnelles les récompenseront du service qu'ils auront rendu au peuple de nos campagnes. L'assurance agricole sera ainsi analysée scientifiquement, et ne sera plus abandonnée aux généreuses chimères qui, en la transportant dans un domaine qui n'est pas le sien, la rendent inefficace, et par conséquent la discréditent et la ruinent.

Il est temps, en effet, de raisonner et de ne plus se laisser emporter au hasard par des sentiments humanitaires ; l'assurance agricole n'est pas une panacée, comme on semble le croire, destinée à panser toutes les plaies de l'agriculture ; il est des fléaux dont elle ne peut réparer les effets, et qui se révèlent comme absolument inassurables ; il faut se résoudre à les laisser inassurés.

Vouloir quand même étendre l'assurance à tous les risques agricoles, sans tenir compte de leur nature, sans être sûr de leur assurabilité, c'est s'exposer à en fausser les rouages, à en désorganiser le merveilleux mécanisme. Ainsi étendue, elle est fatalement stérile, peut-être même néfaste, puisqu'elle amène le paysan à douter d'une façon générale de son efficacité. Les sociétés d'assurances doivent se borner à exploiter les risques, qui peuvent être utilement couverts, et par conséquent la grêle et la mortalité du bétail seulement.

La garantie de ces deux fléaux aura, à notre avis, d'excellents résultats, à la condition toutefois qu'on ne se fasse point encore illusion, et qu'on ne se dissimule pas les difficultés. Il y a des obstacles nombreux à surmonter ; un travail opiniâtre secondé par la lente besogne du temps peut seul en triompher ; la mortalité du bétail et la grêle sont des risques peu connus encore à cause de leur complexité ; il est nécessaire d'en faire un examen très approfondi, pour pouvoir, avec le secours de l'expérience, dégager les lois auxquelles leur réalisation obéit.

Sans doute, c'est là une besogne délicate et ardue, mais non pas irréalisable.

La grêle a déjà fait l'objet de certains travaux, et les bases de sa statistique sont jetées ; il s'agit de développer ces premières données encore imparfaites, et de mettre à profit tous les enseignements qui pourront résulter des progrès de la science météorologique.

Le risque de la mortalité du bétail est susceptible aussi d'être classé ; on a prétendu, il est vrai, que la volonté de l'homme déjouait ici tous les calculs, et que sa mauvaise foi ne pouvant être établie en équation, il était absolument impossible de créer une statistique. C'est là un facteur dont on exagère singulièrement la portée ; loin d'être inévitable, comme on semble le croire, il est au contraire, heureusement pour l'honneur de notre humanité tout-à-fait exceptionnel ; il y a, du reste, des moyens d'éviter sa fréquence. On est arrivé à classer d'une façon parfaite les risques d'incendie et d'accidents, dont la réalisation peut être aussi l'effet de la malveillance ; pourquoi n'obtiendrait-on pas les mêmes résultats au sujet de la mortalité du bétail ?

Les assureurs n'ont qu'à se mettre résolument au travail, pour vaincre les obstacles qui se dressent devant eux, et pour arriver à l'établissement de statistiques sérieuses et scientifiques. Mais pour cela, il faut qu'ils emploient toute leur énergie à cette besogne, qu'ils unissent leurs efforts en vue du but commun. Ils n'ont pas à se décourager et à abandonner la lutte, de crainte d'échouer. La science leur dit d'aller de l'avant, et que le succès couronnera leurs efforts.

Quand une bonne statistique sera à la base de l'assurance agricole, quand la fréquence et l'intensité des risques grêle et mortalité du bétail seront scientifiquement mesurés, les hésitations, les tâtonnements, les erreurs auront pris fin. On se décidera à comprendre que certaines régions étant des foyers continuels de sinistres, seule une société à rayon étendu, par la diversité et la division des risques qu'elle garantit, peut arriver à une situation prospère et qu'il est temps de faire passer dans la pratique la combinaison du système fédéral.

On renoncera enfin, même pour l'assurance contre la mortalité des bestiaux, à ces petites mutuelles locales, qui ne sont que des sociétés de secours mutuels, condamnées à une misère constante et qui, par leurs résultats plutôt négatifs, éloignent le paysan de l'assurance et le découragent quelquefois à tout jamais. Il y aurait avantage à voir mourir enfin ces malades anémiées et étiolées ; elles ont déjà trop vécu. Qu'elles laissent la place à de plus grandes sociétés qui, plus puissantes, mieux constituées, résisteront aux coups du hasard, et qui pourront, grâce à l'étendue de leur action, réparer les pertes générales d'une région avec des cotisations perçues de tous côtés.

Et si la forme mutuelle séduit beaucoup d'esprits parce qu'elle ne suppose du côté de l'assureur aucune pensée de lucre, si elle est encore obligatoire dans l'assurance contre la mortalité du bétail, il ne faut pas cependant dénigrer systématiquement les Compagnies à primes fixes qui, par leur organisation, offrent à leurs clients de sérieuses garanties, et ne peuvent, à cause de la concurrence, se livrer à une bien grande spéculation.

Ces vérités seront bientôt, nous l'espérons, reconnues de tous et elles ne tarderont pas, si nos pressentiments sont exacts, à passer dans la pratique.

Mais il faut que le Gouvernement n'entrave pas, comme il l'a fait déjà trop souvent, avant 1868, par une coupable intervention, la lente et fertile besogne de l'initiative privée; qu'il lui laisse suivre son évolution sans heurt et sans secousse. Enfin, qu'on ne recommence pas la triste expérience de 1809, et qu'on n'oublie pas que le progrès ne se réalise que par les efforts individuels.

Il est surtout urgent que le législateur cesse d'intimider les individualités qui voudraient s'employer dans ce sens et qu'il garde enfin le silence sur cette question; en réclamant avec une insistance dont l'ignorance est la seule excuse, l'assurance par l'Etat, il empêche les personnes compétentes d'entreprendre la garantie des risques agricoles; il y a pour elles la crainte de se voir dépouillées du profit de leur travail; la menace perpétuelle, trop souvent répétée, d'une spoliation gouvernementale, arrête l'élan de l'initiative privée. Nos représentants accomplissent ainsi inconsciemment une œuvre néfaste; qu'ils comprennent enfin leurs erreurs et qu'ils puisent dans l'Histoire de sages avertissements et de précieuses leçons.

Au lieu d'empêcher les forces individuelles de produire leur effet, il faut qu'ils se décident à en favoriser la libre expansion, comme à provoquer les utiles et généreuses initiatives. L'Etat a la mission de seconder les efforts privés et de hâter ainsi la solution du problème ; il doit prêter son appui aux sociétés et les aider à accomplir dans l'intérêt de tous leur lourde tâche.

Il peut dès maintenant favoriser leur développement en les dégrevant de l'impôt et en punissant l'imprévoyance par le refus de tout secours aux sinistrés qui, ayant la faculté de s'assurer ne l'ont pas fait ; il lui appartient aussi de fournir aux compagnies les éléments d'une statistique sérieuse ; il a seul, en effet, les moyens de se procurer les renseignements voulus et de faire de vastes et utiles enquêtes.

Et en dehors de cette aide morale et matérielle, le rôle intelligent de l'Etat est de laisser faire.

L'assurance agricole ne manquera pas de rapidement se développer. Soutenue par les Pouvoirs publics, puissamment secondée par les syndicats agricoles, qui seront d'excellents propagateurs des idées de prévoyance, rendue nécessaire par le développement du crédit dans nos campagnes, l'assurance agricole acquerra rapidement la place qu'elle mérite au milieu de ses aînées. Et nous pensons que le siècle qui va s'ouvrir verra établir d'une façon définitive ces deux grandes institutions sur lesquelles on a fondé, avec raison , tant d'espérances : le crédit et l'assurance agricoles. Ainsi se réalisera un véritable progrès social par le travail méritoire de l'initiative privée, avec la collaboration fécondante de la liberté et de la solidarité.

Vu :
Le Président de la thèse,
G. BRY.

Vu :
Pour le doyen de la Faculté :
L'Assesseur,
EDOUARD JOURDAN.

Vu et permis d'imqrimer :
Le Recteur,
BELIN.

ANNEXES

ANNEXE I

Police n° *Autorisation du* Date de la police

AGENCE
d

Département
d

Nom de l'Assuré

DEMEURE
de l'Assuré

L'ABEILLE

Compagnie anonyme d'assurances à primes fixes
CONTRE LA GRÊLE
Fondée en 1856
Etablie à PARIS, rue Taitbout, 57

Capital social : HUIT MILLIONS de francs
DONT UN CINQUIÈME VERSÉ

POLICE

EFFET DE LA POLICE
Le lendemain, à midi, de la date ci-dessus

Renouvellement du n°

Remplacement du n°

Risque commun au n°

POLICE DU MÊME ASSURÉ
n°

CONDITIONS GÉNÉRALES

Bases de l'Assurance

Article premier. — La Compagnie assure contre le risque de grêle exclusivement.

Elle n'assure par contre les inondations, trombes, coups de vent et autres causes de perte qui peuvent précéder, accompagner ou suivre la grêle ; elle ne garantit que les dommages causés aux récoltes par l'effet du choc des grêlons.

Elle ne répond, en aucun cas, des dommages causés à la *qualité* des récoltes, et ne tient compte que des diminutions de *quantité*.

Art. 2. — L'assurance d'une nature de récolte entraîne l'obligation de comprendre au contrat la totalité des récoltes de même nature, alors même que ces récoltes dépendraient de plusieurs exploitations et seraient situées sur plusieurs communes limitrophes, et, ce sous peine pour l'assuré de n'avoir droit à aucune indemnité, en cas de sinistre.

Art. 3. — Toutes les parties intégrantes et utiles de la récolte sont comprises dans l'assurance.

Ainsi, dans les valeurs assurées :

Sur les froments, épeautres, seigles, méteils, avoines, orges, maïs, millet, pois, vesces, gesses et coupes de prairies artificielles réservées pour graine, la paille ou la partie fourragère entre pour *un cinquième.*

Sur les sarrasins, betteraves (quelle que puisse être leur destination), les plantes oléagineuses, de toutes sortes, colzas, navettes, cameline, œillette, moutarde, les fèves et autres légumineuses, non comprises au paragraphe précédent, la paille ou la partie fourragère entre pour *un dixième.*

Sur le lin et le chanvre, la graine est comprise, pour *un quart.*

La valeur des pailles et autres produits accessoires ne peut descendre au-dessous des proportions indiquées ci-dessus ; mais elle peut les surpasser, avec l'assentiment de la Compagnie.

Quant à la vigne, ses fruits seuls sont assurés.

Lassurance des prairies naturelles ou artificielles comprend toutes les coupes de l'année, pourvu que l'assuré indique dans sa police la partie du rendement qu'il entend affecter à chacune d'elles, faute de quoi la première coupe seule est assurée.

Art. 4. — La Compagnie n'accepte l'assurance des récoltes déjà assurées par d'autres compagnies ou sociétés que sous la condition d'être subrogée à tous les droits résultant des assurances antérieures, avec engagement par l'assuré de faire, le cas échéant, toutes les diligences nécessaires à la conservation de ces droits et de payer, sans compensation aucune, les primes dues à cause des dites assurances antérieures ; le tout à peinede déchéance de tout droit à indemnité.

Art. 5. — Si, après avoir fait garantir ses risques par la Compagnie, l'assuré contracte pour les mêmes risques avec d'autres assureurs, la Compagnie, en cas de sinistre, ne pourra jamais être tenue de contribuer à l'indemnité dans une proportion plus forte que celle qui existe entre le capital garanti par elle sur les risques sinistrés et l'ensemble des assurances réalisées sur ces mêmes risques.

Qui peut assurer et à quelle époque

Art. 6. — Toute personne intéressée à la conservation d'une récolte peut la faire assurer, mais le contrat ne peut profiter qu'à celui qui est indiqué comme bénéficiaire de l'assurance dans la police et qui est en outre propriétaire de la récolte assurée.

Par exception cependant, l'acquéreur ou le cessionnaire d'une récolte assurée, aura droit en cas de sinistre à une indemnité si, conformément à l'article 12 ci-après, la Compagnie a été informée de la vente ou de la cession, si la prime de l'année courante a été intégralemrnt acquittée, et si cet acquéreur ou ce cessionnaire a été agréé par la Compagnie.

Art. 7. — L'assurance peut être faite à toute époque de l'année, à la condition toutefois que la récolte n'ait pas déjà été endommagée par la grêle, et ce à peine de déchéance de tout droit à indemnité.

Durée de l'Assurance

Art. 8. — L'assurance est contractée pour une durée de *cinq années* à moins de conventions contraires. Par année d'assurance il est spécifié qu'on n'entend pas une période de 365 jours, mais bien la période de garantie commençant comme il est dit à l'article 15 et finissant comme il est dit à l'article 17.

Le taux de la prime fixé par les tarifs pour les assurances de cinq ans, ainsi que les droits de timbre et les frais de répertoire à percevoir, subiront, pour les assurances d'une durée moindre, une augmentation *d'un dixième.*

La Compagnie se réserve expressément, en tout état de cause, la faculté de résilier la police à la fin de chaque année, pour les années restant à courir, à la condition de notifier cette résiliation à l'assuré par lettre recommandée mise à la poste au plus tard le 31 décembre, et adressée au dernier domicile indiqué dans la police ou dans la dernière déclaration d'assolement.

Art. 9. — En cas de décès de l'assuré, les héritiers sont tenus sous peine de n'avoir droit en cas de sinistre à aucune indemnité, de se faire connaître à la Compagnie, par une lettre recommandée adressée au siége social, dans le délai de huit jours, à partir du décès de leur auteur. Lors de cette déclaration, la Compagnie se réserve le droit de résilier la police par lettre recommandée.

Art. 10. — En cas d'aliénation, de cession ou de location du fonds sur lequel sont situées les récoltes garanties par la police, l'assuré est tenu d'imposer aux nouveaux propriétaires ou locataires l'obligation de continuer la police, et de faire donner par ces derniers à la Compagnie, dans la quinzaine de l'aliénation de la cession ou de la location, l'acquiescement écrit à la continuation de l'assurance ; sinon il paiera à la Compagnie la prime de l'exercice en cours, et, en outre, si la police a encore plus d'une année de durée, une indemnité égale à la prime de la dernière année courue. — Lors de la notification de l'acquiescement prescrit par le présent article, la Compagnie se réserve le droit de résilier la police par lettre recommandée.

Formation du Contrat

ART. 11. — L'assuré est tenu de faire connaître la qualité en laquelle il agit, et la police doit mentionner, d'après sa seule déclaration. *pour chaque parcelle* dont la récolte est assurée :

1° La commune où elle est située ;

2° Le nom, ou lieu dit, sous lequel elle est connue ;

3° L'espèce de la récolte ;

4° La contenance en hectares et ares ;

5° Le rendement en nature espéré.

La police mentionnera en outre le prix attribué à chaque nature de récoltes par unité de mesures ou de poids. Ce prix, fixé d'accord entre la Compagnie et l'assuré, servira de base à l'établissement du capital assuré et de la prime et au calcul de l'indemnité en cas de sinistre.

Le détail parcellaire est rigoureusement obligatoire ; en cas de sinistre. il n'y aura lieu à aucun réglement *pour toute parcelle*, qui n'aura pas été *séparément désignée* à la police.

Règlement des Primes

ART. 12. — La prime de la première année est payée au choix de l'assuré soit comptant, soit à l'époque qui sera convenue et qui ne pourra dépasser le *30 novembre*. Les paiements ont lieu au siège de l'Agence générale contre une quittance détachée d'un registre à souche.

Dans tous les cas, l'assuré et la Compagnie ne sont définitivement liés l'un envers l'autre qu'après que la police a été signée par l'assuré et par l'Agent général.

Les primes de chacune des années suivantes, se paient au fur et à mesure des déclarations d'assolement pour les polices dont la prime est au comptant, et à la même époque que la prime de première année pour les autres.

Pour les assurés qui ont payé comptant leur prime de première année et qui ne font pas de déclaration d'assolement les années suivantes, la prime devient exigible au 30 juin.

En cas de faillite ou de déconfiture comme en cas de saisie, de vente ou de cession de ces récoltes, l'assuré est tenu d'avertir la Compagnie dans les trois jours de la déclaration de faillite, de la saisie, de la vente ou de la cession, et le plus promptement possible en cas de déconfiture ; il est de plus déchu du bénéfice du terme pour le paiement de la prime de l'année courante, laquelle devient immédiatement exigible.

Faute de ces déclarations, et tant que le paiement de la prime n'a pas été effectué, l'effet du contrat est suspendu, et l'assuré n'a droit, en cas de sinistre, à aucune indemnité sans préjudice du droit, pour la Compagnie, de poursuivre le recouvrement de la prime, et sans que les dispositions du présent article dérogent en rien à ce qui est dit au paragraphe 1er de l'article 6 ci-dessus.

L'acquéreur ou le cessionnaire, pour avoir droit à une indemnité au lieu et place de l'assuré, devra en outre avoir été, au préalable, agréé par la Compagnie.

A défaut de paiement de l'une des primes dans le délai convenu, sans qu'il soit besoin d'aucune demande ou mise en demeure (*art.* 1139 *du Code civil*), l'assuré en cas de sinistre, n'a droit à aucune indemnité.

Le recouvrement des primes antérieures que la Compagnie aurait fait opérer au domicile des assurés, soit officiellement, soit par suite d'un usage constant de l'agent, ne peut lui être opposé comme une renonciation aux dispositions précédentes.

L'assuré reste déchu du droit de l'indemnité en cas de sinitre, même pendant les poursuites exercées par la Compagnie pour le recouvrement de la prime échue. Mais l'assuré recouvre ses droits le lendemain, à midi, du jour où le paiement de la prime arriérée et des frais, s'il y a lieu, a été fait à la Compagnie et accepté par elle.

Il est bien entendu que le paiement de la prime échue, effectué pendant ou après le sinistre, ne donne à l'assuré aucun droit à une indemnité.

Lorsque la prime n'a pas été payée à l'échéance, la Compagnie peut à son choix, ou résilier la police par une lettre recommandée, ou la maintenir et en poursuivre l'exécution.

Si la Compagnie opte pour la résiliation, les primes échues lui demeurent acquises.

Le paiement des primes non acquittées à leur échéance se poursuit par les voies de droit, et tous les débours, même ceux d'enregistrement de la Police, des déclarations d'assolement et des avenants, s'il y en a, sont à la charge de l'assuré.

Art. 13. — La prime convenue est définitivement acquise à la Compagnie par le fait de la signature du contrat, et l'assuré ne peut pour aucune cause ni sous aucun prétexte quelconque, en réclamer ni la réduction ni la restitution.

Les frais de timbre *de la Police, des déclarations d'assolements et des Avenants*, les frais de répertoire, ainsi que toutes taxes et impositions qui pourraient être établies à l'occasion de la présente assurance ou du contrat d'assurance contre la grêle, sont à la charge de l'assuré et se paient en même temps que la prime.

Art. 14. — Les héritiers et ayants cause de l'assuré sont tenus solidairement à l'exécution de toutes les clauses de la police, et spécialement au paiement de la prime de l'exercice pendant lequel leur auteur a été, à un moment quelconque, l'assuré réel ou apparent de la Compagnie, et ce, sans préjudice de la déclaration qui leur est imposée par l'article 9 ci-dessus.

Effets du Contrat.

Art. 15. — La première année, quoique le contrat d'assurance soit parfait dès qu'il a été signé par l'assuré et par l'agent général, les récoltes assurées ne sont garanties qu'à partir du lendemain à midi du jour de cette signature.

Pour chacune des années suivantes, la garantie de la Compagnie commencera le 15 *avril*, à midi, pour toutes les récoltes autres que les vignes ; et le 1er *mai* à midi, pour les vignes. — En conséquence l'assuré n'a (sauf l'exception indiquée au paragraphe ci-après) droit à aucune indemnité pour tout sinistre ayant atteint les récoltes avant les époques ci-dessus fixées.

Toutefois, lorsque la déclaration d'assolement imposée par l'article 16 aura été faite avant les époques ci-dessus fixées, cette déclaration d'assolement aura effet et la garantie de la Compagnie commencera (mais pour l'année où cette déclaration aura été faite seulement) *même avant le 15 avril*, à partir du lendemain à midi du jour où elle aura été signée par les parties. Jamais cette déclaration d'assolement n'aura d'effet rétroactif.

Changement dans l'Assurance.

Art. 16. — Chaque année, après le 1er janvier, l'assuré doit faire une déclaration d'assolement indiquant les modifications apportées dans ses ensemencements, ainsi que les rendements espérés de ses diverses cultures. — Cette déclaration d'assolement devra comprendre obligatoirement, et à peine de déchéance, toutes les natures de récoltes portées sur la police ou les précédentes déclarations d'assolement et qui existeraient dans l'année où serait faite la nouvelle déclaration d'assolement. Aucune nouvelle nature de récoltes ne pourra être comprise dans l'assurance sans le consentement exprès de la Compagnie.

Cette déclaration d'assolement sera dressée dans les mêmes formes que la police et comprendra les mêmes détails.

Le prix attribué à l'unité de rendement pour chaque espèce de récolte pourra, en même temps, être modifié d'un commun accord entre la Compagnie et l'assuré.

Pour les vignes, le rendement par parcelle et la somme totale assurée l'année précédente ne pourront être augmentés qu'avec l'assentiment de la Compagnie.

L'assuré devra faire sa déclaration d'assolement au plus tard le 15 mai.

Passé ce délai, *qui est de rigueur*, la prime totale de l'année précédente sera due à la Compagnie pour le recouvrement en être effectué ainsi qu'il est dit à l'article 12, et ce quels que puissent être l'état et la nature des récoltes de l'année, sous le bénéfice expressément réservé des conditions stipulées aux articles 20 (paragraphe 3), 28 et 29 ci-après, et sans que l'assuré puisse, en cas de sinistre, prétendre à indemnité pour des récoltes qui ne seraient pas de même nature que celles garanties par le contrat de l'année précédente.

Cependant il demeurera facultatif à l'assuré qui n'aura pas fait sa déclaration au 15 mai, de la faire jusqu'au 30 juin, mais à la condition, *sine quâ non*, que le chiffre de la prime qui en résultera ne sera pas inférieur à celui de l'année précédente et qu'il ne sera point survenu de sinistre.

Lorsque un ou plusieurs avenants d'augmentation auront été faits soit à la police, soit à la déclaration d'assolement, les effets de ces avenants ne pourront, dans aucun cas, s'étendre au delà de l'année dans laquelle ils auront été souscrits.

Fin de l'Assurance

Art. 17. — L'assurance expire pour l'assuré qui cesse toute culture en dehors des cas prévus par l'article 10, mais cet assuré est tenu d'en faire la déclaration par écrit et d'en justifier à la Compagnie avant le 15 avril par lettre recommandée adressée à la Direction à Paris, rue Taitbout, n° 57. Faute par lui d'avoir fait avant ladite époque, les déclarations et justifications prescrites ci-dessus, il devra, à titre d'indemnité, une somme égale à la prime de l'année précédente.

L'assuré qui change de ferme ou de métairie doit prévenir immédiatement la Compagnie au moyen d'une lettre recommandée. Si la lettre recommandée n'est envoyée que postérieurement au 15 avril, l'assuré doit à la Compagnie, à titre d'indemnité, une somme égale à la prime de l'année précédente.

La garantie de la Compagnie ne s'étend en aucune façon aux récoltes situées sur la nouvelle exploitation, à moins que l'assuré n'ait, d'accord avec la Compagnie, fait couvrir ses récoltes par Avenant à la Police en cours, ou par Police nouvelle. La garantie de la Compagnie continue au contraire pour les récoltes que l'assuré conserve sur l'ancienne exploitation.

Sauf pour les prairies, l'assurance pendant la même année ne peut couvrir deux récoltes consécutives sur une même parcelle de terre.

La garantie de la Compagnie cesse chaque année, même la première et quelle que soit l'époque à laquelle la police ait pris effet, savoir :

1° Au 15 octobre, à midi, pour toutes les récoltes qui ne seront pas rentrées à cette époque et dont le développement peut se prolonger au delà de ce terme ;

2° Pour les lins et les chanvres, dès que les tiges sont arrachées ;

3° Pour toutes les autres récoltes, *après leur enlèvement.*

Les récoltes mises avant le sinistre en meules, meulons, moyettes, dizeaux ou tas. *sont réputées enlevées.*

Déclarations des Sinistres. — Formes et délais

Art. 18. — Tout fait de grêle occasionnant à la récolte d'une parcelle assurée un dommage *dépassant les deux vingtièmes* de son produit, sera dénoncé par l'assuré ou en son nom à la direction de la Compagnie, rue Taitbout, n° 57, à Paris.

Si la perte ne s'élève pas *au-dessus de deux vingtièmes*, il n'y a pas lieu à déclaration, sous peine, par l'assuré de payer trente francs à titre d'indemnité, pour les frais que sa déclaration non fondée occasionnerait, dans ce cas, à la Compagnie ou à son expert.

Art. 19. — La déclaration du sinistre doit être faite, à peine de déchéance du droit à l'indemnité, dans les *cinq jours* du sinistre pour les grêles antérieures au 1er juillet, et dans les *trois jours* pour celles postérieures au 1er juillet.

Elle sera adressée à la direction, à Paris, par lettre affranchie et *sans enveloppe* ; le timbre de la poste fixera la date du jour où elle aura été faite.

Toute déclaration faite verbalement ou par écrit à l'agent général ou à un de ses auxiliaires sera réputée nulle et non avenue.

Art. 20. — La déclaration, faite conformément au modèle imprimé à la fin de la présente police, indiquera le nom de l'assuré, le numéro de la Police, l'Agence où elle a été signée, le jour et l'heure du sinistre.

Elle énoncera de plus pour chaque parcelle sinistrée :

1· Le numéro d'ordre sous lequel elle est inscrite dans la Police ou à la déclaration d'assolement ;

2· La commune où elle est située ;

3· Le nom, ou lieu dit, sous lequel elle est connue ;

4· L'espèce de la récolte ;

5 La contenance en hectares et ares ;

6· L'évaluation en vingtièmes de la perte présumée.

Si le sinistre est survenu après l'époque fixée pour le commencement de l'assurance des récoltes atteintes, avant ou sans qu'il y ait eu de déclaration d'assolement, la déclaration de sinistre comprendra, en outre, sous peine de déchéance, toutes les parcelles non sinistrées, appartenant à l'assuré et portant des récoltes de même espèce que celles qui font l'objet de la déclaration de sinistre.

Art. 21. — Est déchu de tout droit à indemnité l'assuré qui, dans le cas prévu par le paragraphe 3 de l'article précédent, n'a pas compris dans sa déclaration de sinistre, une ou plusieurs parcelles portant des récoltes de même nature que celles sinistrées.

Est également déchu de tout droit à indemnité l'assuré dont la déclaration est entachée de fraude ; celui qui, contrairement aux dispositions de l'article 2 n'a pas compris dans son assurance toutes les récoltes de même nature ; comme aussi celui qui a rentré ou mis en meules ses récoltes, de manière à rendre l'évaluation des dommages impossible.

Estimation des dommages. — Expertise.

Art. 22. — La Compagnie se réserve, jusqu'à l'époque de la maturité des récoltes, le droit de fixer le jour de l'estimation des dommages.

Si elle le juge convenable, elle pourra provoquer une expertise provisoire.

ART. 23. — Les dommages sont réglés de gré à gré entre l'assuré et la Compagnie ou évalués, en suite d'expertise contradictoire, par deux experts qui seront choisis, l'un par la Compagnie, l'autre par l'assuré.

Ne pourront être pris pour experts les parents, alliés, employés ou salariés de l'assuré non plus que les assurés de la Compagnie qui ont été sinistrés dans l'année.

Si les experts ne sont pas d'accord, ils s'adjoignent un troisième expert qu'ils nomment eux-mêmes, sauf le droit de chacune des parties d'exiger qu'il soit pris hors du canton où réside l'assuré. Les trois experts, dans ce cas, opèrent en commun et à la majorité des voix.

Sur le refus d'une des parties de nommer son expert, ou faute par les experts de s'entendre sur le choix du troisième expert, il est désigné sur simple requête, par le président du tribunal civil de l'arrondissement où est situé le siège de l'agence.

ART. 24. — Les experts sont dispensés de toutes formalités judiciaires, ainsi que du serment.

Ils sont autorisés à s'entourer de tous titres et renseignements nécessaires et même à faire une enquête s'il en est besoin.

L'assuré est tenu de fournir, tant aux experts qu'aux délégués de la Compagnie. tous les documents qu'il peut posséder sur ces diverses cultures, de représenter sa police, et, au besoin, des extraits de la matrice cadastrale.

Faute par l'assuré d'avoir indiqué dans sa déclaration de sinistre le nom de chaque parcelle et sa contenance en hectares et ares, ces renseignements seront complétés d'office, à ses frais, par les experts.

ART. 25. — Les experts, après avoir pris tous les renseignements et vérifié tous les documents préalables nécessaires, déterminent l'étendue de la parcelle grêlée.

Ils *estiment* ensuite :

1° Quel aurait été, en quantité, le rendement du principal produit de la récolte sur la parcelle sinistrée, si elle était arrivée à maturité sans être grêlée ;

2· Quelle est en vingtièmes, et séparément pour chacun des produits compris dans l'assurance, la perte *réelle* occasionnée par la grêle.

Ils pourront, au besoin, procéder par fractions de vingtième.

L'assurance ne devant jamais être une cause de bénéfice, les experts dans leurs évaluations ne doivent jamais perdre de vue ce principe du droit commun. et tiennent compte en conséquence de tous les sauvetages et compensations qui viennent atténuer la perte apparente.

Ces sauvetages et compensations, qui comprennent notamment tous les frais faits pour la rentrée des récoltes, que l'assuré n'a plus à faire en cas de perte totale, ne peuvent être évalués à moins de *trois vingtièmes* si bien que l'indemnité à payer par la Compagnie ne peut dépasser *dix-sept vingtièmes.*

Art. 26. — Si la pièce de terre atteinte est d'une grande étendue, les experts pourront, sur la demande de l'une des parties, la diviser et procéder séparément à l'expertise de chacune des fractions de parcelle ainsi obtenues.

Art. 27. — Les frais d'expertise sont répartis de la manière suivante :

L'assuré paie seul les droits et frais de timbre de la déclaration de sinistre, des actes de nomination d'experts et des procès-verbaux d'expertise ou des actes contenant règlement amiable.

La Compagnie et l'assuré paient chacun leur expert, sauf ce qui est stipulé à l'article 18, pour le cas où l'assuré ferait indûment la déclaration d'un sinistre n'atteignant pas plus des deux vingtièmes de la récolte.

Les droits de timbre des procès-verbaux de désaccord ou des actes contenant nomination de tiers-expert, les fraits faits pour arriver à la tierce expertise, ainsi que les frais et honoraires du tiers-expert, sont par moitié à la charge des deux parties, sauf les droits d'enregistrement de la police, des déclarations d'assolement, des avenants et des pièces d'expertise qui sont en entier à la charge de l'assuré.

Si, par le refus de l'une des parties de concourir à l'expertise, il y a nécessité de s'adresser au président du tribunal civil, soit par simple requête, soit par voie de référé, les frais en seront à la charge de la partie récalcitrante.

Règlement de l'Indemnité. — Franchise

Art. 28, — Le rendement *réel* constaté par les experts ou à l'amiable, combiné avec le prix de l'unité de rendement, détermine la valeur de la parcelle sinistrée.

Cette valeur se répartit entre les différents produits suivant les proportions établies par l'article 3, et sert de base à la fixation de l'indemnité due sur chacun d'eux.

Cependant si le rendement *réel* résultant des constatations est supérieur sur une parcelle sinistrée à celui porté au contrat, l'assuré sera considéré comme étant son propre assureur pour la différence, et l'indemnité sera réglée d'après ce dernier rendement.

Si une récolte a été assurée dans plusieurs intérêts différents, l'indemnité sera réglée au prorata de l'intérêt de chaque assuré, sans que la Compagnie puisse être tenue de payer, pour chaque parcelle sinistrée, une indemnité supérieure à celle résultant du rendement réel constaté.

Art. 29. — Pour le règlement des sinistres survenus avant ou sans qu'il y ait eu de déclaration d'assolement, il est convenu que le rendement assuré l'année précédente, sur une espèce de récolte, sera réparti entre toutes les parcelles de même nature, sinistrées ou non, au prorata de leurs contenances, *sans report ni compensation de l'une à l'autre.*

Cependant, si cette répartition donnait un rendement moyen à l'hectare, supérieur à celui résultant de l'assurance de l'année précédente, c'est ce dernier rendement qui servirait de base, et sous réserve de l'application de l'article 28, s'il y a lieu. Le prix attribué à l'unité de poids ou de mesure pour l'assurance de l'année précédente sera appliqué.

Par exception, en ce qui concerne les vignes sinistrées, avant ou sans déclaration d'assolement, l'indemnité sera réglée d'après le rendement assuré l'année précédente pour chacune des parcelles sinistrées et sans qu'il puisse être fait aucune répartition ni aucune compensation d'une parcelle à une autre. En conséquence, pour toute parcelle portée avec un rendement nul l'année précédente, il n'y aura lieu à aucune indemnité. Il en sera de même pour toute parcelle non indiquée, sans préjudice des pénalités édictées à l'article 2.

Art. 30. — De convention expresse, il ne sera dû aucune indemnité sur tout produit d'une parcelle (ou fraction de parcelle obtenue comme il est dit à l'article 26 ci-dessus), dont la perte n'excèdera pas *deux vingtièmes*, et l'évaluation des dommages se fera sans qu'on puisse opérer aucune compensation d'une parcelle (ou d'une fraction de parcelle) à une autre. — Lorsque la perte éprouvée par ce produit dépassera *deux vingtièmes*, l'indemnité qui résultera de l'expertise faite en conformité des articles 1er, 25, 28 et 29 de la Police, sera payée intégralement.

Paiement de l'Indemnité

Art. 31. — L'indemnité à la charge de la Compagnie est payée, au choix de l'assuré, soit au domicile de l'Agent général, soit au siège de la Compagnie, à Paris, dans les délais suivants, savoir :

Pour les assurés qui ont payé comptant leur prime, aussitôt après le règlement de l'indemnité ;

Pour ceux qui ont pris terme, dans les vingt jours de l'échéance de la prime ;

Enfin, pour ceux qui n'auront pas fait leur déclaration d'assolement en temps utile, également dans les vingt jours de l'échéance de la prime.

Lorsqu'un assuré, dont l'indemnité ne sera payable qu'à terme, demandera à être payé par anticipation, et que la Compagnie y consentira (ce à quoi elle ne sera jamais tenue), la Compagnie percevra un escompte dont le taux sera fixé, chaque année, par son Conseil d'administration.

La preuve testimoniale n'étant pas admise pour le paiement de toute somme excédant 150 francs, les assurés qui ne pourront ou ne sauront signer seront tenus de fournir, à leurs frais, une quittance par devant notaire, lorsque l'indemnité excédera cette somme.

Dispositions générales

Art. 32. — L'assuré est tenu, après la grêle et jusqu'à l'expertise, de donner aux récoltes sinistrées les soins habituels de culture, et de veiller, en bon père de famille, à leur conservation.

Art. 33. — Tout nouveau fait de grêle donne lieu à une nouvelle déclaration et à une expertise.

Dans le cas où il surviendrait un nouveau sinistre, après un premier règlement, les nouveaux experts seront libres d'annuler la première expertise et d'opérer à nouveau sur l'ensemble des dommages, ou bien de maintenir les premières constatations et de ne déterminer que le dommage supplémentaire.

Dans ce dernier cas, l'indemnité nouvelle ne portera que sur le rendement restant après les sinistres antérieurs.

Les experts pourront toujours, s'il y a lieu, reviser le rendement réel constaté précédemment.

Art. 34. — Dans le cas où la récolte d'une parcelle éprouverait plusieurs sinistres pendant la même année, l'assuré sera indemnisé intégralement de la perte causée par les divers sinistres sur un produit quelconque de cette parcelle, pourvu que cette perte dépasse *deux vingtièmes.*

Art. 36. — Toute action en paiement des dommages est prescrite par *trois mois* à compter du jour de l'échéance de l'indemnité de sinistre ou des dernières poursuites. En conséquence, la Compagnie, ce délai expiré, ne peut être tenue à aucune indemnité soit vis-à-vis de l'assuré, soit vis-à-vis de tous opposants ou cessionnaires.

Attribution de juridiction

Art. 37. — Toutes contestations entre la Compagnie et l'assuré, à raison de la présente Police, seront déférées à la juridiction civile.

En vue de ces contestations, l'assuré fait élection de domicile, dans les termes de l'article 111 du Code civil, au lieu du siège de l'Agence générale où la Police a été souscrite. C'est notamment devant le juge de cette agence que se poursuit le paiement des primes non acquittées à leur échéance.

ANNEXE II

LA MUTUELLE GÉNÉRALE-GRÊLE

AGENCE D
Département d

DE LA POLICE: n° / date / effet à midi / durée exercice

VALEURS ASSURÉES

ASSURANCES A COTISATIONS FIXES

CONTRE LA GRÊLE

SIÈGE SOCIAL :

7, Rue de Londres, 7

PARIS

NOM DU SOCIÉTAIRE

Demeure du Sociétaire

ÉCHÉANCE
de la cotisation

Cotisation...
Coût de la police 2 »

TOTAL....

CONSEIL D'ADMINISTRATION :

MM. VENOT, O, ✠, viticulteur à Moroges (Saône-et-Loire), PRÉSIDENT.

THEVENOT (LOUIS), président du Syndicat Viticole et Agricole de Semur (Côte-d'Or), VICE-PRÉSIDENT.

RAFFAELLI, ingénieur viticulteur, demeurant à Paris, SECRÉTAIRE.

BIGOT (EMILE), propriétaire à Tours (Indre-et-Loire).

MM. BOURJOT, agriculteur à Jouarre (Seine-et-Marne).

CHAMPIGNEULE, agriculteur à Raincourt, par Revigny (Meuse).

DAMAYE, maire agriculteur à Francilly-Selency (Aisne).

PATRIGEON, agriculteur à la Champenoise (Indre).

RENAUD, viticulteur à la Celle-Saint-Cyr (Yonne).

Directeur : M. ALPHONSE MAAS, ✿

STATUTS

Constitution de la Société

Objet, durée, siège, dénomination et circonscription où elle étend ses opérations

ARTICLE PREMIER. — Il y a Société d'Assurances mutuelles à cotisations fixes contre la grêle entre les cultivateurs, les fermiers, les propriétaires et autres intéressés qui ont adhéré ou adhéreront aux présents Statuts, sous la dénomination de :

La Mutuelle Générale-Grêle

ART. 2. — Elle a pour objet de garantir mutuellement ses membres des dommages que la grêle peut causer aux produits agricoles et objets désignés à l'article 7.

Art. 3. — Le siège de la Société est à Paris, rue de Londres, 7. Il pourra être transféré dans tout autre endroit, à Paris, par décision du Conseil d'administration, sur la proposition du Directeur. La durée de la Société est fixée à trente années. Elle pourra être prorogée par une délibération de l'Assemblée générale. Sa circonscription s'étend à toute la France et à l'étranger, notamment aux provinces wallonnes (Belgique), où la langue française est en usage.

Art. 4. — La Société exclut toute solidarité entre ses membres ; chacun d'eux, en tout état de cause, ne supporte que la cotisation à laquelle la valeur qu'il a assurée donne lieu.

Classement des Récoltes et des Risques

Art. 5. — Les produits ou récoltes que la Société assure sont classés : 1° d'après les risques inhérents à leur nature ; 2° d'après la gravité des sinistres qui ont eu lieu dans les communes où ils se trouvent situés. Le risque de situation est déterminé par la proportion entre la totalité des sinistres de grêle constatés dans chaque commune pendant les vingt dernières années et la totalité des Assurances réalisées dans la même commune pendant cette période. Cette proportion, établie par classe, détermine la cotisation à faire supporter à chaque *commune*.

Art. 6. — Les tarifs de la Société ont été établis d'après des documents statistiques provenant des sources les plus autorisées. Ces tarifs pourront être modifiés par le Conseil d'administration, mais ne devront être appliqués, ainsi modifiés, qu'aux contrats nouveaux, comme il est dit à l'article 8 ci-après.

Art. 7. — Les récoltes que la Société assure sont réparties en trois classes. La première comprend trois sections ; la 2e et la 3e classe ne comprennent chacune qu'une section.

Le Conseil d'administration peut appliquer ce classement à tout risque proposé à l'assurance et même admettre ce risque.— 1re Classe. *1re Section* : Les blés, épeautre, millet, maïs, pommes de terre, sorgho, prairies naturelles, sainfoins, trèfle, luzerne et betteraves non destinées pour graines, couverture de bâtiments. — *2e Section* : Les seigles, méteils, avoines, orges, hivernages pour fourrages. — *3e Section* : Les sarrazins, colza, navette, œillette, cameline, moutarde, lin, chanvre, betteraves à graines, fèves, lentilles, pois, haricots, et les vesces et gesses lorsqu'elles sont cultivées pour graines, vitres et cloches, fruits. 2e CLASSE. La vigne, prune, houblons et oseraie. — 3e CLASSE. Les tabacs.

Cotisations à payer annuellement

ART. 8. — La cotisation est établie par 100 francs de valeurs assurées ; elle comprend les frais d'administration. Elle est destinée au paiement des sinistres et à faire face aux différentes charges sociales. Les taux de cotisation à payer annuellement par les sociétaires sont gradués comme suit : 1re classe, 1re section : de 0 fr. 30 à 6 francs ; 2e section : de 0 fr. 40 à 7 francs ; 3e section : de 1 franc à 8 francs ; 2e classe : de 1 franc à 25 fr. ; 3e classe : de 2 francs à 25 francs.

Les polices souscrites pour plusieurs exercices conserveront, jusqu'à leur expiration, les taux qui auront été appliqués la première année (art. 6). Toutefois, elles bénéficieront des diminutions de tarif qui pourront survenir pendant le cours de l'assurance. Moyennant un supplément variant de 4 à 12 0/0 du montant de la cotisation, le sociétaire pourra faire garantir ses vignes, dès le 15 avril. Il pourra aussi, moyennant un autre supplément de cotisation, variant de 4 à 12 0/0 du montant de cette même cotisation, être exonéré de la franchise, en cas de sinistre, dont il est fait mention à l'article 29.

ART. 9. — La Société ne sera valablement constituée que lorsqu'elle aura obtenu les adhésions de dix sociétaires au moins, réunissant ensemble un minimum de valeurs assurées dépassant cinquante mille francs. Si, plus tard, les valeurs assurées descendaient au-dessous de cinq millions, la Société serait dissoute de plein droit. La somme à valoir sur la contribution de la première année, versée avant la constitution de la Société par les fondateurs, est de mille francs.

ART. 10. — La Société peut donner et recevoir des réassurances ; dans les deux cas, le Conseil d'administration devra autoriser le Directeur.

ART. 11. — Les trois classes ne concourent pas ensemble au

paiement des sinistres. Sauf en ce qui concerne l'application du fonds de réserve (art. 51 et 52), chaque classe doit s'indemniser avec ses propres ressources.

Conditions de l'Assurance

Art. 12. — La Société a pour but de garantir mutuellement ses membres des dommages que la grêle peut causer à leurs récoltes par l'effet du choc des grêlons. Elle n'assure pas contre les inondations, trombes, coups de vent et autres causes de pertes qui peuvent précéder, accompagner ou suivre la grêle. Elle ne répond en aucun cas des dommages causés à la qualité des récoltes, et ne tient compte que des diminutions de quantité. Toute personne intéressée à la conservation des récoltes, qui veut être admise dans la Société, doit, en adhérant aux présents Statuts, faire connaître la totalité des récoltes produites, d'après son évaluation, par les biens dont il indique la situation par commune et par nature.

Art. 13. — L'assurance d'une nature de récolte comprend obligatoirement la totalité des récoltes de cette même nature, dépendant d'une même exploitation, à moins de stipulation contraire dans le premier contrat. En ce cas, la Police devra porter une mention manuscrite, déterminant exactement la proportion des récoltes soumises à l'assurance pendant sa durée. Cette proportion sera obligatoirement respectée pour l'établissement des avenants d'assolement annuels, de telle sorte que le sociétaire ne puisse, en aucune façon, distraire de l'assurance une partie de ses récoltes, soit pour réduire sa cotisation, soit pour faire garantir cette même partie de récoltes par une autre Société, avant le terme de son engagement avec la Société. — Le tout à peine de déchéance de tout droit à l'indemnité.

Art. 14. — Toutes les parties utiles de la récolte sont comprises dans l'assurance et dans des proportions déterminées. Ainsi, dans les valeurs assurées, sur les froments, épeautres, seigles, méteils, avoines, orges, maïs, millets, pois, vesces, gesses et coupes de prairies artificielles réservées pour graine, la paille ou la partie fourragère entre pour un cinquième ; sur les sarrazins, betteraves (quelle que puisse être leur destination), les plantes oléagineuses de toutes sortes, colzas, navettes, camelines, œillettes, moutarde, fèves et autres légumineuses pour un dixième. Sur le lin et le chanvre, la graine est comprise pour un quart. La valeur des pailles et autres produits accessoires ne peut descendre au-dessous des proportions indiquées ci-dessus ; mais elle peut les surpasser si le sociétaire le propose. Quant à la vigne, ses fruits seuls sont assurés pendant toutes les phases de leur transformation et de leur développement. L'assurance des prairies naturelles ou artificielles comprend toutes les coupes de l'année, pourvu que le sociétaire indique dans sa Police la partie du rendement qu'il entend affecter à chacune d'elles, faute de quoi la première coupe seule est assurée. La paille peut être exclue de l'assurance moyennant une augmentation d'un cinquième de la cotisation. Toute fausse déclaration de nature à léser les intérêts de la Société entraîne, pour le sociétaire, la déchéance de tout droit à l'indemnité.

ART. 15. — Si, après avoir fait garantir ses risques par la Société, le sociétaire contracte, pour les mêmes risques, avec d'autres assureurs, la Société, en cas de sinistre, ne pourra jamais être tenue de contribuer à l'indemnité dans une proportion plus forte que celle qui existe entre la somme garantie par elle sur les risques sinistrés et l'ensemble des assurances réalisées sur ces mêmes risques.

De la Police d'Assurance

ART. 16. — La Police d'assurance est rédigée d'après les déclarations du sociétaire, et les cotisations sont fixées en raison de ces déclarations, conformément au tarif en vigueur.

ART. 17. — Le sociétaire est tenu de déclarer dans sa Police si les récoltes sont déjà garanties par d'autres Compagnies ou Sociétés mutuelles, et si elles ont déjà été grêlées dans l'année en cours, à peine de déchéance de tout droit à indemnité.

ART. 18. — Le sociétaire est tenu de faire connaître la qualité en laquelle il agit ; de faire mentionner dans la Police chacune des parcelles dont la récolte est présentée à l'assurance, et de fixer, d'accord avec la Société, le prix attribué à chaque nature de récoltes par unité de mesure ou de poids. Ce prix servira de base à l'établissement de la somme assurée et de la cotisation ainsi qu'au calcul de l'indemnité en cas de sinistre (art. 37).

Durée et effet de l'Assurance

ART. 19. -- Tout sociétaire est assureur et assuré pour cinq exercices. — Chaque exercice finit le 31 décembre, même le premier, quelle que soit l'époque à laquelle la Police a été souscrite. — L'effet de l'assurance pour le premier exercice commence le lendemain, à midi, du jour de la signature de la Police. Pour chacun des exercices suivants, elle commence le 1er avril à midi, pour les risques de la première classe (les trois sections), et le 1er mai, à midi, pour les risques de la deuxième et de la troisième classe.

Ainsi, de convention expresse, le sociétaire n'a droit à aucune indemnité, pour tout sinistre ayant atteint ses récoltes, avant les époques ci-dessus fixées.

A l'expiration de cette période de *cinq exercices*, l'assurance continue pour une période de semblable durée, et la même continuation a lieu successivement, à l'expiration de chaque période nouvelle, à moins que l'une des parties n'ait déclaré, trois mois à l'avance, par une lettre recommandée adressée par l'assuré au siège social, à Paris, ou par la Société au domicile de l'assuré, l'intention de faire cesser son engagement.

Il peut être souscrit des assurances de moins de cinq exercices ; dans ce cas, l'assuré est tenu de payer un dixième en plus de la cotisation. — Il est expressément spécifié que la période de garantie annuelle commence aux époques indiquées plus haut et finit comme il est expliqué aux articles 22 et 23 ci-après. Par exception, la garantie de la Société ne commence que le 31 mai pour les olives, les prunes et les arbres fruitiers.

ART. 20. — En cas de décès du sociétaire, ses héritiers ou ayants cause sont solidairement tenus d'acquitter les cotisations échues et de continuer l'assurance.

ART. 21. — En cas de vente ou de cession, le vendeur ou cédant devra imposer au nouveau propriétaire ou cessionnaire l'obligation de continuer l'assurance, ou, à défaut, payer, pour la résiliation de l'assurance en cours, une somme égale à la cotisation de l'année précédente, à titre d'indemnité. — L'acquéreur ou le cessionnaire devra, dans les vingt jours qui suivront la vente ou la cession, faire transférer à son nom l'assurance, à peine de déchéance du droit à l'indemnité.

ART. 22. — L'assurance prend fin pour le sociétaire dont le bail est expiré et pour celui qui cesse toute culture. Néanmoins, le sociétaire qui se trouve dans l'un ou l'autre de ces deux cas, est tenu d'en faire la déclaration par écrit et d'en justifier à la Société avant le 15 avril. Faute par lui d'avoir fait, avant ladite époque, les déclaration et justification prescrites ci-dessus, il devra, à titre d'indemnité, une somme égale à la cotisation de l'année précédente.

ART. 23. — Sauf pour les prairies, l'assurance, pendant sa durée, ne peut couvrir deux récoltes consécutives sur une même parcelle de terre. La garantie de la Société cesse chaque année, même la première, et quelle que soit l'époque à laquelle la Police a pris effet, savoir : 1° le 15 octobre, à midi, pour toutes les récoltes qui ne seront pas rentrées à cette époque et dont le développement peut se prolonger au-delà du terme ; 2° pour les lins et les chanvres, dès que les tiges sont arrachées ; 3° pour toutes les autres récoltes, après leur enlèvement. Les récoltes mises en meules, meulons, moyettes ou dizeaux sont réputées enlevées. Il est facultatif à la Société de résilier l'assurance de tout sociétaire dont les récoltes auront été endommagées par la grêle, par une simple notification faite par lettre recommandée, dans le mois de décembre de l'année du sinistre.

Payement de la Cotisation

ART. 24. — Les cotisations sont payables au bureau de l'Agence générale dans laquelle la Police a été souscrite ou transférée ; celles de la première classe le 1er octobre, celles de la deuxième classe le 1er novembre de chaque année, et enfin, celle de la troisième classe à la livraison des tabacs.

ART. 25. — En cas de non-paiement dans le mois de l'échéance, et ce, sans qu'il soit besoin d'aucune demande, le sociétaire retardataire peut être poursuivi à la diligence du Directeur ou de ses agents. Le sociétaire débiteur de sa cotisation de l'année précédente, en cas de sinistre survenu avant sa libération, est déchu de tout droit à indemnité pour l'année courante, sans qu'il puisse se prévaloir du défaut de mise en demeure à son égard, et la Société peut, à son choix, maintenir la Police et en poursuivre l'exécution, ou la résilier par une notification faite au sociétaire par lettre recommandée. Le recouvrement des primes antérieures que la Société aurait fait opérer au domicile des sociétaires, soit officieusement, soit par suite d'un usage constant de l'Agent, ne peut lui être opposé comme une renonciation aux dispositions qui précèdent.

Art. 26. — Le paiement des cotisations non acquittées à leur échéance se poursuit, au choix de la Société, devant le Juge de paix du siège de l'Agence générale dans laquelle la Police a été souscrite ou transférée, ou du domicile du sociétaire, et tous les frais et déboursés, même ceux d'enregistrement de la Police et de l'Avenant, s'il y en a, sont à la charge du sociétaire. — S'il survient un sinistre pendant le cours des poursuites, le sociétaire retardataire est déchu de tout droit à l'indemnité.

La cotisation est indivisible entre les héritiers ou ayants-droit du sociétaire, et chacun d'eux en est tenu pour le tout.

Avenant d'Assolement

Art. 27. — Chaque année, le sociétaire doit déclarer les changements survenus dans son exploitation ou ses ensemencements, ainsi que les rendements espérés de ses diverses cultures. Le prix attribué dans la Police à l'unité de rendement pour chaque espèce de récolte, pourra en même temps être modifié, d'un commun accord, entre la Société et le sociétaire. Ces déclarations d'assolement, ou Avenants à la Police, seront dressées dans les mêmes formes que ce contrat et comprendront les mêmes détails.

Art. 28. — Il est accordé au sociétaire, pour faire ces déclarations, jusqu'au 15 mai au plus tard, pour les risques des première et deuxième classes, et jusqu'au 1er juin, au plus tard, pour les risques de la troisième classe. Faute par lui de faire sa déclaration dans les dits délais, il est considéré comme n'ayant pas de changement, et compris dans la répartition de l'année pour le même capital que l'année précédente, sans que le sociétaire puisse prétendre, en cas de sinistre, à aucune indemnité pour les récoltes qui ne seraient pas de même nature que celles garanties par le contrat de l'année précédente. Tontefois, l'assuré qui n'aura pas fait sa déclaration aux 15 mai ou 1er juin, suivant la classe, aura la faculté de la faire jusqu'au 1er juillet, mais à la condition *sine qua non* que le chiffre de la cotisation qui en résultera ne sera pas inférieur à celui de l'année précédente, et qu'il ne sera survenu aucun sinistre. Lorsqu'il aura été fait un ou plusieurs avenants d'augmentation à la Police, ou à la déclaration d'assolement annuelle, les effets de ces avenants ne pourront, dans aucun cas, s'étendre au-delà de l'exercice dans lequel ils auront été souscrits. Dans le cas où surviendrait un sinistre, avant l'établissement de la déclaration d'assolement, chaque parcelle atteinte serait comprise dans cette déclaration pour le rendement moyen à l'hectare et le prix d'unité de rendement déclaré l'année précédente. Les parcelles non atteintes devront être comprises, dans la déclaration d'assolement pour le rendement espéré de l'exercice en cours.

Formalités à remplir en cas de sinistre

Art. 29. — Tout fait de grêle ayant atteint la récolte assurée d'une parcelle et lui ayant causé un dommage qui dépasse deux vingtièmes de son produit, doit être déclaré à la Société, au Siège social, à Paris. Sous peine de déchéance du droit à l'indemnité, la déclaration doit être fournie par le sociétaire, dans les cinq jours du sinistre, pour les faits de grêle antérieurs au 1er juillet, et dans les trois jours pour ceux postérieurs à cette date. Si la perte ne dépasse pas deux vingtièmes (art. 39), le sociétaire est exposé à payer une somme de vingt francs pour indemnité des frais que sa déclaration non fondée aurait occasionnés à la Société ou à son expert.

Art. 30. — La déclaration sera faite sur une feuille de papier timbré, conformément au modèle imprimé dans la Police. Elle sera adressée à la Société comme lettre affranchie et sans enveloppe. Le timbre de la poste fixera le jour ou elle aura été faite.

Art. 31. — Si le sinistre est survenu après l'époque fixée pour le commencement de l'assurance des récoltes atteintes, sans qu'il y ait eu de déclaration d'assolement (art. 27 de la Police), la déclaration de sinistre devra comprendre en outre toutes les parcelles non sinistrées, dépendant de l'exploitation assurée, et portant, des récoltes de même espèce que celles qui font l'objet de la déclaration. La déclaration de sinistre certifiée sincère et véritable, sera signée par le sociétaire ou en son nom. La signature sera légalisée par le maire de la commune.

Art. 32. — Est déchu de tout droit à l'indemnité, le sociétaire qui, dans le cas prévu par l'article précédent, n'a pas compris, dans sa déclaration de sinistre, une ou plusieurs parcelles portant des récoltes de même nature que celles sinistrées et dépendant de la même exploitation. Est également déchu de tout droit à l'indemnité, le sociétaire dont la déclaration est entachée de fraude, celui qui, contrairement aux dispositions de l'article 13, n'a pas (à moins de stipulation contraire dans le premier contrat) compris dans son assurance toutes les parcelles (avec l'intégralité du rendement espéré de chacune d'elles) contenant des récoltes de même nature et faisant partie de la même exploitation, comme aussi celui qui a prématurément rentré ou mis en meules ses récoltes, de manière à rendre l'évaluation impossible. Le sociétaire est tenu après la grêle jusqu'à l'expertise, de donner aux récoltes sinistrées les soins habituels de culture et de veiller, en bon père de famille, à leur conservation. Tout nouveau fait de grêle donne lieu à une nouvelle déclaration et à une nouvelle expertise.

Estimation des Pertes

Art. 33. — Jusqu'à la maturité des récoltes, la Société se réserve le droit de fixer le jour de l'expertise. Elle peut faire une expertise provisoire.

Art. 34. — Les dommages sont réglés soit de gré à gré, soit par deux experts choisis par les parties ; si les experts ne sont pas d'accord, ils s'adjoignent un tiers expert ; les trois experts opèrent en commun et prononcent à la majorité des voix. Les parties peuvent exiger respectivement que le tiers expert soit choisi hors du canton où réside le sociétaire. Si les experts ne peuvent s'accorder sur le choix du tiers expert, la désignation en sera faite sur la demande de l'expert de la Société, par le Président du Tribunal civil de l'arrondissement où le sinistre a eu lieu. Sur le refus de l'assuré de nommer son expert, il sera désigné aussi comme il vient d'être dit. Ne pourront être pris pour experts les parents, alliés, employés ou salariés du sociétaire, non plus que les assurés de la Société.

Art. 35—Les experts sont dispensés de toutes formalités judiciaires, ainsi que du serment. Ils sont autorisés à s'entourer de tous titres et renseignements nécessaires, et même à faire une enquête s'il en est besoin. Le sociétaire est tenu de fournir, tant aux experts qu'aux délégués de la Société, tous les documents qu'il peut posséder sur son exploitation, de représenter sa Police, et au besoin, des extraits de la matrice cadastrale. Faute par le sociétaire d'avoir indiqué dans sa déclaration de sinistre le nom de chaque parcelle et sa contenance en hectares et ares, ces renseignements seront complétés d'office à ses frais par les experts.

Art. 36. — Les experts, après avoir pris tous les renseignements et vérifié tous les documents préalables nécessaires, déterminent l'étendue de la parcelle grêlée. Ils estiment ensuite : 1° quel aurait été, en qualité, le rendement à l'hectare du principal produit de la récolte sur la parcelle sinistrée, si elle était arrivée à la maturité sans être grêlée ; 2° quelle est, en vingtièmes, et séparément pour chacun des produits compris dans l'assurance, la perte réelle occasionnée par la grêle. Ils pourront, au besoin, procéder par fraction de vingtième.

Art. 37. — L'assurance ne devra jamais être une cause de bénéfice ; les experts, dans leur évaluation, ne doivent pas perdre de vue ce principe, et tiennent compte, en conséquence, de tous les sauvetages et compensations qui viennent atténuer la perte apparente.

Art. 38. — Si la pièce de terre atteinte est d'une grande étendue, les experts pourront, sur la demande de l'une des parties, la diviser en parcelles de cinquante ares et procéder séparément à l'expertise de chacune d'elles.

Lorsqu'un nouveau sinistre se produira, après une première expertise, les experts auront la faculté d'annuler le premier règlement et de fixer l'ensemble des pertes, ou de maintenir le premier règlement et de ne déterminer que le dernier dommage, lequel, en ce cas, portera seulement sur le rendement restant après les sinistres antérieurs. En outre, les experts pourront reviser les rendements constatés dans les règlements précédents.

Si, à la suite de plusieurs sinistres ayant donné séparément une perte ne dépassant pas deux vingtièmes, le dommage total arrivait à dépasser ce chiffre sur une parcelle, il y aurait lieu de faire une déclaration de sinistre.

Art. 39. — Les frais d'expertise sont répartis de la manière suivante : La Société et le sociétaire payent chacun son expert, sauf ce qui est stipulé à l'article 29, pour le cas où le sociétaire ferait indûment la déclaration d'un sinistre ne dépassant pas les deux vingtièmes de la récolte. Les frais faits pour arriver à la tierce expertise, ainsi que les frais et honoraires du tiers expert, sont par moitié à la charge des deux parties. Si, par le refus de l'une des parties de concourir à l'expertise, il y a nécessité de s'adresser au Président du Tribunal de Commerce ou au Président du Tribunal civil, soit par simple requête, soit par voie de référé, les frais en seront à la charge de la partie récalcitrante. Les droits et frais de timbre de la déclaration de sinistre sont à la charge du sociétaire. Ceux des procès-verbaux d'expertises et de nominations d'experts sont, par moitié, à la charge des deux parties.

Fixation de l'Indemnité

Art. 40. — Le rendement réel constaté par les experts ou à l'amiable, combiné avec le prix de l'unité de rendement, détermine la valeur de la parcelle sinistrée. Cette valeur se répartit entre les différents produits suivant les proportions établies par l'article 13, et sert de base à la fixation de l'indemnité due pour chacun d'eux. Cependant, si le rendement réel résultant des constatations est supérieur, sur une parcelle sinistrée, à celui porté au contrat, le sociétaire sera considéré comme étant son propre assureur pour la différence, et l'indemnité sera réglée d'après ce dernier rendement. Si une récolte a été assurée dans plusieurs intérêts différents, l'indemnité sera réglée au prorata de l'intérêt de chaque sociétaire, sans que la Société puisse être tenue de payer, pour chaque parcelle sinistrée, une indemnité supérieure à celle résultant du rendement réel constaté.

Art. 41. — Pour le règlement des sinistres survenus dans le cas prévu de l'article 31, il est expressément convenu que le rendement assuré, pour l'année précédente, sur une espèce de récolte, se répartira entre les parcelles de même nature, sinistrées ou non, au prorata de leurs contenances, sans report ni compensation de l'une à l'autre. Dans le cas où cette répartition donnerait un rendement moyen à l'hectare, supérieur à celui de l'année précédente, c'est ce dernier rendement qui servirait de base, sous réserve de l'application de l'article 40, s'il y avait lieu. Le prix attribué l'année précédente à l'unité de rendement serait appliqué. Il n'y aura pas lieu à indemnité pour toute parcelle de vigne sinistrée, avant ou sans déclaration d'assolement, lorsque le rendement en aura été déclaré nul l'année précédente.

Art. 42. — Il ne sera dû aucune indemnité sur tout le produit d'une parcelle ou fraction de cinquante ares, dont la perte n'excèdera pas deux vingtièmes ; lorsque la perte éprouvée par ce produit dépassera deux vingtièmes, l'indemnité qui résultera de l'expertise faite en conformité des articles 1er, 36, 40 et 41 de la Police, et notamment de l'article 37, sera due. Si la perte est totale, les dommages ne pourront être réglés à plus de dix-sept vingtièmes sur les risques des 1re et 2e classes, et à seize vingtièmes sur les tabacs, houblons, oseraies, tomates, pépinières, plants, fleurs et arbres fruitiers.

Payement des dommages

Art. 43. — L'indemnité due aux assurés sinistrés des deux premières classes est payable, au siège de l'Agence, sur les fonds disponibles, au plus tard dans le mois de janvier de l'année qui suit la clôture des opérations de l'année écoulée et, pour la 3e classe, après la livraison des tabacs, aux magasins de l'Etat.

Toutes les fois que les ressources de la Société le permettront, le Conseil d'administration pourra décider, sur la proposition du Directeur, que le payement des sinistres s'effectuera dès que le résultat de l'exercice sera connu.

Le Conseil d'administration pourra également, par une décision, autoriser le Directeur à emprunter à la Banque de France ou à toute autre Société de Crédit de son choix, sur les valeurs mobilières appartenant à la Société, qu'elles fassent ou non partie du fonds de réserve, soit pour hâter le payement des sinistres, soit pour assurer le bon fonctionnement de la Société.

Il pourra également, pour les mêmes objets, autoriser tous autres emprunts, déterminer le mode de remboursement et arrêter, s'il y a lieu, le taux des intérêts à servir aux tiers qui auront fait des avances de fonds à la Société.

Conditions spéciales à l'Assurance des Tabacs

Art. 44. — L'assurance cesse pour les tabacs dès que les plantes sont détachées du sol ou que les feuilles sont détachées de la plante. Le sociétaire est tenu de fournir, tant aux experts qu'aux délégués de la Société, tous les documents qu'il peut posséder sur ses plantations de tabacs et de représenter au besoin les extraits de l'acte de vérification délivré par les employés au service de culture. En cas de désaccord entre les experts, le règlement définitif de l'indemnité pourra être fixé après la livraison des tabacs, en prenant pour base la moyenne des 4 ou 5 années précédentes, et la somme payée par l'administration des tabacs.

Art. 45. — Si la perte constatée sur les tabacs peut se réparer au moyen du repiquage ou du recépage, le sociétaire est tenu de procéder à l'une ou à l'autre de ces opérations, sur la demande de la Société et aux frais de cette dernière. Dans ce cas, il sera procédé, avant la cueillette des tabacs, à une seconde évaluation, qui, seule, déterminera le chiffre définitif du dommage.

Art. 46. — Est déchu de tout droit à l'indemnité le sociétaire qui, même avec l'autorisation des employés préposés au service de la culture, a détruit ou enlevé ses tabacs avant l'arrivée du mandataire de la Société chargé de procéder au règlement du sinistre.

Conditions spéciales à l'Assurance des vitres, cloches et couvertures de bâtiments

Art. 47. — Pour l'assurance des vitres, cloches et couvertures de bâtiments, la cotisation est payable à l'avance.

La Société ne pourra jamais payer, à titre d'indemnité, dans le cours d'un exercice, une somme plus forte que celle garantie par l'assurance. — Les pertes ne dépassant pas un centième ou un minimum de 10 francs ne donnent lieu à aucune déclaration. — La Société n'assure que les verres semi-doubles, c'est-à-dire de deux millimètres d'épaisseur au moins.

Attribution de juridiction

Art. 48. — Pour l'exécution des clauses générales et particulières de la Police, les parties font respectivement élection de domicile attributif de juridiction au siège de l'Agence générale de la Société où la Police a été contractée ou transférée. En cas de non-existence ou de suppression d'Agence générale de la Société dans une région où résident des sociétaires, il est expressément convenu que ces derniers appartiendront à l'Agence de Paris et que, par suite, ils deviendront justiciables, dans les termes de l'article 111 du Code civil, de la Justice de Paix du siège de la Société et des Tribunaux civils de la Seine, seuls compétents, tant en demandant qu'en défendant.

Dispositions spéciales

Art. 49. — Toute action en paiement des dommages est prescrite par trois mois, à compter du 1er janvier qui suit la clôture des comptes des opérations de l'année écoulée, pour les deux premières classes, et du jour de la livraison des tabacs pour la 3e classe. En conséquence, ce délai expiré, la Société ne peut être tenue à aucune indemnité, soit vis-à-vis du sociétaire, soit vis-à-vis de tous opposants ou cessionnaires.

Contributions aux charges sociales

Art. 50. — Sont à la charge de la Société : les indemnités dues aux sociétaires sinistrés et frais d'expertise ; les frais d'abonnement au droit de timbre pour les polices et les avenants, et tous autres droits de timbre, impôts ou d'enregistrement relatifs à la gestion des affaires de la Société ; les frais judiciaires, toutes les non-valeurs, les jetons de présence et de déplacements, et les frais de voyages des Administrateurs, les jetons de présence alloués aux membres appelés à faire partie des Assemblées générales ; la rémunération annuelle aux Commissaires censeurs, dont il est parlé à l'article 67 ; les remises et frais alloués aux agents et courtiers, les frais d'organisation et d'inspection et généralement toutes les dépenses prévues aux articles 70 et 71.

Fonds de réserve. — Sa destination

Art. 51. — Si, dans un exercice, le montant des cotisations d'une ou plusieurs classes dépasse le montant des dépenses, la partie non absorbée constitue, au profit des trois classes, un fonds de réserve commun. Ce fonds de réserve est destiné à suppléer à l'insuffisance de la cotisation annuelle, pour le paiement des sinistres, après toutefois la part faite à l'extinction des non-valeurs.

Si les provisions laissées par un ou plusieurs exercices, pour faire face aux non-valeurs, se trouvent avoir été insuffisantes, pour une ou plusieurs classes, l'Assemblée générale annuelle pourra, sur la proposition du Conseil d'administration et du Directeur, décider que la part non éteinte avec la provision réservée à cet effet, le sera, au moyen de la réserve commune, alors même qu'elle appartiendrait à des exercices ultérieurs.

Art. 52. — Le fonds de réserve est fixé, pour l'ensemble des trois classes réunies, à *deux millions de francs*.

Il ne pourra être prélevé, pour une ou plusieurs classes, plus de la moitié du fonds de réserve dans un seul exercice. Lorsque ce prélèvement sera effectué pour plusieurs classes, chacune d'elles n'aura droit qu'à une somme proportionnée au montant de son fonds de cotisation propre. Lorsque le fonds de réserve aura dépassé 2,000.000 de francs, il ne pourra plus s'accroître ; les intérêts, ainsi que les excédents, seront appliqués à dégrever d'autant les cotisations à payer l'année suivante par les sociétaires anciens. Le montant du fonds de réserve est fixé tous les cinq ans par l'Assemblée générale.

Art. 53. — Aucun sociétaire, même celui qui cesse de faire partie de la société, ne peut réclamer ou exercer de droit sur aucune partie du fonds de réserve, lequel ne peut recevoir d'autre destination que celle indiquée par les présents statuts. Ce droit à la participation du fonds de réserve ne pourra jamais appartenir à l'assuré dont la Police aura pris fin, soit par résiliation, soit par expiration du terme de la Police. L'emploi à faire du fonds de réserve qui restera au moment de la dissolution de la Société arrivant soit par l'expiration du délai fixé pour sa durée, sans prorogation, soit pour toute autre cause, sera fixé par une décision de l'Assemblée générale, sur la proposition du Conseil d'administration.

Art. 54. — Les sommes provenant du fonds de réserve sont placées en effets publics français, actions de la Banque de France ou obligations de chemins de fer, garanties par l'Etat, au choix du Conseil d'administration, qui détermine le mode d'achat et de vente, au nom de la Société, par l'entremise du Directeur.

Art. 55. — La Société est représentée par une Assemblée générale des Sociétaires, par un Conseil d'administration et un Directeur.

De l'Assemblée générale des Sociétaires

Art. 56. — L'Assemblée générale se réunit, d'obligation, au moins une fois par an, sans préjudice des convocations qui peuvent être ordonnées par le Conseil d'administration ou par le Directeur. Elle est composée des cinquante plus forts assurés de la Société, et en outre des membres du Conseil d'administration, quel que soit le montant de leurs valeurs assurées à la Société.

Art. 57. — Les Sociétaires appelés par l'article précédent à constituer l'Assemblée générale sont prévenus individuellement par lettre-missive, et dix jours d'avance, du jour de la réunion. Ils peuvent se faire remplacer par d'autres sociétaires ; mais nul ne peut être porteur de plus de deux mandats.

Art. 58. — L'Assemblée générale des sociétaires n'est valablement constituée que par la présence du quart de ses membres ; à défaut de ce nombre, il est procédé à une nouvelle convocation dans la quinzaine. Alors, quel que soit le nombre des présents, l'Assemblée générale peut délibérer, mais seulement sur les objets mis à l'ordre du jour de la convocation précédente.

L'Assemblée générale élit chaque année son bureau : le Président, le secrétaire et deux scrutateurs. Ses délibérations sont prises à la majorité absolue des voix des membres présents. En cas de partage, la voix du président est prépondérante.

ART. 59. — L'Assemblée générale nomme les membres du Conseil d'administration et les commissaires censeurs ; elle entend, dans sa réunion annuelle, le compte-rendu, par la Direction, de l'état des affaires de la Société et des résultats de l'exercice courant. Les délibérations sont inscrites sur un registre tenu à cet effet et signées par le président et le secrétaire.

Le Conseil d'Administration.

ART. 60. — Le Conseil d'administration est composé de neuf membres au moins et de dix-huit membres au plus, nommés par l'Assemblée générale des sociétaires et ayant au moins chacun 1.000 francs de récoltes assurées. Ils doivent être pris, autant que possible, dans un rayon rapproché du siège de la Société.

ART. 61. — Le Conseil est renouvelable par tiers, chaque année. Les premiers renouvellements seront indiqués par le sort, et les autres par l'ancienneté de nomination. Les membres sortants peuvent être réélus.

ART. 62. — Le Conseil ne peut délibérer s'il ne réunit au moins cinq de ses membres. Ses décisions sont prises à la majorité des voix ; en cas de partage, la voix du président est prépondérante. Chaque année, dans la première réunion qui suit l'Assemblée générale, le Conseil d'administration nomme un président, un vice-président et un secrétaire. Ils peuvent être réélus. Le Conseil d'administration se réunit chaque fois que les intérêts de la Société l'exigent.

ART. 63. — En cas de décès ou de démission d'un ou plusieurs de ses membres, le Conseil d'administration pourvoit à son remplacement ainsi qu'à toute nomination nouvelle jusqu'à la prochaine Assemblée générale.

Art. 64. — Le Conseil d'administration fixe, chaque année, sur la proposition du directeur, au centime le franc, l'indemnité revenant à chacun des sociétaires sinistrés. Il reçoit de la Direction le compte annuel des recettes et dépenses à soumettre à l'Assemblée générale et l'arrête provisoirement ; il statue sur les réclamations des sociétaires et sur toutes les affaires de la Société dans les limites des statuts. Ses décisions sont constatées par des arrêtés consignés sur le registre des délibérations.

Art. 65. — Les membres du Conseil d'administration ne sont responsables qne de l'exécution du mandat qu'ils ont reçu. Ils ne contractent, à raison de leur gestion, aucune obligation personnelle ni solidaire relativement aux engagements de la Société. Les fonctions des membres de l'Assemblée générale et du Conseil d'administration sont gratuites ; ils ont seulement droit à des jetons de présence, à chaque réunion à laquelle ils assistent, sauf en ce qui concerne les membres du Conseil d'administration qui sont remboursés de leurs frais de voyage.

Art. 66. — Jusqu'à la première Assemblée générale, le Conseil d'administration sera composé des fondateurs de la Société.

Les Commissaires

Art. 67. — L'Assemblée générale annuelle désigne un ou plusieurs commissaires censeurs, sociétaires ou non, chargés de faire un rapport à l'Assemblée générale de l'année suivante sur la situation de la Société sur le bilan et sur les comptes présentés par le Conseil d'administration et la Direction et fixe leur rémunération.

La Direction.

Art. 68. — Le directeur est chargé de la gestion des affaires courantes de la Société, de l'exécution des statuts et des décisions prises par l'Assemblée générale et le Conseil d'administration. Il signe les polices et conventions d'assurances, ainsi que les quittances de cotisations, ou autorise les Agents généraux à rédiger et à signer ces pièces en son nom. Il signe, en outre, la correspondance, les mandats, effets, endossements, acquis et généralement tous les actes relatifs aux affaires courantes.

Il exerce et suit, au nom de la Société, les actions judiciaires, et il la représente en justice, soit en demandant, soit en défendant; il peut traiter, transiger et compromettre sur tous les intérêts sociaux, donne mainlevées d'inscription ou d'opposition, avec ou sans paiement. Il peut substituer ; tous pouvoirs lui sont donnés à cet effet.

Il nomme et révoque les agents, sauf ratification du Conseil d'administration, inspecteurs et tous autres employés ; règle leurs attributions ; délivre les polices, ainsi que les quittances des sommes dues par les sociétaires, à quelque titre que ce soit ; en fait opérer le recouvrement ; vérifie l'estimation des récoltes et veille à ce que la valeur ne soit pas exagérée ; fait procéder à l'évaluation des pertes ; à cet effet, nomme tous experts, délègue tous inspecteurs, employés ou agents, dicte leurs instructions ; règle les vacations, frais de déplacements et indemités qui peuvent leur être dus ; fait vérifier et dépouiller les procès-verbaux, liquider et payer les indemnités ; fait établir et tenir la comptabilité ; enfin est chargé de faire exécuter toutes les mesures qui peuvent se rattacher à l'administration de la Société dans tous ses rapports avec les membres du Conseil d'administration. Il assiste avec voix consultative aux réunions du Conseil d'administration et aux Assemblées générales ordinaires et extraordinaires. Tous pouvoirs lui sont donnés pour convoquer lesdits Conseil et Assemblée générale lorsqu'il y a lieu.

Art. 69. — Pour garantie de sa gestion, le Directeur est assujetti à un cautionnement progressif de 1.000 francs par chaque 4 millions de valeurs assurées jusqu'à concurrence de 10.000 francs. Cette somme de 10.000 francs sera convertie soit en rentes sur l'Etat soit en tout autre placement présentant sécurité, au choix du Directeur.

Art. 70. — Les frais de premier établissement et d'organisation seront remboursés par la Société sur le fonds des cotisations. Toutes dépenses relatives au loyer, à la correspondance, au traitement des employés, au mobilier (qui reste sa propriété) aux imprimés et les frais de bureaux sont et demeurent à la charge du Directeur.

Art. 71. — Pour s'indemniser de ces dépenses, le Directeur est autorisé à prélever à son profit 17 0/0 de la cotisation annuelle, plus 1 franc par Police et 50 centimes par Avenant (cette modification nécessitera un nouveau traité de cinq ans).

Art. 72. — Les prélèvements spécifiés à l'article précédent forment entre la Société et le Directeur un traité à forfait qui sera revisé tous les cinq ans par l'Assemblée générale, laquelle décidera, s'il y a lieu, soit de renouveler le forfait, soit d'augmenter ou de réduire les avantages fixés par l'article ci-dessus.

Art. 73. — A la première séance de chaque année, le Directeur présente au Conseil d'administration le compte des recettes et dépenses de l'année révolue, ainsi que l'état des frais et non-valeurs non recouvrables à comprendre dans la répartition suivante. Ces comptes et états doivent être appuyés de pièces justificatives nécessaires.

Art. 74. — Le Directeur met sous les yeux de l'Assemblée générale, lors de chaque réunion, l'état de situation de la Société et l'état détaillé de toutes les indemnités payées pour sinistres. Il donne à chaque Sociétaire tous les renseignements dont il a besoin. Tous les ans, le Directeur dresse et soumet au Conseil d'administration le compte des recettes et dépenses de l'année écoulée. Ce compte est ensuite imprimé et adressé à tous les sociétaires.

Art. 75. — M. Alphonse Maas est nommé Directeur pour toute la durée de la Société, sauf confirmation par la première Assemblée générale.

Art. 76. — En cas d'absence ou de maladie le Directeur pourra, avec l'agrément du Conseil d'administration, se faire remplacer par un sous-directeur dont il sera responsable.

Art. 77. — Toute contestation entre la Société et un ou plusieurs sociétaires, soit sur la validité des actes d'assurances, soit sur le règlement des indemnités provenant de sinistres, etc., sera réglée suivant le droit commun, à la diligence du Directeur, et portée devant la juridiction désignée à l'article 49.

Art. 78. — Toutes les difficultés que les présents Statuts pourraient faire naître seront décidées, sur le rapport du Directeur, par le Conseil d'administration, et sanctionnées par l'Assemblée générale. Chaque sociétaire, en adhérant aux présents Statuts. lui confère tous les pouvoirs nécessaires et se soumet d'avance à ses décisions.

Art. 79. — Tous les cas de simple administration non prévus par les présents Statuts seront décidés par le Conseil d'administration sur la présentation du Directeur.

Modifications et Liquidation

Art. 80. — Tous changements aux Statuts, modifications ou transformation de la Société proposés par le Directeur au Conseil d'administration et admis par lui, doivent être consentis par l'Assemblée générale, composée de la moitié au moins des sociétaires ayant le droit d'y assister, à la majorité absolue des membres présents et représentés. A cet effet, les sociétaires donnent, dès ce moment, au Directeur, au Conseil d'administration et à l'Assemblée générale, tous les pouvoirs nécessaires. Toute modification aux Statuts sera portée à la connaissance des sociétaires par le premier récépissé qui leur sera délivré. En cas de liquidation, les polices sont résiliées de droit, par un simple avis adressé aux sociétaires.

ANNEXE III

Nom	**L'AVENIR**	Répertoire n°
Prénoms	SOCIÉTÉ CIVILE D'ASSURANCES MUTUELLES	—
Profession de	CONTRE LA MORTALITÉ DU BÉTAIL **l'Incendie, la Grêle et la Gelée**	RISQUE
à	Constituée conformément au Décret du 22 Janvier 1868, suivant acte déposé en l'étude de M° Martin, notaire, à Paris, et aux Greffes du Tribunal civil de la Seine et de la Justice de Paix, et publié conformément à la loi, ainsi que les Statuts modifiés par les Assemblées générales et spéciales des 16 janvier 1878 et 1er avril 1884.	
Commune		PROPOSÉ
Canton		le 1
Arrond.		ADMIS
Dép.	*Siège social et Administration à Paris*	le 1
Bureau de poste	**42, Boulevard du Temple**	

STATUTS-POLICE

TITRE PREMIER

Constitution de la Société

Article premier. — Sous le nom l'*Avenir*, une Société civile d'Assurances mutuelles contre la mortalité du Bétail, l'Incendie, la Grêle et la Gelée des Récoltes, est formée entre toutes les personnes qui ont adhéré ou qui adhéreront aux présents statuts.

La circonscription de la Société peut comprendre toute l'Europe et l'Algérie.

Art. 2. — Le siège de la Société est fixé à Paris, où chaque sociétaire fait élection de domicile, s'il n'y demeure pas ; et consent toute attribution de juridiction dans les termes de l'Art. cent onze du Code Civil et des Art. 59 et 69 du Code de procédure Civile.

Par exception, pour les sociétaires dont les risques assurés sont hors de la France, l'administration est autorisée à déterminer, suivant les lois de chaque Etat, le lieu où doit être faite l'élection de domicile.

Art. 3. — La Société a été constituée conformément au décret du 22 Janvier 1868, et suivant les prescriptions du paragraphe 3 de l'Art. 9, titre 2.

Art. 4. — La Société fondée en 1875 pour une durée de trente années finissant le trente et un décembre mil neuf cent cinq, a été prorogée de trente autres années pour finir le trente et un décembre mil neuf cent trente-cinq par délibération de l'Assemblée générale spécialement convoquée et réunie le 16 janvier 1878, dans les conditions prescrites par l'Art. 20 du décret du 22 Janvier 1868.

TITRE II

Objet de l'Assurance

Art. 5. — Le but de la Société est de garantir mutuellement ses Membres contre les pertes qu'ils peuvent éprouver sur les risques soumis et admis à l'Assurance.

Art. 6. — Sur police spéciale à la Mortalité du Bétail, la Société donne garantie contre les pertes résultant de la mort naturelle ou accidentelle, ou de l'abattage rendu indispensable par maladie ou accidents incurables, des animaux des espèces : *chevaline*, *asine*, *mulassière*, *bovine*. — Cette garantie est soumise aux délais, conditions et exclusions fixés à l'article 9 ci-après.

Art. 7. — Sur police spéciale à l'Incendie, le Société donne garantie contre les dommages causés par le feu aux propriété immobilières et mobilières, aux marchandises, au matériel et outils, aux récoltes en granges ou en meules, et au Bétail.

Elle garantit aussi, si cela est stipulé sur la police : contre les risques locatifs définis par les articles 1733 et 1734 du Code Civil; contre le recours des locataires à l'égard des propriétaires, définis par les articles 1386 et 1721 du dit Code ; contre le recours des voisins définis aux articles 1383 et 1384 du même Code.

Ces garanties sont soumises aux délais, conditions et exclusions fixés à l'article 10 ci-après.

Art. 8. — Sur police spéciale à la Grêle ou à la Gelée, la Société donne garantie contre les dommages que la grêle ou la gelée peuvent causer aux récoltes désignées sur la police ; mais seulement tant quelles sont pendantes par branches ou racines et jusqu'à leur enlévement du sol. — Elles sont réputées enlevées lorsque les fruits ont été détachés des arbres, les raisins cueillis, les racines mises en tas, les autres récoltes mises en meules, meulons, moyettes ou dizains.

Il n'est admis aucune assurance contre la Gelée, si les risques ne sont pas assurés préalablement contre la Grêle.

Cette garantie est soumise aux délais, conditions et conclusions fixés à l'article 11 ci-après.

TITRE III.

Exceptions et exclusions de l'Assurance

Art. 9. — Contre la mortalité du Bétail, la Société ne doit aucune indemnite pour les sinistres résultant de maladies ou d'accidents antérieurs à l'admission à l'assurance ; *ni pour les sinistres arrivés avant l'expiration d'un délai* de quinze jours pour les accidents et pour les maladies ; les délais prennent date de l'effet de la garantie.

Les ainmaux admis pendant le cours de l'Assurance, soit en remplacement de ceux sinistrés, vendus ou échangés, soit en augmentation de nombre, sont soumis aux mêmes délais.

La Société admet la garantie, pour les animaux déjà soumis à l'Assurance contre les sinistres provenant de la castration, pendant un délai de soixante jours, à charge par le sociétaire de donner avis à l'avance de l'opération, et de payer le supplément de cotisations prévu aux tarifs.

La Société ne doit aucune indemnité pour les animaux sinistrès avant d'avoir atteint l'âge de six mois, ni pour ceux ayant dépassé l'âge de quinze ans pendant le cours de l'assurance ; ceux ayant cet âge au moment du contrat ne peuvent être admis

La Société ne garantit ni contre les dépréciations causées par maladies ou accidents ; ni contre les sinistres résultant d'une opération qui n'a pas pour but la conservation de l'animal ; ni contre ceux provenant de manque de soins ou nourriture, ou de mauvais traitements, ou d'excès de travail, ou arrrivés par suite de l'emploi des animaux à une autre destination que celle indiquée par la police ou pendant cet emploi, ou survenus pendant un transport en chemin de fer ; ni contre les sinistres de mort ou d'abattage ayant pour causes des défauts ou vices rédhibitoires cachés ou apparents, quand même ces vices ou défauts seraient survenus pendant le cours de l'assurance.

La Société ne répond des sinistres causés au Bétail par l'Incendie ou par le feu du ciel, que s'il ost garanti par police spéciale à à cette Branche.

Art. 10. — Contre l'incendie, la Société ne garantit que les dommages causés par le feu. Elle ne doit aucune indemnité pour les sinistres arrivés dans les quarante-huit heures de l'effet de la police ; elle ne doit rien pour bris, frais de sauvetage, ni pour aggravations de dommages survenus depuis le sinistre.

La Société n'admet pas à l'assurance les effets de commerce ou billets de banque, les contrats de toute nature, les monnaies ou lingots d'or ou d'argent ou métaux précieux, les diamants, pierres et perles fines, les objets d'art, les tulles, dentelles, cachemires ; ni les usines ou fabriques à risques hasardeux ; ni les immeubles ou risques y tenant.

Art. 11. — Contre la grêle ou la gelée, la Société ne doit aucune indemnité pour les sinistres arrivés dans les quarante-huit heures de l'effet de la garantie ; elle ne doit rien pour frais de sauvetage ; elle ne garantit que les dommages causés par la chute matérielle des grêlons, ou par l'effet de la gelée sur les bourgeons, fruits, raisins, ou autres récoltes ; elle ne garantit qu'une récolte par an, que les dommages aient été causés par la grêle ou par la gelée ; elle ne doit aucune indemnité si les dommages ne dépassent pas le cinquième de la valeur de la récolte.

La Société n'admet pas à l'assurance les risques situés dans les régions ou localités, qui ont été grêlées plus de trois fois en dix ans, ou gelées pendant trois années consécutives, avec perte dépassant le cinquième de la récolte.

Art. 12. — **Exclusions Générales.** — Dans aucun cas, la Société ne garantit contre les sinistres provenant de la volonté ou du fait de sociétaire ou des personnes dont il est civilement responsable ; ni contre les dommages résultant de mesures ordonnées par l'autorité ; elle ne répond pas des objets ou animaux perdus, noyés ou volés, ni des sinistres ou dommages provenant de guerre, invasion, émeute, force militaire ou majeure quelconque, explosion de manufacture de poudre, d'artifico, de gaz ou détonation quelconque ; ni des sinistres causés par inondations, ouragans, trombes, météores, tremblements de terre.

TITRE IV

Etablissement du Contrat-Police

Art. 13. — Toute personne intéressée à se prémunir contre les pertes qui peuvent arriver dans les quatre branches d'assurances, peut être sociétaire.

L'assurance est constatée par un Contrat-Police établi et enregistré aux frais du sociétaire. Il est établi une police spéciale et séparée pour chaqne branche de l'assurance.

Art. 14. — La police doit comprendre obligatoirement tous les risques de même nature ou espèce appartenant au sociétaire dans la même commune.

L'administration a le droit de refuser l'admission de tout risques ou de toute partie de risque qu'elle ne jugerait pas devoir être admis à l'assurance, et sans être obligée de motiver son refus.

Les risques, de même nature ou espèces, non compris dans l'assurance, soit par exclusion, soit pour toute autre cause, doivent être inscrits et détaillés sur la police, mais sans indication de valeur.

L'assurance n'est valable et définitive qu'après son acceptation par la Direction.

Art. 15. — La police porte les noms, prénoms, profession, domicile du sociétaire, et la qnalité en laquelle il agit.

Elle indique, d'après les déclarations du sociétaire : la désignation exacte et détaillée des risques, leur usage ou leur emploi, la valeur pour laquelle ils sont soumis à l'assurance.

L'Administration peut exiger la mention sur la police de tous les renseignements qu'elle juge nécessaires.

La police est faite en double, et signée par le sociétaire et par le directeur ; elle doit porter le cachet de la Société.

Si le sociétaire ne sait pas signer, la mention en est inscrite sur la police et certifiée par la signature d'un témoin capable de s'engager et se portant fort pour le sociétaire.

Art. 16. — La police contre la mortalité du bétail doit comprendre tous les animaux de même espèce appartenant au sociétaire, et énoncer, pour chacun d'eux, le signalement, l'emploi, le régime de nourriture et la valeur marchande.

Pour l'espèce bovine seulement, l'assurance peut être faite en bloc, pour une valeur totale ou partielle, déclarée par groupe ou par étable.

Art. 17. — La police contre l'incendie indique le genre de construction et de couverture des bâtiments, leurs contiguités et la valeur déclarée. Pour les marchandises, outils et fourrages, elle énonce la nature, la quantité et la valeur déclarée par article ; elle indique pour les bestiaux : les espèces, le nombre de têtes de chacune d'elles et la valeur déclarée, enfin, pour les meules, elle indique les distances qui les séparent les unes des autres et des bâtiments, et aussi la valeur déclarée par meule.

Pour les risques locatifs, la police porte la valeur déclarée, qui doit être de quinze fois au moins la valeur du loyer. — Si elle est moindre, la perte sera partagée au centime le franc. — Pour le recours des locataires, la valeur garantie est inscrite d'après la déclaration du propriétaire.

Pour les risques de voisinage, la valeur est inscrite également d'après la déclaration du sociétaire. La garantie ne s'étend pas au delà des immeubles contigus à ceux soumis à l'assurance ; mais il peut être spécifié que, sur cette valeur déclarée, telle somme est affectée au risque de tel ou tel voisin.

Art. 18. — La police contre la grêle ou celle contre la gelée doit comprendre toutes les récoltes de même nature appartenant au sociétaire dans la commune, et elle indique le nombre de pièces de terre, leur situation comme territoire ou lieu dit, leur contenance en mesures légales, l'espèce de récolte, le nombre de pieds d'arbre ou de pieds de tabac et la valeur déclarée pour chaque risque.

Chaque année, le sociétaire doit fournir, avant le 1er mars, un état d'assolement des récoltes.

Art. 19. — Si, pendant le cours de l'Assurance, il survient un changement de situation, de destination, de valeur, une aggravation dans les risques assurés, ou s'il y a une augmentation de nombre ou de quantité, remplacement ou échange de risques de même nature, lesquels doivent être soumis de droit à l'Assurance, la déclaration doit en être faite par le sociétaire, dans le délai de trente jours, par lettre recommandée, adressée à la Direction, au siège social, à Paris, à peine de déchéance de tout droit à une indemnité, en cas de sinistre.

Art. 20. — L'Administration se réserve le droit de faire la vérification des risques soumis à l'assurance, toutes les fois qu'elle le jugera utile, et aussi d'exclure à toute époque les risques qui ne se trouveraient plus dans les conditions statutaires, et sans être tenue, pour cette exclusion, à aucune restitution sur les frais d'admission ou sur les cotisations perçues.

Art. 21. — Les inscriptions faites sur la police sont rédigées d'après les déclarations du sociétaire ; il est responsable de leur exactitude. En conséquence, ni les désignations des risques, ni les valeurs inscrites, ni les cotisations perçues, ne peuvent être invoquées par lui comme une reconnaissance ou une preuve de l'existence de ces risques ou de leur valeur au moment d'un sinistre.

Art. 22. — Tout sociétaire qui aura induit la Société en erreur, ou par réticence, ou par fausse déclaration, ou par fausse désignation sur les risques soumis à l'assurance, ou sur leur emploi, ou qui n'a pas déclaré et assuré la totalité des risques de même nature en sa possession, soit au moment de l'établissement de la police, soit pendant son cours, sera déchu de tout droit à une indemnité en cas de sinistre.

Art. 23. — Si les risques soumis à l'Assurance sont garantis par une Société ou une Compagnie, soit antérieurement à l'établissement du contrat, soit pendant son cours, le sociétaire est tenu de le déclarer, et la mention en est inscrite sur la police, et en cas de sinistre, la Société n'intervient que dans la proportion assurée par elle.

TITRE V

Durée du Contrat

Art. 24. — Le contrat prend date du jour de son admission et inscription au Répertoire général de la Société. Cette date est inscrite sur la police ; mais les délais pour l'effet de la garantie ne commencent à courir que dix jours francs après le paiement des frais d'admission, constaté par une quittance signée par le Directeur.

Art. 25. — L'Assurance peut être contractée pour la durée de la Société ; néanmoins, en se prévenant six mois à l'avance, conformément aux prescriptions de l'article 25 du décret du 22 janvier 1868, le sociétaire et la Société peuvent rompre le contrat à la fin de chaque période quinquennale, partant du 1er janvier qui suit la date de l'Admission de l'Assurance, le laps de temps à parcourir jusqu'à la fin de l'année de la signature du contrat ne comptant que dans la période. La dénonciation de rupture doit être faite par le Sociétaire au siège social ; il lui en est donné récépissé.

Art. 26. — Le contrat peut être résilié à toute époque par le sociétaire, en payant à la Société, à titre d'indemnité de résiliation, une somme égale à une année de cotisation, décomptée au maximum du tarif, indépendamment des cotisations de l'année en cours, qui sont toujours intégralement acquises à la Société dans tous les cas de cessation d'Assurance.

Art. 27. -- L'Assurance peut cesser aussi par suite de vente, donation ou partage de la totalité des risques assurés, à charge par le sociétaire ou ses représentants d'en faire la déclaration écrite, ou par lettre chargée, au siège social, à Paris. En ce cas, il est payé une indemnité de résiliation, comme elle est fixée à l'article 26.

Une vente, perte ou donation partielle, sans remplacement, doit être déclarée de la même manière, et de plus, dûment justifiée ; elle ne donne lieu qu'à une réduction du capital assuré et des cotisations, et l'indemnité est décomptée seulement sur la valeur des risques déduits de l'Assurance.

A défaut de déclaration et paiement de l'indemnité, le Contrat continue, et les cotisations sont dues jusqu'à la fin de la période en cours.

Néanmoins, si les nouveaux possesseurs des risques vendus, donnés ou partagés, consentent de prendre à leur nom la suite du Contrat et à l'exécuter, le sociétaire sera dispensé de payer l'indemnité prescrite.

Art. 28. — Le Conseil d'administration peut aussi, et sans qu'il y ait lieu à remboursement d'aucune somme perçue pour cotisations ou frais d'admission, déclarer au sociétaire, par lettre recommandée, que sa police est résiliée du jour où la notification lui en est faite : 1° après un ou plusieurs sinistres ; 2° pour mauvaise composition ou mauvaise tenue de ses écuries ou étables ; 3° pour toutes causes préjudiciables à la Société, telles que mauvais traitements, manque de soins ou nourriture, excès de travail, envers ses animaux, manque d'entretien des objets assurés, manœuvres déloyales, insolvabilité.

TITRE VI

Contributions. — Charges sociales

Art. 29. — L'année sociale ou Exercice annuel commence le premier janvier et finit le trente-et-un décembre.

Pour toutes les opérations de la Société et pour toutes les branches de l'Assurance, il n'y a qu'une seule caisse.

Art. 30. — Les tarifs annexés aux présents statuts fixent, par degrés de risques, le maximum de la contribution annuelle dont chaque sociétaire est passible. Ce maximum constitue le fonds destiné à faire face à toutes les dépenses sociales.

Le Conseil d'administration peut modifier les tarifs et les indications des tableaux de classement ne font pas obstacle à ce que l'Administration demeure juge de l'application de la classification à tout risque soumis à l'assurance.

Art. 31. — Tout sociétaire, lors de son entrée dans la Société, doit payer, à titre de prime et frais d'agence, une somme ne dépassant pas une annuité calculée d'après le maximum des tarifs applicables aux risques soumis à l'assurance. Il doit payer, en outre, cinq francs pour coût de police et frais de répertoire.

Cette prime d'admission est indépendante de la contribution pour cotisations ; elle ne se paye qu'une fois ; mais, en cas d'augmentation du nombre ou de la valeur des risques, il est payé un complément calculé de même d'après l'augmentation constatée par une police modificative.

Cette prime est versée au fonds de prévoyance destiné à pourvoir aux dépenses urgentes ou imprévues, sauf remboursement par le fonds de garantie ; elle est entièrement acquise à la Société et ne peut donner lieu à aucun remboursement en cas de diminution du nombre ou de la valeur des risques, ni en cas de résiliation ou cessation de l'assurance pour quelque cause que ce soit.

Art. 32. — La contribution à prélever sur le fonds de garantie, à titre de cotisations annuelles, est fixée pour chaque année sociale par le Conseil d'administration d'après un état établi par le Directeur et présentant le relevé des indemnités de sinistres, dépenses et frais généraux à la charge de l'exercice.

Ces cotisations sont décomptées d'après les déclarations inscrites sur la police, et elles sont dues pour l'année entière pour tous les risques soumis à l'assurance au premier janvier de l'année ; en cas de diminution du capital pendant le cours de l'année, quelle qu'en soit la cause, il n'y a lieu à aucune réduction pour cet exercice.

Par exception, pour la première année d'admission dans la Société, les cotisations sont décomptces par douzièmes pour le laps de temps à parcourir du premier jour du mois de la signature du contrat jusqu'au 31 décembre de l'année.

Il en sera de même pour les cotisations afférentes à tous les risques nouveaux soumis à l'assuranée pendant le cours de l'année, spécialement pour le bétail, à tout risque provenant soit d'augmentation, soit d'échange, soit de remplacement des animaux vendus on sinistrés.

Art. 33. — La portion du fonds de garantie non appelée par la répartition annuelle reste entre les mains du sociétaire, et elle constitue un fonds de réserve, sur lequel il ne peut être fait de prélèvement qu'en cas d'insuffisance du fonds de garantie de l'exercice. En tous cas, il ne pourra être prélevé, par année, plus de moitié des reliquats des cinq derniers exercices, ceux antérieurs étant acquis au sociétaire.

Si un sociétaire se retire à la fin de la période quinquennale, les cotisations de la dernière année sont décomptées et payées sur le taux du tarif maximum, et, par leur paiement, le sociétaire est libéré de toute répétition sur les reliquats non appelés.

Il en est libéré aussi par le paiement de l'indemnité de résiliation dans le cas où il cesse l'assurance, soit par suite de vente, donation ou partage de la totalité des risques, soit par résiliation volontaire de la police.

Art. 34. — Les cotisations se paient à terme échu ; l'avis de la répartition, indiquant le décompte et le montant de la somme à payer est adressé à chaque sociétaire dans la dernière quinzaine du mois de décembre.

Le paiement des cotisations annuelles doit être fait au siège social, avant le 15 janvier, soit en espèces, soit en un mandat-poste ou mandat à vue sur Paris, à l'ordre du Directeur. Il en est délivré une quittance à souche signée par le Directeur.

Dans le but de faciliter le recouvrement amiable des cotisations impayées dans le délai fixé, l'Administration pourra faire présenter la quittance au sociétaire en retard ; mais il devra payer en sus des cotisations les frais de retard et de recouvrement.

L'encaissement des cotisations ou primes d'admission opéré par la présentation des quittances ne pourra constituer une modification dans le mode de paiement statutaire au siège social.

Art. 35. — En tous cas, si le Sociétaire n'a pas payé sa part contributive avant le 31 janvier, le bénéfice de la garantie est suspendu de plein droit et sans qu'il y ait besoin d'aucune mise en demeure. Cette suspension de la garantie prend date du jour de l'échéance des cotisations, premier janvier de l'année en cours, et elle ne cesse qu'à l'expiration du dixième jour qui suivra la date de celui où le sociétaire se sera entièrement acquitté en principal et frais. Pendant cette suspension, le sociétaire n'a droit à aucune indemnité en cas de sinistre, et il n'en est pas moins tenu de participer à toutes les charges sociales.

Art. 36. — Les charges de la Société comprennent :

1° Les indemnités dues pour les sinistres ;

2° Les frais non recouvrés pour actions judiciaires, expertises, encaissement, correspondance, enregistrement, timbre, impôts, et toutes les pertes pour sommes impayées ou non-valeurs ;

3° Les frais et remises pour agences, courtages ;

4° Les jetons de présence, frais d'inspections, traitement et remises pour le Directeur, appointements et gratifications des employés et agents ;

5° Les frais d'impression et distribution des comptes-rendus, affiches, imprimés divers, polices, achats de registres et tous frais de bureaux ;

6° Les loyers des locaux occupés par les bureaux de l'Administration et le logement du Directeur ; les dépenses pour chauffage, et éclairage, les frais d'achat et d'entretien du mobilier des bureaux ;

7° Enfin, les dépenses de toute nature nécessitées par l'intérêt de la Société ou ordonnées par le Conseil d'Administration ou l'Assemblée générale.

TITRE VII

Justification et Règlement des Sinistres

Art. 37. — Si un accident, une maladie, un sinistre arrive dans le bétail, si un incendie survient, si un cas de grêle ou de gelée appréciable frappe les récoltes, le sociétaire doit en faire la déclaration au Maire de sa commune et en adresser l'avis dans les vingt-quatre heures à l'Administration, au siège social, à Paris. Pour chaque jour de retard à envoyer cet avis, le sociétaire subira une retenue de un dixième de l'indemnité qui pourrait lui revenir, et si ce retard dépasse huit jours, le sociétaire sera déchu de tout droit à une indemnité, tout en restant tenu de toutes ses obligations envers la Société.

La constatation du sinistre doit être faite au moyen d'un procès-verbal établi suivant les prescriptions et dans les délais spéciaux à chaque branche d'assurance.

L'Administration peut exiger toutes les pièces justificatives qu'elle juge nécessaires.

Tous les frais et honoraires pour l'établissement et l'envoi des procès-verbaux et pièces à produire sont à la charge du sociétaire.

Art. 38. — Pour le bétail, en cas de maladie ou accident, le sociétaire doit appeler immédiatement un médecin-vétérinaire, ou provisoirement, et seulement en attendant sa venue, un maréchal expert, et il est tenu de faire soigner et médicamenter à ses frais les animaux malades ou blessés.

Si le médecin-vétérinaire juge la maladie ou l'accident incurable, ou la mort inévitable, il en dresse procès-verbal, en la forme ci-après indiquée, et le sociétaire transmet immédiatement cette pièce à l'Administration, au siège social et par lettre recommandée.

L'Administration se réserve le droit d'apprécier les mesures de sauvetage à prendre.

Lorsque des mesures préventives ou hygiéniques auront été ordonnées par l'Administration ou lorsqu'en raison d'accidents, de maladies incurables, de maladies contagieuses, l'Administration aura prescrit la vente ou l'abattage d'un ou plusieurs animaux, le Sociétaire devra s'y conformer immédiatement. La vaccine est obligatoire pour les bêtes à cornes.

Le Sociétaire est tenu également d'exécuter les règlements sanitaires.

Toutes les clauses de cet article sont obligatoires à peine de déchéance de tout droit à l'indemnité.

Art. 39. — En cas de sinistre sur le bétail, la constatation doit être faite dans le plus bref délai par un médecin-vétérinaire, au moyen d'un procès-verbal énoncant le sexe, l'âge, le signalement de l'animal, la valeur marchande au moment où s'est produit la maladie ou l'accident ; la date, le lieu, les causes connues ou présumées du sinistre, et donnant tous les renseignements demandés dans le modèle arrêté par l'Administration ; il ne devra y avoir ni rature, ni surcharge.

Ce procès-verbal, signé par le vétérinaire, légalisé par le Maire, doit être transmis par lettre recommandée, et dans les vingt-quatre heures à l'Administration, au siège social, à Paris.

— En cas de retard de cet envoi, le sociétaire encourra la réduction ou la déchéance prescrite à l'article 37 ci-avant. — Si le sinistre provient de maladie charbonneuse, il doit être produit, en outre, un certificat de vaccine.

Art. 40. — En cas d'incendie, le sociétaire doit faire la déclaration du sinistre devant le juge de paix de son canton. — Une expédition de cette déclaration est transmise dans le plus bref délai, par lettre recommandée à l'Administration, au siège social, à Paris.

Le sociétaire est tenu de fournir l'état estimatif des dommages. Il est tenu de justifier, par tous les documents ou moyens en son pouvoir, l'existence et la valeur des objets au moment de l'incendie, ainsi que la valeur des dommages. — Il n'est dû aucune indemnité pour frais de sauvetage, ni pour aggravation de pertes résultant de manque de soins d'entretien des objets sauvés.

Si, dans les huit jours après le sinistre, à moins d'empêchement constaté, le sociétaire n'a pas adressé les deux pièces ci-dessus à l'Administration, il sera déchu de tout droit à une indemnité.

Art. 41. — Tout cas de grêle ou de gelée, ayant occasionné aux récoltes un dommage apparent et appréciable à plus d'un cinquième, doit être déclaré devant le Maire de la commune où se trouve le risque. — Une expédition de cette déclaration est transmise dans le plus bref délai, par lettre recommandée adressée à l'Administration, au siège social, à Paris. — Tout nouveau cas de grêle ou de gelée donne lieu à une nouvelle déclaration.

Si, dans les huit jours après le sinistre, le sociétaire n'a pas envoyé cette déclaration accompagnée d'un état approximatif des dommages dûment certifié, il sera déchu de tout droit à une indemnité.

Les vérifications ou expertises des dommages, causés aux récoltes par la grêle ou la gelée pourront toujours être ajournées par l'Administration à l'époque où ils peuvent être appréciés avec le plus de certitude.

Art. 42. — L'assurance ne peut jamais être une cause de

bénéfice pour l'assuré, qui ne peut être indemnisé que d'après la perte réelle qu'il a éprouvée. Si la valeur inscrite dans la police est supérieure à la valeur réelle de l'objet sinistré, l'indemnité n'est réglée que sur cette valeur réelle.

Art. 43. — Pour le bétail, l'indemnité est fixée d'après la valeur marchande au début de la maladie, ou au commencement de l'accident ou du sinistre.

Pour l'incendie, l'indemnité est fixée d'aprés l'estimation des dommages causés par le feu.

Pour la grêle ou pour la gelée, l'indemnité est fixée d'après l'estimation des dommages causés dans les récoltes seulement, et la Société ne garantissant pas le premier cinquième des valeurs inscrites, il n'est payé que l'excédent de ce cinquième, jusqu'à concurrence des quatre cinquièmes de la valeur déclarée.

Art. 44. — Il est toujours déduit de l'indemnité la somme retirée de la vente ou de la dépouille des animaux ou de la valeur des objets ou matériaux sauvés ou avariés. — Le sociétaire ne peut opposer aucun délaissement, ni total, ni partiel ; mais la Société se réserve le droit de revendiquer les animaux, objets ou risques pour le montant de leur valeur déclarée ou estimée.

Art. 45. — Lorsqu'il est accordé une indemnité par l'Etat, le département ou la commune, cette somme vient en déduction de celle fixée par le règlement du sinistre ; si la Société a déjà fait l'avance, le sociétaire doit en faire le remboursement.

Si les risques sont garantis par un ou plusieurs assureurs, sous quelque dénomination que ce soit, la Société paie seulement sa part d'indemnité au centime le franc de la valeur en garantie.

Art. 46. — Par son contrat-police, le sociétaire subroge la Société dans tous ses droits, recours, actions, contre toutes personnes et contre tous garants responsables du sinistre, à quelque titre que ce soit. Le sociétaire est tenu de remettre à la Direction tous les documents et pièces pouvant mettre la Société en état d'exercer son recours.

Art. 47. — Les sinistres sont réglés de gré à gré, s'il y a accord entre le sociétaire et l'Administration.

S'il n'y a pas entente, il est procédé à une expertise faite par deux experts désignés : l'un par le sociétaire, l'autre par la Société. Chaque partie supporte les frais de son expert.

En cas de dissidence entre les experts, il en est référé à un tiers arbitre désigné par les parties ou, à défaut, par le président du tribunal civil de l'arrondissement, et les frais de contre-expertise sont supportés, moitié par le sociétaire, moitié par la Société.

Art. 48. — Le paiement des indemnités dues pour sinistres est effectué immédiatement après le recouvrement des cotisations contributives, et, au plus tard, avant la fin du troisième mois de l'exercice suivant et conformément aux prescriptions des articles 36 et 38 du décret du 22 janvier 1868, et prélèvement fait d'abord des frais généraux.

Pendant le cours de l'exercice, il peut être accordé des à-comptes, soit en espèces, soit en valeurs au nom de la Société, sanf règlement définitif dans le délai ci-dessus.

Sur toute indemnité payée pour sinistre, le sociétaire doit verser cinq pour cent au fonds de prévoyance.

TITRE VIII

Administration de la Société

Art. 49. — La Société est représentée et administrée par une assemblée générale, un Conseil d'administration et un Directeur géneral (2° paragraphe de l'article 14 du décret réglementaire du 22 janvier 1868).

Les administrateurs et le directeur gnééral ne sont responsables que de l'exécution du mandat qui leur est donné ; mais ils ne contractent, en raison de leurs fonctions et gestions, aucune obligation personnelle ni solidaire des engagements de la Société.

Art. 50. — L'Assemblée générale est composée des quarante sociétaires ayant le plus fort capital soumis à l'assurance ; mais vingt au moins de ces sociétaires sont assurés contre la mortalité du bétail.

La liste des membres de l'Assemblée générale est arrêtée et

certifiée par le Conseil d'administration. — Ils sont avisés des réunions dix jours à l'avance par une lettre signée par le Directeur général ou par le président du Conseil d'administration. Les réunions ont lieu au siège social ou dans tout autre local choisi par l'Administration.

Chacun des Membres et l' Assemblée peut se faire représenter par un mandataire faisant lui-même partie de l'Assemblée; mais aucun Membre ne peut être valablement porteur de plus de deux pouvoirs, en sus du sien.

Art. 51.— Les fonctions de membres des Assemblées Générales sont gratuites ; néanmoins, il peut être alloué aux Membres présents des jetons de présence dont la valeur aura été fixée par une Assemblée Générale antérieure.

Art. 52. — Les réunions et les délibérations des Assemblées Générales sont soumises aux prescriptions des articles 17 à 20 du décret règlementaire du 22 janvier 1868.

Les lettres de convocation indiquent les questions qui seront soumises à l'Assemblée, et qui seules, pourront être mises en délibération. Cet ordre du jour est déterminé et arrêté par le Conseil d'Administration.

Art. 53. — Les Assemblées générales sont présidées par le Président du Conseil d'Administration, ou à défaut, par un Président élu par les membres de l'Assemblée. Les assesseurs sont les deux sociétaires ayant le plus fort capital assuré, présents et acceptants. Le Bureau ainsi constitué désigne son secrétaire.

Toutes les décisions sont prises à la majorité des voix, et, en cas de partage, la voix du Président est prépondérante. Les membres du bureau certifient par leur signature la liste de présence, ainsi que le procès-verbal de la délibération qui est transcrit sur un registre spécial.

Art. 54. — L'Assemblée générale annuelle se réunit le premier avril de chaque année ; si ce jour est férié, la réunion est remise au trois du même mois. L'Assemblée prend connaissance des comptes, inventaires et bilans arrêtés et présentés par le Conseil d'administration. Elle entend le rapport du ou des Commissaires sur la gestion de l'Exercice écoulée. Elle délibère et statue définitivement sur les comptes présentés. Elle décide souverainement sur toutes les propositions relatives aux intérêts de la Société, qui sont inscrites à l'ordre du jour de la séance.

Art. 55. — Le Conseil d'Administration est composé de cinq membres au moins, sept au plus ; ces Membres sont nommés par l'Assemblée générale et pris parmi les sociétaires ayant au moins deux mille francs de valeurs soumises à l'Assurance. La durée des fonctions est de six années. Si le Directeur général est sociétaire, il est de droit membre du Conseil d'Administration.

En cas de vacance parmi les membres du Conseil d'Administration, pendant l'intervalle entre deux Assemblées générales, le Conseil peut pourvoir au remplacement en appelant un sociétaire jusqu'à la prochaine Assemblée qui procède à l'élection définitive.

Art. 56. — Il est alloué aux membres du Conseil des jetons de présence, dont la quotité est fixée par l'Assemblée générale. Les frais de transport qui leur incombent pour se rendre aux séances leur sont remboursés.

Art. 57. — Les membres du Conseil choisissent parmi eux un président. Il se réunissent au siège social, sur la convocation du président ou du directeur général, toutes les fois que les intérêts de la Société l'exigent.

Les délibérations sont prises à la majorité des voix ; en cas de partage, la voix du président est prépondérante. Aucun membre ne peut voter par procuration. La présence de trois membres au moins est indispensable pour la validité d'une délibération.

Art. 58. — Le Conseil fixe les indemnités dues pour les sinistres justifiés. Il statue sur les sinistres litigieux ; il détermine sur les propositions du Directeur, les sommes nécessaires pour subvenir au paiement des frais généraux et appointements ou gratifications ; il fixe la contribution annuelle qui doit être appelée sur les fonds de garantie. — Il vérifie et arrête les comptes, inventaire et bilan établis par le Directeur pour l'année sociale écoulée, et il les présente à l'Assemblée générale.

Les délibérations du Conseil sont transcrites sur un registre spécial et signées par les membres présents.

Art. 59. — Le Directeur général est nommé par l'Assemblée générale, qui peut également le révoquer, mais seulement à la majorité absolue de vingt et une voix, et après l'avoir entendu.

En cas d'absence ou d'empêchement, le Directeur général est suppléé par un administrateur désigné par le Conseil d'administration. En prévision de cette suppléance, le Conseil peut, sur la présentation du Directeur, désigner d'avance un directeur-adjoint ou un secrétaire-général.

Le Directeur général assiste aux réunions du Conseil ; il a voix délibérative, s'il en est membre ; mais il s'abstient lorsque la délibération a pour objet des comptes ou des faits qui lui sont personnels.

Art. 60. — Le Directeur général reçoit un traitement fixe et annuel payable par fraction mensuelle et dont la quotité est déterminée par l'Assemblée générale. Il lui est alloué, en outre, dix pour cent sur toutes les recettes. Le coût des polices et frais de répertoire lui appartient.

Art. 61. — Le Directeur général est chargé de la gestion de toutes les affaires sociales ; il fait exécuter les décisions des Assemblées générales et du Conseil d'administration ; il signe tous les actes concernant la Société ; il peut ouvrir tout compte nécessaire aux opérations ; il peut engager, transiger, compromettre, donner tout désistement ou main-levée ; constituer tout mandataire ou représentant et lui donner procuration pour une action ou pour un temps déterminé.

Toute action judiciaire ou extra-judiciaire, tant en demandant qu'en défendant, est exercée au nom de la Société par le Directeur général, tant en première instance qu'en appel, devant tous les tribunaux judiciaires ou administratifs.

Art. 62. — Le Directeur général dirige et réglemente tous les services ; il nomme et révoque tous les agents et employés ; il détermine leurs fonctions ; il fixe leur traitement, remises ou gratifications ; il délivre et signe les polices, les quittances, les résiliations, les baux de location, la correspondance. Il établit les règlements des indemnités de sinistres et les soumet au Conseil d'administration. Il éffectue les recettes et les dépenses et fait tenir tous les registres nécessaires. Il fait établir, pour chaque exercice, les inventaires, états de recettes et dépenses, et bilan, et les présente au Conseil, qui les arrête.

TITRE IX

Attributions de juridiction, modifications, publications

ART. 63. — En raison de l'élection de domicile à Paris, faite en l'article deux des présents statuts, expressément acceptée et consentie, toutes les contestations entre les sociétaires et la Société, soit à raison du contrat ou de son exécution, soit pour le recouvrement des cotisations, primes d'admission, frais d'expertise, ou toute autre somme due à la Société par les sociétaires, seront portées devant les justices de paix de Paris ou déférées aux Tribunaux civils et Cours d'appels de la Seine, seules juridictions reconnues compétentes d'après le présent contrat.

ART. 64. — Tous les changements ou modifications aux présents statuts devront être délibérés en assemblée générale, spécialement convoquée à cet effet et conformément aux prescriptions de l'article 20 du décret du 22 janvier 1868. Après leur adoption par la dite assemblée, ils seront obligatoires pour tous les sociétaires.

Tout changement ou modification exigé légalement par les autorités compétentes, est également obligatoire.

ART. 65. — Les présents statuts seront déposés et publiés conformément aux prescriptions des articles 38 et 41 du décret réglementaire du 22 janvier 1868. A cet effet, tous pouvoirs sont donnés au porteur de toute expédition ou extrait.

ANNEXE IV

LA FLUVIALE

Société d'Assurances Générales Mutuelles à Cotisations fixes

CONTRE LES INONDATIONS ET AUTRES RISQUES DE COURS D'EAU

Constituée conformément à la loi du 24 juillet 1867
et du décret du 22 janvier 1868

Siège Social à Toulouse : 7, Allée Lafayette

CONSEIL D'ADMINISTRATION :

MM. C. TAILLAVIGNES, Chevalier de la Légion d'honneur, Officier du Mérite agricole, Ingénieur agronome.

P. de FERRÉ, membre de la Société d'Apiculture, Propriétaire à Calmont (Haute-Garonne).

MM. P. MERLIN, Docteur en Médecine, Propriétaire à Toulouse (quartier de Saint-Cyprien).

C. MONTAGNÉ Fils, Propriétaire au domaine de Camens (Aude), membre de Syndicat agricole.

J. REY, ancien Élève de l'Ecole Polytechnique, Ingénieur civil.

Commissaire Censeur : M. J. DUPRAT, ancien Négociant, Propriétaire

Directeur Général :
M. J.-B. DASSIEU, Fonctionnaire de l'État en retraite

STATUTS

Article premier. — Il est formé une société d'assurances mutuelles à cotisations fixes entre les personnes qui ont adhéré et celles qui par la suite adhéreront aux présents Statuts.

a. — La Société prend pour titre : *La Fluviale*, Société d'assurances générales mutuelles, à cotisations fixes, contre les inondations et autres risques de cours d'eau.

b. — Le siège social est fixé à Toulouse.

Il pourra être transféré dans toute autre ville, par décision de l'Assemblée générale.

c. — La Société est administrée par un Directeur nommé par l'Assemblée générale et assisté par un Conseil d'administration. Le contrôle et la surveillance sont exercés conformément aux articles 22 et 23 du décret du 22 janvier 1868, par des Commissaires censeurs, nommés annuellement par l'Assemblée générale.

d. — La Société peut donner et prendre des réassurances. Ses opérations s'étendent à toute la France, ses colonies et à l'étranger. Sa durée est de trente années, à partir du jour de sa constitution.

Elle pourra être prorogée par délibération de l'Assemblée générale des sociétaires.

Art. 2. — La Société a pour but de garantir tous objets exposés à l'inondation : récoltes sur pied, coupées, en meules, ou en grange ; légumes, plantes, immeubles, usines et constructions de toute espèce, bestiaux, meubles, marchandises, etc.

a. — L'assurance des prairies naturelles et artificielles comprend toutes les coupes de l'année pourvu que l'assuré indique dans sa police le rendement qu'il affecte à chaque coupe. En l'absence de toute indication, la première coupe seule est assurée.

b. — La Société peut aussi garantir, suivant tarif spécial, les dégradations de terrain. Ces garanties s'étendent exclusivement aux sinistres produits par les inondations dues aux débordements des fleuves, rivières ou cours d'eau, et à la rupture de digues, chaussées, canaux, murs et ouvrages quelconques construits pour maintenir les eaux. Par suite, elle ne sera tenue à aucune indemnité pour dégâts occasionnés par trombes, pluies et irrigations ou arrosages naturels.

c. — Elle assure encore, suivant un tarif spécial, les bateaux amarrés et constructions analogues et leur contenu, contre les bris et fractures produits par le choc des glaçons ou par les trains de bois.

Art. 3. — Toute personne intéressée directement ou indirectement à la conservation des objets que la Société assure peut être admise comme membre de la Société.

a. — La demande d'admission se fait au moyen d'un acte d'adhésion-police aux présents statuts ; il énonce : 1° les nom, prénoms, profession et domicile du proposant ; 2° la qualité en laquelle il agit ; 3° un état estimatif et détaillé des objets à assurer ; 4° la déclaration déterminant le nombre de sinistres qu'a éprouvés depuis dix ans le sol sur lequel se trouve le risque proposé, et l'étiage des eaux au moment de la signature de l'adhésion.

b. — Chaque sociétaire est assureur et assuré à partir du jour de l'admission de son assurance. La Société exclut toute solidarité entre ses membres ; chacun d'eux, en tout état de cause, ne supporte que la cotisation à laquelle donne lieu la valeur qu'il a assurée.

c.—L'adhésion-police doit être signée par le proposant, et, s'il ne sait ou ne peut signer, par une personne se portant fort pour lui, ou deux témoins ; elle est aussi signée par l'Agent général. Si l'adhésion-police est admise par le Directeur général, un double est délivré à l'adhérent. La remise de cette police valide le contrat et les assurances admises produisent leur effet le lendemain à midi du jour de l'admission. Toutefois, les assurances contractées durant une période de crue ne pourront, dans aucun cas, produire leur effet que du jour où la crue aura cessé et où les eaux seront revenues dans leur lit et à leur étiage normal.

d. — Le prix de la police est de 2 francs, celui de l'avenant 1 franc. Les polices souscrites pour moins de cinq ans subissent une augmentation d'un dixième de la cotisation annuelle. Les assurances sont contractées soit pour le temps fixé par la police, soit pour la durée de la Société. Chaque exercice commence le 1er janvier et finit le 31 décembre. Quelle que soit la date de la police, l'année pendant laquelle elle commence à produire son effet compte pour un exercice. Dans le cas d'assurance pour toute la durée de la Société, celle-ci ou le sociétaire peuvent rompre l'assurance à la fin de chaque période de cinq ans, en se prévenant réciproquement au moins six mois à l'avance. Dans tous les cas où un sociétaire a le droit de demander la résiliation, il peut le faire au siège de la Direction ou chez un des agents généraux de la Société, soit par acte extra-judiciaire, soit par une déclaration signée par lui sur un registre spécial. Il lui en sera délivré récépissé. La déclaration de la Société sera notifiée à l'assuré par lettre recommandée.

Art. 4. — Pour faire face aux charges sociales, chaque sociétaire est tenu au paiement d'une cotisation annuelle qui varie selon l'importance, la situation et la nature des objets assurés, et d'après le nombre d'inondations qu'a subies depuis dix ans le sol sur lequel se trouvent les objets assurés. Le Conseil d'administration demeure juge soit de l'application du tableau de classification à tout risque proposé, soit même de l'anmissibilité de ce risque ; il n'est pas tenu de faire connaître les motifs de refus. Les cas non prévus seront classés par le dit Conseil, d'après leur analogie avec les cas prévus.

a. — En cas de sinistre, il n'y aura pas de règlement pour toute propriété, parcelle ou objet qui n'aura pas été spécialement désigné par la police ; toute réticence, toute fausse déclaration de la part de l'assuré qui dénaturerait l'opinion du risque annule l'assurance. L'assurance est nulle, même dans le cas où la réticence ou la fausse déclaration n'aurait pas influé sur le dommage ou sur la perte de l'objet assuré.

b. — En cas d'augmentation, de diminution ou de changements quelconques dans la nature du risque, l'assuré est tenu, sous peine de déchéance, d'en faire la déclaration au siége social, qui le constate par avenant.

c. — En cas de décès de l'assuré, l'assurance continue de plein droit au profit de ses héritiers. En cas de vente, de donation, de cession ou de location des propriétés ou objets assurés, le sociétaire doit imposer à son acquéreur, donataire, cessionnaire ou locataire, l'obligation de continuer sa police et d'en suivre l'exécution à son profit, à moins qu'il ne préfère payer à la Société, à titre d'indemnité, une somme égale au montant de la cotisation d'une année, sans préjudice de celle en cours.

d. — L'engagement cesse de plein doit : 1° par la résiliation du bail d'un fermier; 2° par la destruction totale des objets en vue desquels l'assurance avait été contractée. Néanmoins, le sociétaire est tenu d'en justifier par lettre recommandée à la Direction générale et de payer, à titre d'indemnité, à la Société, une somme égale à la cotisation d'une année, sans préjudice de celle de l'année dans laquelle la déclaration a été faite.

e. — Faute des déclarations précitées et de leur mention par un avenant, le sociétaire, ses représontants ou ayant-cause n'ont droit, en cas de sinistre, à aucune indemnité.

Art. 5. — Tout sinistre doit être dénoncé à la Direction générale dans les sept jours, sous peine de déchéance.

a. — L'assurance ne peut jamais être une cause de bénéfice ; l'assuré ne peut être indemnisé que des pertes réelles qu'il a éprouvées. L'estimation faite au moment de l'assurance ne peut servir que de renseignement pour l'appréciation du dommage. L'indemnité est fixée d'après la valeur des objets au moment du sinistre. La Société aura le droit de rétablir les lieux et de remplacer les objets détruits.

En cas de perte totale, les dommages ne pourront être réglés à plus de dix-huit vingtièmes sur les vignes, céréales et fourrages, et dix-sept vingtièmes sur les tabacs, immeubles, bateaux amarrés, mobiliers, marchandises, houblons, oseraies, pépinières, plants ou fleurs.

Dans aucun cas la Société ne pourra payer, à titre d'indemnité, dans le cours d'une même année, une somme supérieure à celle assurée.

b. — Est déchu de tout droit à indemnité celui qui aura fait avant constatation ou expertise, des travaux ne permettant plus de reconnaître l'importance des dommages.

La Société fixera elle-même le jour de l'estimation des dommages, et, si elle le juge convenable, elle pourra provoquer une constatation provisoire. Les pertes sont estimées de gré à gré par un envoyé de la Société ou par deux experts qui seront choisis l'un par le sociétiare, l'autre par la Société. En cas de désaccord, ils s'adjoindront un troisième expert qu'ils désigneront eux-mêmes, ou qui, faute par eux de s'entendre, sera nommé, sur la demande de la partie la plus diligente, par M. le Président du Tribunal civil de l'arrondissement où le sinistre a eu lieu. La Société et le sociétaire payeront chacun leur expert; le tiers-expert sera payé par moitié.

Ne pourront être pris pour experts les parents, alliés, employés ou salariés du sociétaire, non plus que les assurés de la Société résidant dans la même commune que le sociétaire. Les experts sont dispensés de toute formalité judiciaire, ainsi que du serment ; ils ont tous pouvoirs pour s'entourer des renseignements qui leur seront nécessaires.

c. — L'assuré est tenu de fournir à la Société, dans les dix jours du sinistre, tous les documents qu'il peut posséder, et un état estimatif et détaillé des objets détruits, avariés ou sauvés, ainsi qu'un extrait de la matrice cadastrale s'il y a lieu.

Si la valeur réelle des objets assurés est supérieure à celle indiquée par la police, le sociétaire est son propre assureur pour la différence. Si un nouveau sinistre survient après un premier règlement, les experts seront libres d'annuler la première expertise et d'évaluer l'ensemble des dommages ou de maintenir le premier règlement, et de ne déterminer que le dommage supplémentaire, lequel ne portera que sur la valeur ou le rendement restant après les sinistres antérieurs.

Le sociétaire est tenu, après chaque sinistre et jusqu'à l'expertise, de donner aux objets sinistrés les soins habituels et de veiller en bon père de famille à leur conservation.

d. — Spécial aux récoltes, — Si le sinistre se produit à une époque qui permette de semer ou planter une autre récolte et qu'il y ait intérêt pour la Société à le faire, le sinistré devra s'entendre avec la Direction générale pour semer ou replanter une autre récolte, et après ce travail fait par l'assuré, il devra envoyer son compte de travaux et semences à la Société pour être vérifié et passé au compte des sinistres de l'année.

Pour les vignes, les fruits seuls sont assurés pendant les phases de leur formation et de leur développement ; le déracinage des souches et les dégradations de terrain peuvent aussi être garantis par stipulation spéciale dans la police et moyennant une surprime.

Tout sinistre n'occasionnant pas sur chaque parcelle ou fraction de cinquante ares une perte de deux vingtièmes, ne donnera droit à aucune indemnité.

e. — Spécial aux dégradations de terrains. — L'indemnité à payer par la Société pour les dégradations de terrain, enlèvement de digues, ensablement. engravement, ne pourra dans aucun cas excéder 6 francs par mètre cube ne digue à remplacer, et 6 francs par mètre cube de sable ou matériaux à enlever.

f. — L'indemnité due pour les sinistres est payée sur les fonds disponibles dans le mois qui suit la clôture des opérations de l'exercice écoulé.

Lorsqu'il est accordé par l'Etat, le departement, la commune ou des syndicats quelconques, une indemnité, gratification ou un secours à l'assuré sinistré, la somme accordée doit être déclarée immédiatement à la Société, qui en passe écritures comme sauvetage, et la différence est portée au compte des sinistres. Si la Société a réglé le sinistre auparavant, le sociétaire doit rembourser à la Société.

g.—Toutes les cotisations, même celles des exercices antérieurs qui n'auraient pu être recouvrées en temps utile pour la clôture de l'exercice en cours, appartiendront à l'exercice pendant lequel elles auront été recouvrées. Le payement de l'indemnité a lieu, à la charge par l'assurè de subroger la Société dans tous ses droits contre tous auteurs responsables du sinistre. En cas d'insuffisance des cotisations et de la moitié du fonds de réserve, l'indemnité de chaque ayant-droit est diminuée au centime le franc. Sur chaque indemnité de sinistre, il sera retenu 5 % pour la caisse de réserves.

La Société se réserve la faculté de résilier en tout ou en partie les assurances de tout sociétaire qui aurait éprouvé un ou plusieurs sinistres.

Le Conseil d'administration a toujours le droit de provoquer la vérification et la revision des valeurs assurées.

Si l'assuré ce consent pas aux modifications résulant de la revision, l'assurance peut être résilliée par le Conseil d'administration, et notification en est faite par acte extra-judiciaire ou par lettre recommandée.

Art. 6. — Toute action contre la Société devra être intentée dans les cinquante jours de la contestation, à peine de déchéance. Toutes contestations de quelqne nature qu'elles soient, seront jugées au siège de la Société, sauf stipulation contraire prévue dans la police .

a. — Toute somme ne sera valablement payée que si elle figure sur une quittance extraite d'un livre à souche, et signée du Directeur ou de son fondé de pouvoir et de l'administrateur délégué.

En sus du timbre et de la police, il est perçu un droit fixe annuel de 50 centimes par police pour frais d'administration et répertoire, et 5 0|0 pour frais d'encaissement des cotisations.

b. — Les cotisations sont payables chaque année, contre quittance, au domicile indiqué par l'assuré dans la police et par le moyen que la Société jugera utile. savoir :

1· Pour les immeubles, mobiliers, marchandises, bateaux amarrés, dégradations de terrain ; pour la première année, comptant contre la remise de la police ; pour les années suivantes, le premier septembre ;

2· Pour les récoltes de toute nature, à l'exception des vignes et tabacs, le premier octobre de chaque année ;

3· Pour les vignes . le quinze novembre ;

4· Pour les tabacs, à leur livraison.

Faute de payement à présentation, le bénéfice de l'assurance est suspendu sans mise en demeure quelconque, et l'assurance ne reprend son effet que quarante-huit heures après le payement effectué. Nonobstant la suspension du bénéfice à l'assurance. le sociétaire peut être poursuivi par la Société. Celle-ci peut, à son gré. notifier au sociétaire, par lettre recommandée, la résiliation de sa police. Tous les frais de poursuite restent à la charge du sociétaire.

Art. 7. — Pour subvenir aux frais de premier établissement et de fonctionnement de la Société jusqu'à ce qu'ils soient amortis d'après le mode qu'adoptera l'assemblée générale, conformément à l'article 14, *b*, des Statuts et pour constituer un premier fonds de roulement, il pourra être créé un capital de fondation par l'émission de bons au porteur dits « Bons de Fondateurs » jusqu'à concurrence de cinquante mille francs. Ces bons jouiront d'un intérêt annuel de 5 0|0 à prendre sur les cotisations annuelles avant tout autre payement.

Art. 8. — La Société a un fonds de garantie et un fonds de

réserves. Le fonds de garantie est constitué par les cotisations annuelles auxquelles chaque sociétaire est tenu à titre de contribution aux charges sociales.

a. — Le fonds de réserves est constitué par la partie disponible des excédents et par le prélèvement prévu dans l'article 5 *g* des statuts. Il est destiné à parer à l'insuffisance du fonds de garantie pour le payement des sinistres, sans que toutefois il puisse en être prélevé plus de la moitié pour un même exercice.

Le montant du fond de réserve est fixé tous les cinq ans par l'Assemblée générale. Les fonds de réserves sont placés en rentes sur l'Etat ou valeurs garanties par l'Etat. obligations du Crédit foncier de France ou des Compagnies de chemins de fer, au nom de la Société. Ces valeurs pourront être déposées, au nom de la Société, dans une Caisse publique désignée par le Conseil d'administration et sous sa surveillance.

b. — Le fonds de réserves étant un fonds collectif, nul ne peut, en se retirant de la Société, en exiger une part. En cas de dissolution, ce fonds, toutes charges et frais de liquidation payés, appartiendra à tous les sociétaires existant au moment de la dissolution et dont les polices remonteront au moins à cinq ans. Ce compte devra être soumis à l'approbation du Ministre compétent.

Art. 9. — Les charges sociales sont : les sinistres, les frais de sauvetage, d'expertise, de timbre, de patente et tous autres droits d'impôts ou d'enregistrement relatifs à la gestion des affaires de la Société, les frais de poursuites et d'action judiciaire, les jetons de présence et de déplacement aux administrateurs, les non-valeurs, les frais d'inspection, la rémunération annuelle des commissaires-censeurs, les remises et frais alloués aux agents et courtiers, les frais d'imprimés, l'intérêt à servir aux « Bons de Fondateurs », le forfait du Directeur et généralement toutes les dépenses et frais non prévus à l'article 10 *b* des Statuts.

Art. 10. — La Société est représentée par l'Assemblée générale et administrée par un Directeur général assisté d'un Conseil d'administration. L'Assemblée générale nomme le Consei d'administration, le Directeur général et les Commissaires-censeurs. Le Directeur général assiste avec voix consultative aux réunions du Conseil d'administration et de l'Assemblée générale.

a. — Le Directeur général est chargé de la gestion des affaires courantes de la Société, de l'exécution des statuts et des décisions prises par l'Assemblée générale et le Conseil d'administration. Il signe la correspondance et tous actes relatifs aux affaires courantes ; il signe les polices avec un administrateur délégué ; il exerce les actions judiciaires et est investi de tous pouvoirs à cet effet ; il nomme et révoque tous agents, inspecteurs, experts ou employés, règle leurs attributions et fixe leurs émoluments ; il effectue le payement des sinistres et de toutes les dépenses sociales ; en résumé, il a les pouvoirs les plus étendus pour l'administration de la Société.

b. — Le Directeur général prend à sa charge les frais de bureau, de correspondance, de loyer, les traitements des employés de la Direction, y compris son traitement et celui du sous-directeur, la fourniture et l'entretien du mobilier qui demeure sa propriété, le chauffage et l'éclairage.

Art. 11. — La Société alloue de son côté au Directeur général et l'autorise à prélever pour subvenir aux dépenses détaillées plus haut :

1° Dix-sept pour cent du montant des cotisations nettes annuelles, déduction faite de tous droits de timbre ou autres ;

2° Deux francs par police ; un franc par avenant ; cinquante centimes pour frais d'administration et de répertoire ; cinq pour cent pour frais d'encaissement des cotisations annuelles.

Ces frais et ces allocations forment entre la Société et le Directeur général un traité à forfait avec ses charges et bénéfices éventuels. Il peut y intéresser des tiers à tel titre qui lui convient.

a. — M. Baptiste Dassieu, fonctionnaire de l'Etat en retraite, est nommé Directeur général pour la durée de la Société, sauf ratification par l'Assemblée générale dans sa première réunion. Il pourra s'adjoindre un sous-directeur, fondé de pouvoirs, dont il sera entièrement responsable. Le Directeur général possédant son mandat de l'Assemblée générale ne pourra être suspendu par le Conseil d'administration que pour malversation et faute grave. Il ne peut être révoqué que par l'Assemblée générale et pour les mêmes causes.

Pour que la délibération du Conseil d'administration suspendant le Directeur général soit valable, tous les administrateurs devront assister à cette délibération, et elle devra être prise à la majorité des trois quarts des voix.

En cas de difficulté, les adhérents faisant partie de l'Assemblée générale seront convoqués par la partie la plus diligente. Le Directeur général ne contracte, à raison de ses fonctions, aucune obligation personnelle ni solidaire ; il répond seulement de sa gestion ainsi qu'elle est définie par les présents statuts.

b. — En cas d'absence, le Directeur pourra se faire remplacer par un fondé de pouvoirs dont il restera responsable. En cas de décès ou démission, un administrateur délégué sera chargé de la direction de la Société jusqu'au moment où l'Assemblée générale aura pourvu à son remplacement. Le Directeur général peut être astreint à un cautionnement dont la valeur ne pourra être supérieure à cinq cents francs par chaque million de capitaux assurés. Les valeurs qui le constitueront devront être agréées par le Conseil d'administration. Le Directeur provisoire ou le nouveau Directeur général seront tenus de respecter les engagements ayant trait aux affaires de la Société contractées envers les tiers par leur prédécesseur.

Art. 12. — L'Assemblée générale représente l'universalité des sociétaires et se réunit d'obligation, au moins une fois par an avant le 1er mars. sans préjudice des convocations qui peuvent être ordonnées par le Conseil d'administration ou par le Directeur général. Elle est composée de vingt sociétaires choisis parmi les plus forts assurés, et, en outre, des membres du Conseil d'administration quel que soit le montant de leurs valeurs assurées à la Société : la liste en est arrêtée par le Directeur général et l'administrateur délégué. Les sociétaires appelés à constituer l'assemblée générale sont prévenus individuellement par lettre missive ou par insertion dans un journal du département, et dix jours d'avance, du jour de la réunion. Ils peuvent se faire remplacer par d'autres sociétaires ; mais nul ne peut être porteur de plus de deux mandats. L'assemblée générale n'est valablement constituée que par la présence du quart de ses membres ; à défaut de ce nombre, il est procédé à une nouvelle convocation dans la quinzaine. Alors, quel que soit le nombre des présents, l'Assemblée générale peut délibérer, mais seulement sur les objets mis à l'ordre du jour de la convocation précédente. L'ordre du jour est arrêté par le Conseil d'administration, d'accord avec le Directeur général.

a. — L'Assemblée générale élit chaque année son bureau : le Président, le Secrétaire, les deux plus forts assurés présents remplissent les fonctions de scrutateurs. Les délibérations sont prises à la majorité absolue des voix des membres présents ; en cas de partage, la voix du Président est prépondérante. L'Assemblée générale entend dans sa réunion annuelle le compte rendu par le Conseil d'administration et les commissaires censeurs des affaires de la Société et les résultats de l'exercice courant ; elle arrête définitivement les comptes annuels. Les délibérations sont inscrites sur un registre tenu à cet effet et signées par le Président et le Secrétaire.

b. — Par dérogation spéciale, la convocation de la première Assemblée générale pourra être faite quarante-huit heures seulement avant la réunion.

c. — L'Assemblée générale annuelle désigne un ou plusieurs Commissaires, sociétaires ou non, chargés de faire un rapport à l'Assemblée de l'année suivante sur la situation de la Société, sur le bilan et sur les comptes présentés par le Conseil d'administration et fixe leur rémunération. Les commissaires n'encourent en raison de leurs fonctions aucune responsabilité.

Art. 13. — Le Conseil d'administration est composé de neuf membres au plus et de cinq membres au moins nommés par l'Assemblée générale et ayant au moins chacun 1,000 francs de valeurs assurées. Ils doivent être pris, autant que possible, dans un rayon rapproché du siège de la Société. Ils sont nommés pour quatre ans et sont rééligibles. Le Conseil ne peut délibérer, s'il ne réunit au moins trois de ses membres. Ses décisions sont prises à la majorité des voix ; en cas de partage, la voix du Président est prépondérante. Chaque année, dans la première réunion qui suit l'Assemblée générale, le Conseil d'administration nomme un Président et un Secrétaire ; il peut nommer un vice-président, s'il le juge convenable. Ils peuvent être réélus. Le Conseil d'administration se réunit chaque fois que les intérêts de la Société l'exigent. En cas de démission ou de décès d'un ou plusieurs de ses membres, le Conseil d'administration pourvoit à son remplacement ainsi qu'à toute nomination nouvelle jusqu'à la prochaine Assemblée générale. Il désigne dans son sein un Administrateur délégué chargé, conjointement avec le Directeur, de la signature des polices et quittances et de la surveillance des affaires courantes. Le Conseil d'Administration fixe chaque année, sur la proposition du Directeur, au centime le franc, l'indemnité revenant à chacun des sociétaires sinistrés. Il reçoit de la direction le compte annuel des recettes et dépenses, il le vérifie et le soumet à l'approbation de l'Assemblée générale ; il statue sur les réclamations des sociétaires et sur toutes les affaires de la Société dans la limite des Statuts. Sur la proposition du Directeur général, le Conseil d'administration détermine le mode de placement des sommes appartenant au fonds de réserves ; en cas de besoin, il autorise le Directeur, et dans les limites prévues par les Statuts, à prendre sur le fonds de réserves les sommes nécessaires au payement des sinistres. Le retrait, l'aliénation, le transfert et la conversion en titres au porteur des titres formant le fonds de réserve, ne pourront s'effectuer qu'en vertu d'une délibération du Conseil d'administration, qui déléguera un de ses membres pour signer conjointement avec le Directeur général.

Les décisions sont constatées par des arrêtés consignés sur le registre des délibérations. Les membres du Conseil d'administration ne sont responsables que de l'exécution du mandat qu'ils ont reçu. Ils ne contractent, à raison de leur gestion, aucune obligation personnelle ni solidaire relativement aux engagements de la Société. Les fonctions des membres de l'Assemblée générale et du Conseil d'administration sont gratuites ; ils ont seulement droit à des jetons de présence, à chaque réunion à laquelle ils assistent, sauf en ce qui concerne les membres du Conseil d'administration, qui sont remboursés de leurs frais de voyage.

Art. 14. — La Société ne sera valablement constituée que par l'adhésion aux Statuts de six personnes au moins, par la soumission à sa garantie de 40,000 francs de capitaux, par le versement du cinquième du montant des cotisations afférentes à ces capitaux, et par l'accomplissement des formalités exigées par la loi pour sa constitution.

Exceptionnellement, le premier exercice, qui commencera le 1er janvier 1898, comprendra la portion d'année entre le jour de la constitution définitive et le 31 décembre 1897.

a. — Tous changements aux présents Statuts devront être délibérés en Assemblée générale ; cette Assemblée devra réunir au moins la moitié de ses membres, présents ou représentés, pour délibérer valablement. Les changements adoptés deviendront obligatoires pour tous les sociétaires. La prorogation de la Société sera votée de la même manière.

b. — Le compte des frais de premier établissement avancés au moyen des « Bons de Fondateurs » sera établi par le Directeur général et approuvé par le Conseil d'administration, qui le soumettra à l'Assemblée générale, qui l'arrêtera définitivement et déterminera le mode de remboursement.

En cas de dissolution ou si la Société n'était pas prorogée à l'expiration du terme fixé pour sa durée, l'Assemblée générale des sociétaires statuera sur la marche à suivre, nommera tous liquidateurs, arrêtera définitivement les comptes de l'Administration et fixera les frais de liquidation à la charge de la Société ; les polices sont résiliées de plein droit à partir de ce moment.

c. — Les présents Statuts seront publiés conformément à la loi, et tous pouvoirs sont donnés à cet effet aux porteurs de tous extraits ou expéditions.

L'Assemblée générale du 15 mars 1899 a apporté les modifications suivantes aux Statuts : 1° à l'article 2, il est ajouté : B.

bis, « Tous les risques endigués ne sont garantis qu'à la condition que les eaux passent par-dessus les digues, et non lorsqu'elles sont amenées à inonder les dits risques par fossés, canaux d'écoulements, barrages non entretenus en bon état de fermeture, ou rupture de digues non assurées ».

A l'article 12, 1er mars est remplacé par : 1er avril ; même article 12 les trois mots : « choisis parmi les » sont supprimés.

BIBLIOGRAPHIE

1° Ouvrages

Chaufton Albert. — Les Assurances, leur passé, leur présent, leur avenir ;2 vol. Paris 1884-1886.

Hamon Georges. — Histoire générale de l'Assurance en France et à l'Etranger ; Paris 1897.

Cauwès Paul. — Cours d'économie politique ; 4 volumes. Paris 1893.

Bry Georges. — Cours élémentaire de législation industrielle ; Paris 1895.

Say Léon. — Le Socialisme d'Etat ; Paris 1884.

Jannet Claudio. — Le Socialisme d'Etat et la Réforme sociale; Paris 1889.

Blondel Georges. — Etudes sur les populations rurales de l'Allemagne ; Paris 1897.

Laugier Emmanuel. — Du Nauticum fœnus. — Des Assurances terrestres ; Th. Grenoble, Paris 1863.

Beaurredon (l'Abbé). — Voyage agricole chez les anciens, ou l'Economie rurale de l'antiquité ; Paris 1898.

Hettier Charles. — Des Assurances terrestres ; Th. Caen, Caen 1867.

Rivière Gabriel. — Des Assurances terrestres ; Th. Toulouse, Toulouse 1855.

Gay Alfred. — Du prêt à la grosse. — Du contrat d'assurances terrestres ; Th. Toulouse ; Toulouse 1868.

Philouze Paul-Hilarion. — Des Assurances terrestres ; Th. Rennes, Rennes 1861.

Allaërt Eugène. — De nautico fœnore. — Des Assurances terrestres ; Th. Douai, Douai 1868.

Le Hardy G. — Des Assurances terrestres et de leur origine ; Th. Caen, Caen 1857.

Chorel André. — De l'Assurance par l'Etat ; Th. Lyon, Saint-Etienne 1897.

Blum Albert. — Des Assurances sur la vie ; Th. Nancy, Nancy 1877.

Clément René. — Des Assurances mutuelles ; Th. Paris, Paris 1889.

Reboul Victor. — Etude sur la crise agricole ; Th. Aix, Paris 1898.

Blondel Joseph.— Des Assurances sur la vie, dans leurs rapports avec le droit civil et spécialement des bénéficiaires du contrat : Th. Paris ; Paris 1894.

Accarias. — Précis de droit romain ; Paris 1891.

Quesnay. — Ses œuvres, et les œuvres des physiocrates ; édit. Daire ; 1846.

Lyon-Caen et **Renault.** — Traité de droit commercial ; Paris 1889.

Block Maurice. — Annuaire de l'économie politique et de la statistique ; Paris 1897.

Block Maurice. — Statistique générale de la France, comparée avec les divers pays de l'Europe ; 1875.

Roscher Guillaume. — Traité d'économie politique rurale, traduit par Ch. Vogel ; préface de M. Louis Passy ; Paris 1882

Lecouteux Edouard. — Cours d'économie rurale ; Paris 1879

Valserres (de), **Jacques.** — Manuel de droit rural et d'économie agricole, publié sous les auspices de M. Macarel ; Paris 1846.

Hauriou Maurice. — Précis de droit administratif et de droit public général ; (3e édit.), Paris 1897.

Ledru A. et **Worms** P. — Commentaire de la loi sur les syndicats professionnels du 21 mars 1884, d'après les documents officiels, suivi d'un Formulaire avec une préface de M. Talain, rapp. de la loi ; Paris 1885.

Seignouret. — Essai d'économie sociale et agricole ; 1897.

Alauzet. — Des Assurances ; 1844.

Persil. — Traité des assurances terrestres ; 1835.

Pouget. — Dictionnaire des assurances ; 1855.

Pothier. — Ses œuvres, Traité du contrat du prêt à la grosse aventure.

Traité des assurances maritimes.

Conrad. — Handvorterbuch der Staatswissenschaften, au mot Versicherungwesen, t. 6. p. 449. Iéna Derlag von Gustav Fichter ; 1894.

La grande encyclopédie — Au mot « assurances »

Say Léon. — Dictionnaire des finances au mot « assurances » — en collaboration avec MM. Louis Foyot et A. Lavalley ; Paris 1889.

Nouveau dictionnaire d'économie politique au mot « assurances » en collaboration avec M. Joseph Chailley.

Block Maurice. — Dictionnaire de l'administration française, 4e édit. ; Paris 1898 au mot « assurances ».

Guyot Yves. — Dictionnaire du commerce, de l'industrie et de la banque au mot « assurances, » ouvrage en cours de publication, avec la collaboration de M. A. Raffalovich ; Paris, Guillaumin et Cie.

Schonberg Gustave.—Handbuch der politischen économie. art. de Wagner, Versicherungwesen t. 2 p. 791 ; Tubinge 1886.

Hamon Georges. — Histoire générale de l'Assurance en France et à l'étranger ; Paris 1897.

Barrau Pierre-Bernard. — Manuel des propriétaires de toutes les classes ou traité des fléaux et des cas fortuits ; Paris, Hacquart 1816.

Pandectes françaises. — Aux mots « assurances » et « assurances mutuelles. »

Dalloz. — Repertoire au mot « assurances ».

— Supplément au Répertoire au même mot.

Annuaire statistique de la France. — Publié par le ministère du commerce.

Tailliandier Maurice. — Les assurances agricoles en France Th. Paris ; Paris 1899.

De Courcy Alfred. — Des assurances agricoles, mémoire au Conseil d'Etat 1857,

De l'assurance par l'Etat ; Paris 1894.

Duguay Raymond. — La question des assurances agricoles au point de vue économique, technique et pratique ; Paris 1895.

Duguay Raymond. — Syndicat des assureurs agricoles. Exposé critique ; Paris 1895.

Fasquelle (G.). — L'assurance mutuelle contre la mortalité du bétail ; 1898.

Perriaud Jean. — Etude économique de l'assurance-Grêle ; Paris 1892.

Perriaud Jean, — L'assurance-grêle. Conférence faite à l'institut des assurances le 23 février 1887 ; Paris 1887.

Perriaud Jean. — L'assurance contre la grêle ; Paris 1896.

Perriaud Jean. — Mémoire à MM. les membres de la Chambre des députés sur le crédit et les assurances agricoles ; Paris 1892.

Perriaud Jean. — Le Crédit et les Assurances agricoles ; Paris 1893,

Magne. — Mémoire présenté à la Société nationale d'agriculture de France ; 1873.

Guénin Henri. — Le crédit par l'assurance ; 1891

Rieu Alfred. — Etude sur les assurances agricoles ; Avignon 1898.

Riboud Léon. — La Prévoyance contre la mortalité du bétail dans l'Union du Sud-Est des syndicats agricoles. Le règlement et son commentaire ; 1898.

Fléchey Edmond. — La statistique agricole décennale de 1892 à 1898.

Parant. — Assurances contre la mortalité du bétail (système mutuel localisé)

Thomereau Alfred. — Les assurances agricoles. Etat actuel de la question (mars 1894) suivi d'un premier essai de socialisme d'Etat sous Napoléon III. La Caisse générale des assurances agricoles ; Paris 1894.

Thomereau Alfred. — La question des assurances agricoles au point de vue de la statistique ; Paris 1894.

Salle Emile. — L'assurance-grêle. Rapport à la Société des agriculteurs de France ; 1894.

Rocquigny (comte de). — L'assurance mutuelle du Bétail.

Rocquigny (comte de). Rapport sur l'assurance par l'Etat ou les syndicats agricoles au Congrès national des sydicats agricoles organisé par l'Union du Sud-Est des syndicats agricoles à Lyon, les 22, 23, 24 et 25 août 1894.

Rocquigny (comte de). — Le mouvement syndical dans l'agriculture.

Rocquigny (comte de). — Rapport sur l'organisation administrative des assurances et du crédit agricole, au 8° Congrès du crédit populaire et agricole tenu à Caen, le 12 mai 1896.

Rocquigny, (comte de). — Les syndicats agricoles et leurs unions, rapport au Congrès d'Orléans ; 1897,

2° Documents parlementaires

Discours **Baroche**, ministre-président du Conseil d'Etat. — Sénat, 20 mai 1862.

Proposition **Vacher.** — Chambre des Députés, séance du 29 juillet 1879 ; annexe n· 1838.

Proposition **Langlois.** — Chambre des Députés, séance du 14 janvier 1882 ; annexe n· 286.

Rapport sommaire de M. **Tisserand** sur la proposition Langlois. — Séance du 18 mars 1882 ; annexe n· 631.

Proposition **Quintaa.** — Chambre des Députés, séance du 17 mai 1890 ; annexe n· 569.

Rapport sommaire de M. **Mac-Adaras** sur la proposition Quintaa. — Séance du 30 juin 1890 ; annexe n· 751.

Proposition **Rivet.** — Chambre des Députés, séance du 9 mars 1891 ; annexe n· 1279.

Rapport sommaire de M. **Nivert** sur la proposition Rivet. — Séance du 27 octobre 1891 ; annexe n· 1676.

2me proposition **Quintaa.** — Chambre des Députés, séance du 19 novembre 1891 ; annexe n· 1740.

Proposition **Chollet.** — Chambre des Députés, séance du 3 décembre 1891, annexe n° 1773.

Discours **Méline.** — Chambre des députés, séance du 20 juin 1892.

Proposition **Daynaud, de Cassagnac** etc. — Chambre des Députés, séance du 26 janvier 1893 ; annexe n° 2548.

Discours **Darbot** et **Viger.** — Sénat, séance du 24 mars 1893.

Proposition **Jonnart.** — Chambre des Députés, séance du 28 mars 1893 ; annexe n° 2689.

Proposition **Emile Rey** et **Lachièze.** — Chambre des Députés, séance du 6 mai 1893 ; annexe n° 2724.

Proposition **Philipon** et **Pochon.** — Chambre des Députés, séance du 27 mai 1893 ; annexe n° 2769.

Rapport de M. **Quintaa** sur les propositions : 1° de M. Quintaa ; 2° de M. Chollet ; 3° de MM. Daynaud, de Cassagnac, etc. ; 4° de M. Jonnart ; 5° de MM. Emile Rey et Lachièze ; 6° de MM. Philipon et Pochon. — Séance du 12 juillet 1893 ; annexe n° 2944.

Rapport sommaire de M. **Emile Rey** sur la proposition Philipon, présentée de nouveau à la Chambre le 21 novembre 1893, annexe n° 6, et sur la proposition de MM. Emile Rey et Lachièze présentée une deuxième fois aussi à la Chambre le 5 décembre 1893 ; annexe n° 99. Séance du 18 décembre 1893 ; annexe n° 196.

Proposition **Viger.** — Chambre des Députés, séance du 24 avril 1894 ; annexe n° 558.

Proposition **Gendre.** — Chambre des Députés, séance du 3 juillet 1894 ; annexe n° 755.

Rapport de M. **Bertrand** sur les propositions Viger, Philipon et Emile Rey. — Séance du 16 mai 1895 ; annexe n° 1319.

Proposition **Calvet.** — Sénat, séance du 12 juillet 1895 ; annexe n° 200.

Rapport de M. Alfred **Poirier.**

Discours de MM. **Mougeot** et **Méline.** — Chambre des Députés, séance du 21 février 1898.

Discours de MM. **Méline, Mougeot, Emile Rey, Viger, Dutreix, Jaurès,** etc. — Chambre des Députés, séance du 25 février 1898.

3° Revues — Journaux — Divers

Le Moniteur des Assurances ;

La Gazette des Assurés ;

L'Argus (journal international des Assurances, 2, rue de Châteaudun) ;

L'Assureur Parisien ;

L'Assureur Français ;

La Réforme Economique ;

La Chronique Financière ;

L'Avenir Economique et Financier ;

L'Assureur Moderne ;

L'Economiste Rural ;

Annuaire de l'Economie Politique ;

Annuaire des Syndicats Professionnels ;

Bulletin du Ministère de l'Agriculture ;

La Revue d'Economie Politique ;

La Revue Politique et Parlementaire ;

La Revue Socialiste ;

La Revue des Deux-Mondes ;

Journal des Economistes ;

Le Monde Economique ;

La Gazette du Village ;

Lettres particulières des Directeurs de plusieurs Sociétés d'Assurances agricoles ;

Renseignements divers donnés par ces Sociétés ;

Statuts-police de ces Sociétés.

TABLE DES MATIÈRES

TROISIÈME LIVRE

Imprimerie Mistral, Cavaillon

www.ingramcontent.com/pod-product-compliance
Ingram Content Group UK Ltd.
Pitfield, Milton Keynes, MK11 3LW, UK
UKHW031043260726
13965UKWH00006B/112

9 782013 246996